抗滑桩加固堆积型滑坡地震响应的离心振动台模型试验研究

CENTRIFUGE SHAKING TABLE MODEL TEST INVESTIGATION ON SEISMIC RESPONSE OF ANTI-SLIDE PILES REINFORCING ACCUMULATED LANDSLIDE

刘红帅　涂杰文
齐文浩　杨俊波　著

人民交通出版社股份有限公司
China Communications Press Co.,Ltd.

内 容 提 要

本书以某典型堆积型滑坡作为研究的参考原型,设计完成了4组50倍重力加速度条件下堆积型滑坡及其抗滑桩滑坡地震响应的离心模型试验,并借助数值分析手段对其进行了相应的拓展。全书共7章,内容包括:绪论、离心振动台模型试验设计、堆积型滑坡地震响应的离心模型试验分析、抗滑桩加固滑坡体的离心模型试验分析、抗滑桩加固滑坡体地震响应的数值模拟分析、堆积型滑坡动力稳定性分析方法及结论与展望。

本书适用于地质工程、岩土工程、地震工程、水利工程等专业的科研、设计和施工人员,以及高等院校相关专业的教师、学生学习参考。

图书在版编目(CIP)数据

抗滑桩加固堆积型滑坡地震响应的离心振动台模型试验研究 / 刘红帅等著. —北京:人民交通出版社股份有限公司,2016.9

ISBN 978-7-114-13301-5

Ⅰ.①抗… Ⅱ.①刘… Ⅲ.①抗滑桩—加固—堆积—滑坡体—地震反应分析—离心模型—试验研究 Ⅳ.①P642.22

中国版本图书馆CIP数据核字(2016)第208120号

书　　名:抗滑桩加固堆积型滑坡地震响应的离心振动台模型试验研究
著 作 者:刘红帅　涂杰文　齐文浩　杨俊波
责任编辑:卢　珊
出版发行:人民交通出版社股份有限公司
地　　址:(100011)北京市朝阳区安定门外外馆斜街3号
网　　址:http://www.ccpress.com.cn
销售电话:(010)59757973
总 经 销:人民交通出版社股份有限公司发行部
经　　销:各地新华书店
印　　刷:北京鑫正大印刷有限公司
开　　本:787×1092　1/16
印　　张:10.25
字　　数:214千
版　　次:2016年9月 第1版
印　　次:2016年9月 第1次印刷
书　　号:ISBN 978-7-114-13301-5
定　　价:44.00元

前　言

地震滑坡是地震所产生最主要的地质灾害类型之一，严重危害人类生命和财产的安全。为能够避免或最大限度地减轻地震滑坡的危害，有必要对地震滑坡产生机制和规律进行研究。抗滑桩因其自身特点已在实际滑坡加固治理中得到广泛应用。目前国内外对于抗滑桩静力设计方面的研究取得较多成果，然而对地震作用下堆积型滑坡体中抗滑桩的抗震性能研究较少，远远落后于工程实践。因此，有必要加强堆积型滑坡及其抗滑桩加固地震响应方面的研究，揭示地震作用下抗滑桩的抗震受力机理，对抗滑桩抗震设计具有重要理论价值和科学意义。鉴于此，本书以某典型堆积型滑坡作为研究的参考原型，完成了4组50倍重力加速度条件下堆积型滑坡及其加固抗滑桩地震响应的离心模型试验，并借助数值分析手段对其进行了相应的拓展。探索堆积型滑坡体及其加固抗滑桩的地震响应特征、堆积型滑坡动力稳定性影响因素、抗滑桩加固滑坡的抗震性能及作用机制，为科学研究和工程应用提供重要的依据。

本书从现场监测与震后调查、理论分析、数值模拟和模型试验等方面对边坡及其加固抗滑桩地震动力响应的国内外研究现状入手，对目前研究中存在的主要问题进行了分析。详细介绍了堆积型滑坡及其加固抗滑桩地震响应的离心模型试验方案设计，可为类似的离心模型试验方案设计及模型制作提供有价值的参考。

本书的主要研究工作得到了国家自然科学基金面上项目“昔格达地层堆积型滑坡体与锚索抗滑桩的地震动接触应力研究”（编号:41172293）的资助。本书的模型试验得到了中国水利水电科学研究院侯瑜京教授级高级工程师、浙江大学建筑工程学院朱斌教授和周燕国副教授、浙江大学超重力离心模拟实验室黄锦舒和姚刚工程师的大力支持；研究工作得到了防灾科技学院薄景山教授、中国地震局地球物理研究所李小军研究员、大连理工大学年廷凯教授的大力支持；撰写工作得到了哈尔滨工业大学土木工程学院汤爱平教授和周广春教授、浙江省交通工程建设集团有限公司卢先荣、杨震、杜引光、朱益军等同志的指导和支持。本书的主要研究成果是作者在中国地震局工程力学研究所、地壳运动监测工程研究中心、哈尔滨工业大学工作学习期间完成的,得到了单位领导和同事的通力合作和支持。作者在此一并表示感谢。

限于作者的学识、时间与精力,书中难免会有诸多不妥甚至错误之处,敬请广大读者批评、指正。作者的联系方式:13810892160@163.com。

刘红帅

2016 年 7 月

目　录

第1章 绪 论

1.1 研究背景及意义

环太平洋地震带和欧亚地震带是目前世界上最为活跃的地震带，而我国正处于这两大著名的地震带之间，由于不断受到太平洋、印度以及菲律宾海等多个板块的相互挤压作用，使得该处的断裂带发育极其明显，同时我国地震活动具有震源浅、频度高、强度大与分布广的特点[1]。

近几十年来，全世界范围内发生了比较多的大地震，例如：1976 年我国唐山大地震、1994 年美国发生的 Northridge 地震、1995 年日本发生的阪神地震、1999 年我国台湾发生的集集大地震及近几年在我国四川汶川、青海玉树与四川芦山等地发生的大地震等。地震是重大自然灾害之一，同时会引发许多次生灾害，造成严重的人员伤亡和经济损失，阻碍交通道路并对生态环境产生破坏（图 1-1[2,3]），对区域的可持续发展等造成一定的影响。

图 1-1 地震触发的山体滑坡[2,3]

在我国，中震和强震地区存在广泛的边坡（滑坡），如铁路、公路的深挖方路堑及高填方路基边坡，矿区及垃圾填埋场的堆填边坡，土石坝等水利边坡，位于山区的自然边坡与开挖边坡等[4]。目前岩土工程领域中，边坡产生大变形继而发生失稳的现象最为普遍，且诱发因素较多，而地震为触发滑坡的重要原因之一。同时地震诱发边坡失稳进而产生滑坡灾害在我国十分严重，统计结果表明[5]，在烈度为 6 度的区域即可诱发产生滑坡，且滑坡产生概率随着区域烈度的增高也不断增大。地震滑坡不仅会对公路、铁路造成破坏而中断交通，同时也会导致通信电力设施中断，直接摧毁大量建筑群、形成大型堰塞湖等次生灾害，直接或间接导致大量的人员伤亡等,严重影响地震救援以及震后恢复等工作。例如:2008 年四川汶川发生的大地震,由于地震原因诱发产生了大量山体滑坡并形成堰塞湖等次生灾害,其中龙门山地区就形成了大小 60 多个堰塞湖,而北川县雷鼓镇—禹里乡的省道 302 主干线受到地震诱发滑坡产生的唐家山堰塞湖影响(图 1-2[6]),地震发生后的 3 个月仍然没有抢通,严重影响了震后救援工作。因此,工程抗震技术手段的合理选择及有效利用,已成为目前科研与技术人员最为关注的重点。同时,汶川 8.0 级特大地震引发大量的滑坡地震地质灾害,也使得边坡地震稳定性评价、变形破坏机理、抗震设计、边坡抗震加固等方面成为地质工程、岩土工程和地震工程研究的热点问题。

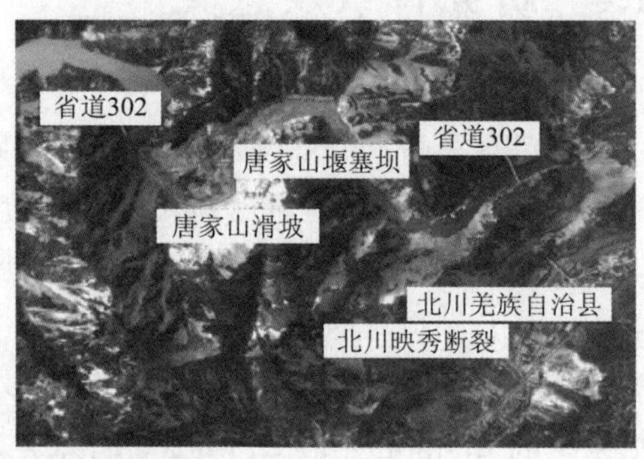

图 1-2　汶川地震唐家山滑坡引起的堰塞湖[6]

滑坡治理的方式有很多种,其中抗滑桩具有抗滑能力强、施工方便、工期短且费用低、对地质环境干扰小且适用性强、桩位布置灵活、同时可以对工程地质条件进行核实等突出优点,已成为土建、水利、交通等实际滑坡地质灾害加固治理工程建设中的一种主要方法[4]。

2008 年汶川地震对道路交通造成了极为严重的破坏[7],路基以及挡土墙、抗滑桩等支挡结构大量破坏,其中造成抗滑桩倾斜倾覆等失效(图 1-3[8])。震后调查分析,有的支挡结构本身具备承受高强地震动直接作用的能力,但由于地震触发山体滑坡、崩塌、推挤等,使得它们轻者失去其基本功能,重者则完全破坏[9]。汶川地震区由于地质结构、地形以及地震波传播等独特性,使得该区域边坡及其加固等支挡结构的破坏同样具备一定的独特性[10]。一方面因为地震本身的复杂性,另一方面由于岩土介质非线性及其他因素的混合,使得地震作用下边坡及其抗滑桩等的抗震机理方面研究成为世界难题。对地震滑坡产生机理与规律的研究、抗滑桩加固滑坡地震响应特性及抗震机理的正确认识,是采取相应抗震措施的基本保障。因此,对滑坡及其抗滑桩地震响应特征的研究具有重要的理论价值和科学意义。

图 1-3　抗滑桩外倾失效[8]

堆积型滑坡是常见的滑坡类型,其多由洪积、古崩塌残积及古滑坡堆积等原因形成。我国堆积型滑坡在整个滑坡灾害中占很大比例,其具有数量多、分布广以及危害大的特点。汶川地震发生后,本课题组成员就汉源背后山堆积型滑坡(图1-4)进行了相应的科考[11],发现其后部出现了3条平行于滑坡的拉张裂缝,裂缝长度为40~200m,宽度为40cm左右,存在一定危险。

图1-4 背后山古滑坡

综上所述,开展地震作用下堆积型滑坡体地震响应机理及抗震技术的研究,无疑是我国城市建设、公路及铁路、水利水电工程、电力及通信设施建设的重大安全需求。抗滑桩是滑坡治理中应用最广泛的工程手段之一,而加固滑坡中抗滑桩抗震受力性能是进行其抗震设计的基础。因此,进行地震作用下抗滑桩加固堆积型滑坡体地震响应的研究有助于深刻理解滑坡体与抗滑桩的相互作用机理、解释抗滑桩倾斜倾覆等失效破坏机理、掌握抗滑桩的受力性能,为抗滑桩抗震设计提供科学依据;有助于提高治理工程的抗震效果,为地震应急救援提供交通条件、减少滑坡涌浪及淤积水库、保护坡脚附近建筑物的安全和减少地震滑坡诱发的地质灾害提供强有力的技术支撑。

岩土边坡稳定性及抗滑桩加固边坡的研究是岩土工程领域的重要组成部分。近几十年来,大量学者围绕边坡稳定性及抗滑桩加固等问题展开了相应的研究,取得许多具有实用价值的成果[12]。总体来看,有关边坡及抗滑桩加固静力稳定性方面的研究已趋于成熟,但地震作用下边坡及其抗滑桩加固的动力反应和动力稳定性试验研究相对较少。由于缺乏边坡及抗滑桩加固等支挡结构,特别是堆积型滑坡、抗滑桩加固堆积型滑坡体在强震等作用下的现场原位资料,国内外在进行地震作用方面仍以拟静力法为主,同时根据有限的震害资料也很难进行相关的抗震设计,因此在抗震设计方法及其方案等方面也常具有一定经验性与盲目性。目前国内外学者主要采用理论研究、数值模拟分析和动力模型试验等手段,对地震作用下岩土边坡及抗滑桩加固的动力响应进行研究。理论研究和数值分析方面,由于地震的复杂性以及岩土体本身的非线性等原因,使得在计算分析时常需进行一定的假设,而这与实际情况具有一定差别,因此将其研究成果应用到实际工程中则具有一定的差距[9]。动力模型试验因其能够直接对地震作用下岩土边坡及抗滑桩加固的动力响应进行观测和监测,所以也逐渐成为一种岩土边坡及抗震加固等地震动力问题研究的重要手段。

本书以国家自然科学基金面上项目"昔格达地层堆积型滑坡体与锚索抗滑桩的地震动接触应力研究"(编号:41172293)为支撑,选取了某典型堆积型滑坡作为研究的参考原型,运用动态离心模型试验技术为主要手段,开展地震作用下堆积型滑坡以及其抗滑桩地震响应的离心振动台模型试验研究,并借助数值模拟等方法对其进行相应的拓展分析。探索堆积型滑坡体及其抗滑桩加固时的动力反应特征、堆积型滑坡动力稳定性影响因素、抗滑桩加固滑坡的抗震性能及作用机制，为科学研究和工程应用提供重要的依据。

1.2 国内外研究综述

边坡（滑坡）及其加固抗滑桩的动力响应，是指地震作用引起的边坡（或加固边坡）中应力、应变、加速度、速度、位移以及抗滑桩的桩身弯矩、剪力等的动态变化，其不仅与输入地震动特性密切相关，同时与岩土体本身动力特性有关，因此动力分析远比静力分析要复杂得多[13]。为研究地震作用下边坡及其抗滑桩的动力响应特征与规律，国内外大量学者主要从现场监测与震后调查、理论分析、数值模拟以及动力模型试验等方面，对地震作用下的边坡动力反应以及抗滑桩加固边坡动力反应等进行了许多卓有成效的研究工作。

1.2.1 边坡地震动力反应研究综述

（1）现场监测与震后调查

国外方面，1971 年美国 San Fernando 地震，在 Pacoima 坝实测的加速度记录中发现其具有很高的峰值[14,15]；1987 年 Whittier Narrows 地震的破坏情况震后调查表明场地具有放大效应[14,15]；同年，Celebi 对实测地震数据进行分析，其结果表明地震对山脊顶及陡崖顶位置造成的破坏较大，具有高程效应[16]。1989 年美国旧金山湾 Loma Prieta 地震发生后，Keefer 利用震后调查资料就地震滑坡分布规律方面进行了研究，探讨了其与边坡的坡角、滑坡体的岩性以及震中距等之间关系，同时得到了地震滑坡的密度随着边坡坡度的增大而增加，而随着震中距增加则不断减小的结果[17,18]。震后调查也发现 Robinwood 边坡的顶部位置破坏严重，而邻近悬岸则受到影响相对要小[19]。Hartzell 等[20]同样基于该地震发生时在边坡顶部所采集的实测数据，分析了地震造成 Robinwood 山坡顶部严重破坏并引起地表破坏的两个主要原因：一方面是由于地震发生过程中在山脊内部的体波以及形成的面波等不断产生反射和散射作用；另一方面为地形效应、场地效应、主震源的方向性及波的扩散状态等。1994 年 Northridge 地震发生后，Sepúlveda 等[21]对 Pacoima 峡谷区域进行了相应的震后调查，研究结果表明地形对地震作用存在放大效应，这是因为峡谷底部位置其峰值加速度处于 $0.5g$ 以内，而处于峡谷顶部的 Pacoima 大坝左侧坝肩位置其加速度最大值则可以达到 $1.6g$；同时结果也表明峡谷附近地震滑坡密度要远远高于其他周边地区的滑坡密度。Bommer 等[22]根据中美洲地区 1898～2001 年地震诱发产生山体滑坡的调查情况，分析了地震滑坡产生的影响面积、地震滑坡与震中距之间关系以及地震滑坡所造成的影响情况等。

国内方面，辛鸿博等[23]根据我国过去近 800 年发生的地震及其触发的典型滑坡实例，提出了边坡地震崩滑的三级评判准则，并指出工程意义上触发地震滑坡的最小震级为 4.7

级,同时研究表明离震中距100 km范围内的边坡更易发生地震崩滑。丁彦慧等[24]结合云南丽江地震崩滑震害调查验证了地震崩滑最大震中距与震级之间的关系式,同时证明了综合考虑岩性条件、地形、地震强度以及降水系数等因素的再判准则的可靠性。

汶川8.0级特大地震以及芦山地震,给我国重大生命线工程造成严重的破坏,这些用举世震惊的代价换来的工程震害现场,为我们提供了宝贵的现场原型破坏试验资料。地震发生后,广大科技工作者进行了相应的震害调查,得到了一些有价值的资料和研究成果。Wang等[25]以汶川地震诱发的东河口大型滑坡为例,从震后现象及滑坡产生机制方面进行了分析,研究表明该滑坡由于存在大量松散碎屑而产生。许强等[26]在遥感解译以及现场调绘的基础上,系统分析了汶川地震诱发大型滑坡的发育规律,发现超过70%的大型滑坡位于活动断裂的上盘,同时滑坡发育密度在地震波传播背坡面一侧要明显大于迎坡面一侧,即"背坡面效应",指出了汶川地震诱发大型滑坡分布规律存在距离效应、锁固段效应、上下盘效应以及方向效应。同时,针对地震作用下边坡动力问题,黄润秋[27]和许强等[28]基于大量汶川地震震害调查研究,在《汶川地震地质灾害研究》和《汶川地震大型滑坡研究》著作中进行了详细的阐述。罗永红等[29]于汶川地震发生后进行4次余震捕捉,于2009年在四川青川等地建立了地震监测剖面,对地震加速度进行了实时获取。研究结果表明,某测点水平东西向、垂直向地震动峰值加速度均减小,而水平南北向呈现显著放大效应,由于桅杆梁场区的地形及场地条件等原因,使得斜坡在顺着地震波传播方向放大效应显著。苗君等[30]通过在冶勒大坝上布设的9台强震仪组成的强震监测台站获得了2013年四川芦山地震较为完整的有效记录,并对主震记录进行了时域和频谱分析,对比分析了芦山地震以及汶川地震坝体动力响应规律。结果表明,芦山地震坝顶动力放大效应明显,由于地震波频谱特性及大坝自振特性等不同,使得芦山和汶川地震时大坝的动力响应规律存在明显差异。Xu等[31]在遥感解译以及在震后调查的基础上,建立了芦山地震诱发产生的滑坡分布规律,指出地震峰值加速度大于0.2g或离震源中心距离小于40km内则极易发生滑坡。汶川8.0级特大地震发生后,作者所在课题组也对汶川灾区的震害现象进行了相应的调查研究,获得了大量的震害调查资料[11]。

(2)理论分析

针对地震作用下边坡动力响应的理论研究,主要是拟静力法和Newmark滑块分析法两大块。其中,拟静力法因其简便实用而得到广泛的应用,至今仍然受到工程技术人员的青睐,积累了大量的工程实践经验[32]。拟静力法实质上是将施加于潜在不稳定的滑体重心上地震动简化为水平以及竖直方向的恒定惯性力,其大小分别用水平和竖向地震系数 k_h 和 k_v 进行表示,数值上分别为水平向和竖向加速度与重力加速度的比值,然后根据极限平衡理论,便可以求出地震作用下边坡动力稳定安全系数,该分析方法是从静力稳定性分析方法拓展而来,两者在本质上是完全一致的[33]。

Biondi等[34]采用拟静力法研究了地震发生时以及地震后无限长饱和砂质边坡稳定性在

孔隙水压力作用下的影响，提出了相应的计算公式并给出了详细的计算过程。Siad[35]用拟静力法和屈服设计理论中的运动学方法相结合的方式，推导了考虑坡角、材料强度及地震系数等影响因素的破裂岩土边坡稳定性上限系数表达式，同时采用边坡动力稳定性安全系数图表形式描绘了在不同破裂面摩擦角条件下的稳定性安全系数上限曲线。Ling 等[36,37]运用拟静力法系统分析了沿节理面滑动的岩质边坡以及土质边坡的动力稳定性，同时分析了水平向和竖向双向地震作用下边坡动力稳定安全系数以及永久位移等，结果表明，竖向地震作用下对边坡稳定安全系数具有较大的影响。

刘杰等[38]采用改进的拟静力法分析了大岗山坝肩边坡在地震作用下的动力稳定性，得到了不同剖面在不同强度地震作用下边坡关键点位移沿高程变化规律，以及其主要影响区域等，提出了相应的滑移变化模式，可为边坡支护提供参考。罗强等[39]基于拟静力法，结合极限分析上限定理以及强度折减技术，推导了均质土边坡地震稳定安全系数的计算表达式，分析了边坡倾角、坡顶超载以及地震荷载对边坡稳定性的影响，同时指出了竖向地震荷载对边坡稳定性也存在影响。赵炼恒等[40]将"外切线法"与强度折减技术相结合，分析了基于 Hoek-Brown 破坏准则的均质岩石边坡的动力稳定性，并将均质岩质边坡的动力稳定安全系数与地质强度指标参数之间的关系绘制成图表形式。

滑块分析法是 Newmark 有限滑动位移法及其改进方法的总称[9]。该思想是 Newmark 于 1965 年在第五届朗肯讲座上针对堤和坝坡提出的，其假设土体为刚塑性体，对堤坝的圆弧、平面和块体三种形式进行了分析[41]。将超过屈服加速度的滑块平均加速度经过两次积分即可估算出永久位移，其与拟静力法仅给出堤坝的安全系数相比，该方法可以得到更加具体的滑块位移，然而该方法具有缺乏合理破坏标准的缺点[42]。同时，自 Newmark 提出该方法以来，得到了国内外相关学者的高度关注，并进行应用以及改进与扩充。

Franklin 和 Chang[43]利用实测的多条水平向和竖向强震加速度时程记录，采用 Newmark 滑块分析法计算了坝坡的地震永久位移，并以图表形式描绘了多种情况下最大永久位移 u 与 k_y/A 之间关系（k_y表示屈服加速度系数，而 A 表示最大水平地震加速度系数）。Crespellani 等[44]分析了加速度经过滤波修正后对 Newmark 永久位移产生的影响，结果表明滤波修正方法对加速度积分得到的永久位移结果影响较大且滤波产生的影响随着震级增加而不断增大；滤波作用对永久位移影响的敏感程度随着积分参数变化而变化。Chousianitis 等[45]在 98 次地震 205 条强地震动记录的基础上，采用 Newmark 滑坡分析法建立了 Arias 强度和滑坡位移的预测模型，可有效地评价地震引起边坡失效。

王思敬等[46]基于 Newmark 滑块分析法思想，以岩质边坡中楔形块体为分析对象，提出了一种估算滑动位移的动力学方法，并通过算例进行了验证；分析了振动加速度在层状边坡的传播特征以及动力稳定性分析。李忠生[47,48]采用地震动人工合成技术与地震危险性分析理论相结合的手段，给出了边坡稳定性分析 Newmark 法中通常所需要的地震动时程，并结合 1 处具体的滑坡实例研究了地震动作用下坡体中峰值加速度与深度关系以及坡体对输入地震动放大倍数与其坡体厚度的关系。同时，对比分析了使用地面地震动时程与使用坡体内部地震动时程计算结果的异同点。

(3)数值模拟

数值模拟为进行地震作用下边坡动力响应的研究提供了一种新的技术手段。随着计算机技术的不断提高以及大型商业软件的不断进步与完善,近年来数值模拟在地震作用下边坡动力响应分析中得到了深入研究和广泛应用[49]。目前,边坡动力响应方面的研究主要以有限元法、离散元法和快速拉格朗日元法等为主[50]。

Gischig 等[51]采用二维离散元法建立了一个深部岩质边坡的数值计算模型,研究了地震作用下深部岩质边坡的动力稳定性,并将数值模拟得到的永久位移与应用广泛的 Newmark 滑块分析法中计算结果进行了对比。Zugic 等[52]在一些假定的基础上,利用有限元商业软件、逻辑树分析法和常规法等组合在一起的简化方法建立了边坡地震永久位移区划曲线,分析结果显示该方法与采用连续介质力学方法分析特定的输入因素对滑块永久位移的影响具有同样的优点。Liu 等[53]结合强度折减技术,采用离散单元法分析了地震作用下层状岩质边坡的动力稳定性以及临界滑动面,表明该方法得到的动安全系数比拟静力法的计算结果稍大,而临界滑动面则保持一致。Liu 等[54]在有限元数值模型的基础上,采用定量和定性相结合的技术揭示了汶川地震中弹射类型的高速滑坡的形成机制,并分析了其发生时的临界高度和倾角。

宋波等[55,56]基于有限元软件建立数值分析模型,研究了地下水位变化对砂土边坡地震响应的影响,结果表明,最大水平加速度放大系数与最大水平位移均随水位升高沿边坡高度方向呈增大的变化趋势,同时地下水位对坡脚抗剪能力影响存在一个临界值,超过临界值后其对边坡的影响则减弱。陈晓利等[57]使用 FEPG 有限元程序探讨了不含裂隙岩质坡体内部的应力场和位移场在水平和垂直 2 个振动方向作用下的变化规律。结果表明,垂直方向振动加载比水平方向振动加载产生的动力反应结果要大,边坡顶部存在明显的高程效应,同时表明垂直方向的震动是引起边坡不稳定的主要原因。崔芳鹏等[58]采用离散元数值模拟 UEDC 软件,对汶川地震中北川王家岩斜坡体在地震纵横波时差耦合作用下产生崩滑破坏的动力全过程进行了模拟研究,其结果表明,地震纵波产生的水平和竖向拉裂耦合作用是触发该斜坡体初期崩滑破坏的主控因素,其中水平拉裂作用影响较大,同时促使破坏后的斜坡体形成后续碰撞解体及碎屑流动的主要因素为斜坡体所处的地形。柴红保等[59]采用有限差分软件 $FLAC^{3D}$ 对竖直向剪切波作用下边坡的动力反应进行了数值模拟,研究结果表明,放大现象出现在边坡顶部和底部水平地表部分,而边坡面靠近地表的区域则没有产生放大现象,同时边坡内部多数区域的动力反应系数小于 1。冯志仁等[60]运用 $FLAC^{3D}$ 有限差分软件,建立了含软弱夹层顺层岩质边坡动力响应的数值计算模型,研究了地震动峰值、频率、持时以及初动方向等因素对边坡表面放大效应的影响,较为系统地分析了各因素对地震作用下含软弱夹层顺层岩质边坡表面放大效应影响。

(4)模型试验

岩土地震工程研究的基本任务是搞清楚地震动对岩土体及相关结构物等在地震作用下

的破坏机理及抗震性能。模型试验因具有能在室内重演地震过程中岩土体及其结构物的动力响应和变形破坏现象的优点，现已成为一种有效的研究技术手段，同时模型试验也是验证各种数值模拟结果和其他分析方法正确性的有效途径[42]。目前，普通 $1g$ 条件下的振动台模型试验和 ng 超重力条件下的离心振动台模型试验是进行边坡地震动力响应方面研究的两种主要试验手段，且普通振动台模型试验相对离心机振动台模型试验的研究较多。

Lin 等[61,62]开展了不同频率和不同幅值的地震动作用下均质砂土边坡动力响应的振动台模型试验。结果表明，边坡在输入地震动的幅值为 $0.4g$ 时仍保持线性反应，直至地震波幅值为 $0.5g$ 时才观察到非线性的动力反应，同时与震害调查相比其现象类似，且边坡滑动仅限于浅表层。徐光兴等[63,64]在振动台台面分别输入白噪声与地震波激励并改变地震波的类型、幅值和频率，完成了 1 个相似比尺为 1∶10 的大型均质边坡振动台模型试验，就均质边坡在地震作用下的动力特性、响应特征和地震动参数对其影响等方面进行了相应的探讨。研究结果表明，边坡土体对输入地震波高频部分具有滤波的作用，而对其低频部分则表现为放大作用；坡面峰值加速度放大系数随着地震动强度增大呈现不断减小的变化规律，边坡土体对输入地震波放大作用具有明显的高程效应，同时也运用数值模拟软件进一步分析了地震动参数的影响。林宇亮等[65]通过施加不同类型和不同幅值的地震动激励，设计并完成了 4 组不同压实度铁路路堤边坡地震响应的振动台模型试验。研究结果表明，压实度对路堤边坡动力特性影响显著，加速度放大倍数分布规律与压实度、地震动类型以及地震动强度等频谱特性参数密切相关。伍法权、祁生文等[66-68]以汶川地震诱发大型岩质边坡为研究对象，通过输入不同频率、不同持时以及不同幅值的地震波，针对地震作用下岩质边坡加速度响应方面进行了研究，同时探讨了不同地震动参数对边坡地震动力响应的影响，通过模型试验过程分析其坡体破坏的特征得出了顺层岩质边坡的破坏模式以及滑动堵江机制，其结果对堰塞湖形成机制的认识具有一定的参考价值。黄润秋等[69]通过大型振动台试验，对比分析了强地震动作用下反倾和顺层两类结构岩体边坡的动力响应，研究结果表明，地震作用下斜坡的动力响应具有明显的高程放大效应和结构效应，水平地震作用下的边坡反应要远大于垂直地震动力反应，同时反倾边坡和顺层边坡其地震动力反应不同。许强等[70-74]设计完成了不同岩性组合水平层状岩质边坡的大型振动台模型试验，通过输入不同类型、频率、振幅和激振方向的地震波，系统研究了地震作用下斜坡的动力响应特性。研究结果表明，地震动作用下边坡的变形破坏程度、破坏特征、稳定性以及加速度响应变化规律等不仅与输入地震波的类型、激振方向、频率和振幅等参数密切相关，同时还受到边坡岩体性质、高程、微地貌、结构面等地质因素的控制。何刘等[75]设计完成了凹面坡、凸面坡和凹凸组合型 3 类边坡的模型试验，对比分析了坡面形态对边坡动力变形破坏的影响，结果表明边坡变形破坏不仅与坡面的形态密切相关，同时与坡面凹凸程度也相关，凹凸程度越强的边坡其变形破坏程度越大。

普通 $1g$ 振动台模型试验规模较大、实施简便，但也存在诸如不能满足关键的相似比尺等缺点。离心模型试验利用离心加速度场形成的超重力实验技术可使模型与原型的应力应变保持一致,其可直观揭示边坡破坏机理,同时离心振动台模型试验具有可以重复、易于控制等优点,因而得到越来越广泛的应用。通过离心振动台模型试验,可以进行深入了解地震作用下边坡及抗滑桩等加固的地震响应和抗震机理等,推进对边坡及其抗震加固的全面认识[4]。

Lee 等[76]针对砂土坝和岛屿进行了 40g 和 80g 离心加速度条件下的动力离心模型试验,结果表明对于中密及松砂坝坡,在坝坡内部尤其坡顶位置,地震诱发产生的孔压使得坝体软化、共振频率降低而发生液化现象;对于密砂坝坡,在坝肩位置处可观测到锥形的加速度反应时程;当原型地震强度小于 0.15g 时,液化不太可能发生;当坝坡或岛屿的相对密度超过 80% 时,液化发生的概率将相应地减小。Toboada-Urtuzuastegui 等[77]进行了液化砂土边坡动力响应的离心模型试验,通过埋设在边坡的孔压和加速度传感器记录动态响应,分析结果表明,随着输入地震波幅值的增加边坡膨胀反应增强,由此导致边坡变形的积累,减小了水平永久位移的发展。Al-Defae 等[78]利用层状剪切箱进行了砂质边坡的动态离心模型试验,输入 Chi-Chi 和 Kobe 两种地震波探讨了砂质边坡动力响应特性并结合有限元模拟做了进一步分析。

清华大学于玉贞等[79-81]借助离心振动台模型试验对干砂边坡、饱和砂土地基边坡进行了地震作用下动力响应及稳定性分析。结果表明,边坡坡顶处其响应最大,对地震波不同频率成分的放大作用也不同,边坡的上部、靠近坡面的响应分别大于其底部和内部的响应;饱和地震部分液化会使得边坡土体强度减小并促使土体阻尼增大,因此使得该情况下边坡土体的加速度响应变小。清华大学张嘎等[82-84]以离心振动台模型试验作为研究手段,考虑土钉长度、土钉布置间距及边坡倾角等多种因素条件下,研究了黏性土均质边坡及采用土钉方式加固的边坡地震响应特征及位移场分布情况等。试验结果显示,地震作用下未加固边坡产生较大变形并发生破坏,而采用土钉加固的方法可有效减小边坡变形并使得其位移场分布在一定程度上得到明显改变,同时该加固边坡的地震响应特征方面也明显减小。

1.2.2　抗滑桩加固边坡动力响应研究综述

(1)现场监测与震后调查

国内外工程的抗震经验表明,现场监测和震后调查是进行地震研究以及工程抗震最为直接有效的方法,是人们开展科学防灾和主动减灾的宝贵资料,通过现场监测和震后调查进行地震产生破坏模式以及原因分析为采取有效抗震措施进行正确抗震设计提供了最为直接的依据[1]。国内外专家在地震发生后,针对抗滑桩、挡土墙等支挡结构进行了大量的震后调查、工程震后资料收集与整理,并进行了相应的研究,这些调查和研究工作推动了抗震技术的发展。

Koseki 等[85]于日本阪神地震发生后,对震害铁路路基支挡结构进行了调查研究,分析结果表明竖向地震荷载对支挡结构的稳定性影响很小，建议进行拟静力分析时可忽略不计。Gazetas 等[86]震后调查研究表明，柔性钢筋混凝土和加筋土挡墙等支挡结构在日本阪神地震和中国台湾集集地震中，其抗震性能均有良好表现。Huang[87]在地质钻探、土体物理力学特性测试以及现场调研等基础上，针对集集地震发生后的 3 处支挡结构的破坏情况进行了分析并得到一些研究成果。汶川地震发生后，周德培等[7]、张建经等[88]、吉随旺等[89]、马洪生等[90]对灾区开展了大量震害调查、监测及评估等工作，归纳总结了包括抗滑桩在内的支挡结构物的典型震害特征，并提出了相应抗震设计方法。震害调研结果显示，挡墙以及护面墙震害较多，而抗滑桩、桩板墙等结构存在一定破坏，锚索抗滑桩加固的边坡因其整体性较好而表现出更好的抗震性能。

(2)理论分析

Wolf[91]、Zhang[92]等针对岩土介质与结构动力相互作用机理方面开展大量卓有成效的研究工作，这方面的基础理论因此也得到相应的丰富。张建民等[93]指出动力条件下土体与结构之间相互作用的理论及其应用是一个复杂的、多学科交叉的、理论性较强的研究课题，介绍了目前开展土与结构动力相互作用的主要方法及相应的研究理论。Finn 等[94]主要从地震灾害及抗震设计两个方面对液化土体中桩的受力进行了分析，表明桩基础的承载力以及稳定性受地震诱发地基液化使得土体侧向流动的影响显著。李荣建[4]认为边坡工程中抗滑桩同样会受到其较大影响，基于这一思路针对抗滑桩开展了进一步的研究。何思明等[95,96]将支护桩加固理论和极限分析上限定理相结合，对高切坡及抗滑桩加固时静动力稳定性进行了研究，表明加固边坡地震临界屈服加速度随其静力安全系数增加而不断增大，最后建立了抗滑桩加固边坡的永久位移计算方法。年廷凯等[97,98]采用塑性极限分析运动学定理与抗剪强度折减技术相结合的手段，提出了地震作用下阻滑桩加固土坡的简化分析方法，同时基于塑性极限分析下限定理，提出了综合考虑坡角、坡面超载与地震荷载等多因素抗滑桩锚固深度的极限分析下限方法。结果表明，边坡坡脚附近为阻滑桩的最优加固位置，水平地震系数对阻滑桩的加固力影响显著，且影响程度随着水平地震系数增大而明显增大；边坡坡角对抗滑桩锚固深度影响显著，且其锚固深度比水平地面条件下要加深 1 ~ 3m。吴永等[8]基于极限分析的上限定理，研究了在明确潜在滑动面条件下的抗滑桩锚固体系能量输入与耗散机制，探讨了地震诱发滑坡产生以及抗滑桩锚固体系失稳破坏的特征，结果表明抗滑桩的失效是由于在特定方向以及特定大小的反复地震荷载作用下损伤不断累积的结果所导致。肖世国等[99]基于极限分析上限定理，针对土坡为圆弧滑动的破坏模式，提出了悬臂式抗滑桩加固黏土边坡的地震永久位移算法，通过算例计算并与 Ambraseys 算法结果进行对比，验证了该方法的正确性，并给出了地震作用下加固边坡永久位移时程曲线。研究表明，加固边坡永久位移在较低设计安全系数(F_s)时受黏聚力和内摩擦角影响均较大，随着 F_s 的提高则受它们影响程度将变小；随着 F_s 的增加，坡体永久位移也不断减小，且其变化趋势为指数函数形式。

(3)数值模拟

数值模拟方面,Ito等[100,101]、Wang等[102]、Bransby等[103]以及其他学者就桩间距对土拱形成的应力条件及失效机理等方面进行了深入的研究。然而不同学者对产生土拱的最优桩间距也有着不同的意见,Carder[104]指出桩间距 S 与桩径 D 的比值(S/D)为5时,为产生土拱的最优桩间距,同时其指出 S/D 最大为8时仍能可以产生土拱效应,这一研究结果也被Kahyaoglu等[105]以及Ellis等[106]学者所证明。而Kourkoulis等[107]利用有限元软件分析了地震作用下抗滑桩加固边坡时产生土拱效应的桩径比,其研究结果表明,只有当 S/D 小于或等于4时才会产生土拱效应,当 S/D 大于5时,排桩则将与单桩的受力性能差不多。Bhowmik等[108]结合试验,运用有限元软件分析了中空钢桩在水平动力荷载作用下的受力性能,数值结果与试验吻合较好。He等[109,110]运用有限差分软件FLAC^{3D}分析了抗滑桩加固砂质边坡中桩—土相互作用机理,研究了抗滑桩桩后的土压力作用以及加固边坡的地震永久位移。Maheshwari等[111]利用三维非线性数值计算程序分析了地震条件下土体与桩基础之间的动力相互作用,结果显示由于桩—土动力相互作用使得桩顶的动力反应得到明显增大,从而有效降低上部结构的动力反应。Takewaki等[112]研究了群桩基础与土体之间的地震动力相互作用,其结果表明群桩效应对桩—土的动力相互作用影响较大。

国内方面,郑颖人及他的学生[113-118]采用有限元、动力有限差分等软件,结合强度折减动力法,提出了抗滑桩、锚杆等加固边坡的抗震设计新方法,进行了一系列相关方面的研究。其中,动力强度折减分析法在抗滑桩抗震设计方面具有一定的优势,该方法计算时考虑了桩—土动力相互作用,为抗滑桩加固边坡的抗震设计提供了新的思路。汪鹏程等[119]采用数值模拟方法从放大系数、残余变形、轴力和拉应力等方面对比分析了地震作用下抗滑桩、挡土墙和锚索3种不同支护形式时加固边坡的地震动力响应,讨论比较了这3种支护形式的加固效果。雷庆兰等[120]运用ABAQUS有限元软件,建立了抗滑桩加固以及未加固的均质土坡计算模型,对比分析了这两种情况下在强震作用下的边坡地震响应,结果表明抗滑桩可显著提高边坡动力稳定性,且无抗滑桩加固的边坡动位移要比有抗滑桩加固的边坡动位移大得多。於文欢等[121]采用ANSYS有限元软件,建立了强震作用下抗滑桩加固滑坡的三维计算模型,并从抗滑桩的侧面应力、动土压力和桩身弯矩分布规律等方面进行了分析。结果表明,抗滑桩在地震作用下其侧面产生了对桩抗震能力有利的侧面应力,同时发现抗滑桩的弯矩在滑坡带部位达到最大值并沿抗滑桩的桩身呈凸形分布。

(4)模型试验

地震作用下边坡中土体与抗滑桩之间的动力相互作用十分复杂,特别是边坡发生破坏产生大变形以及抗滑桩失效时,另外受地震本身的随机性及现场实测成本的限制等,使得关于这方面的现场实测资料极其稀少[4]。因此动力模型试验成为研究地震作用下抗滑桩加固边坡动力反应的一个现实手段,动力模型试验主要包括振动台模型试验和离心振动台模型试验。

近年来,国内外学者以振动台模型试验为手段进行了抗滑桩、挡土墙、锚杆等加固边坡地震响应的研究,获得了翔实的试验数据。Dungca 等[122]通过小型振动台模型试验研究了液化土体对桩产生的水平抵抗力并着重观测了液化过程中土体围绕桩移动的过程。Huang 等[123,124]通过一系列的振动台试验,输入正弦波研究了用挡土墙加固的边坡的地震位移,并分析了地震波频率和振幅等对地震永久位移的影响以及加固边坡的加速度响应。Srilatha 等[125]通过一系列的振动台试验对比分析了地震波频率对未加固边坡以及加筋土边坡地震响应的影响,结果表明,频率对边坡地震响应的影响显著,且加筋土边坡的位移响应要明显小于未加固边坡的位移响应。Panah 等[126]使用聚合物条作为加筋土的挡土墙进行了振动台模型试验,通过分析挡土墙的位移响应以及土体中的加速度响应等方面研究了加筋土挡土墙的抗震性能。

叶海林等[127-129]通过大型振动台试验分别研究了地震作用下边坡抗滑桩、边坡锚杆、预应力锚索等抗震性能,试验过程中通过监测抗滑桩桩侧土压力、锚杆(锚索)轴力、边坡坡面加速度和位移响应研究了抗滑桩在地震作用下边坡抗震机理、桩侧土压力分布形式、抗滑桩受力性能以及锚杆(锚索)在地震作用下的受力机制、锚杆(锚索)轴力分布规律和不同位置处锚杆的地震响应异同点等。许江波、郑颖人[130]通过输入不同类型、幅值、频率的地震波和白噪声激励,设计完成了埋入式抗滑桩支护边坡的振动台模型试验,探讨了地震作用下埋入式抗滑桩受力机理以及加固边坡的地震动力反应,同时分析了地震动参数对加固边坡动力特性和地震动力反应的影响。杨果林等[9,131,132]开展了重力式挡土墙与桩板式挡墙支护边坡、格构锚杆框架支护边坡以及上部采用锚索框架结构、下部设置桩板墙的组合式支挡边坡的大型振动台模型试验,分析了在地震作用下各支挡结构的抗震性能以及支护边坡的动力反应特性。曲宏略等[1,133,134]通过输入汶川地震卧龙台站实测的地震波,设计完成了地震作用下桩板式抗滑挡墙地震响应的振动台模型试验,分析了地震作用下土压力、桩体位移和岩土体加速度的地震动力反应特征。研究结果表明,地震引起的动土压力沿桩身呈非线性分布,竖向地震荷载对水平加速度具有放大作用,试验结果同样揭示了桩板式抗滑挡墙在地震作用下的抗震机制。

相对于振动台模型试验,离心振动台模型试验由于试验成本较高,对设备要求较高以及试验过程复杂等原因,目前开展抗滑桩等加固边坡动力响应方面的动态离心模型试验研究还较少[135]。国外学者 Boulanger 等[136]、Abdoun 等[137]和 Brandenberg 等[138]于 1995 年日本阪神地震后分别先后开始利用离心振动台模型试验技术就地震液化和土体侧向流动对桩身弯矩及桩身变形影响等方面开展相应研究[139]。2007 年,于玉贞、邓丽军[139]最早在我国利用土工离心机及专有振动台进行了抗滑桩加固砂土边坡的离心模型试验,结果表明,抗滑桩对周围土体的地震动力反应具有阻滞作用,桩身弯矩在抗滑桩下部达到最大。随后,国内外学者进一步开展了相关方面的研究。

Takemura 等[140]、Gonzalez[141]、González 等[142]、Banerjee 等[143]以及 Yoo 等[144]分别采用离心振动台模型试验技术进行了地震作用下桩基的受力性能、地震过程中砂土液化以及地震过程中桩—土动力相互作用机理等方面的研究。Gillis 等[145]采用动态离心模型试验技术与有限元数值模拟相结合的方法分析了地震发生过程中临时支撑开挖时的动力响应以及地震引起的动土压力分布形式等。Nova-Roessig 等[146]进行了加固边坡地震响应的离心振动台模型试验,确定了地震作用下加固边坡的变形破坏机理并进行了加速度响应方面的研究等。Al-Defae 等[147-149]在英国邓迪大学的土工离心机[150]上进行了一系列的抗滑桩加固砂质边坡的动态离心模型试验,详细对比分析了地震过程中预制混凝土桩与弹性桩加固边坡时抗滑桩的受力特性、加速度响应等方面的异同点,同时研究表明试验过程中存在产生土拱效应最大桩间距。

于玉贞等[151-158]采用微粒混凝土和铜质抗滑桩在 50g 离心机加速度条件下再现了抗滑桩加固砂质边坡、可液化地基边坡的离心振动台模型试验,对比分析了微粒混凝土抗滑桩在静力和动力两种条件下的破坏特点,探讨了抗滑桩不同加固位置时地震动力响应和边坡变形情况,得到了砂质边坡中抗滑桩的受力性能,对比分析了震前与地震中的抗滑桩弯矩分布规律,同时指出地震引起的附加动弯矩不容忽视。张嘎等[159-162]采用离心振动台,进行了静力和动力加载条件下抗滑桩加固均质土坡的离心模型试验,试验过程中采用图像采集与位移监测系统得到了均质土坡的位移场,对土坡中加速度响应以及抗滑桩静动力加载条件下的位移、应变等分布进行了测量。研究结果表明,静动力作用过程中,抗滑桩内侧土体存在一个面,其将加固土坡分成 4 个不同变形特性的区域,进一步揭示了抗滑桩与土体相互作用的复杂性。

1.2.3 现有研究主要问题分析

综上所述,目前就堆积型滑坡、抗滑桩加固堆积型滑坡体地震响应的研究较少,仍有许多问题需要研究,主要表现在以下 4 个方面:

①目前对于地震作用下边坡的地震响应已有振动台模型试验、数值模拟的初步结果,但因振动台模型试验研究不能满足模型与原型应力、应变相同的要求,提供的结果有可能与实际存在一定的差别;数值模拟通常需要理论计算以及试验模型结果的验证;离心振动台模型试验成果给出了砂土边坡、均质土坡的动力反应的认识和规律,但分析对象主要集中于理想的、均质的边坡,不能反映真实的坡体结构,距实际工程应用尚有一定的差距,而对于边坡动力响应的拟静力方法,不能反映出地震动的频谱特性以及持时的影响,针对实际中常见的堆积型滑坡的地震响应特征研究很少,有待开展进一步的研究。

②目前地震作用下抗滑桩加固边坡地震响应的模型试验以普通振动台模型试验居多,而抗滑桩加固边坡的离心振动台模型试验则以加固砂土边坡、均质土坡等理想边坡为主。振动台模型试验研究不能满足模型与原型应力、应变相同的要求,同时抗滑桩与土体的动力相互作用问题极其复杂,加固理想边坡与实际工程具有一定的差别,因此有必要进一步开展抗滑桩加固实际的堆积型滑坡体的离心振动台模型试验,从而揭示抗滑桩的抗震加固机理

以及加固边坡土体的地震动力响应特征。

③数值模拟分析方面,在土工结构工作性能方面的数值模拟研究成果较多,而考虑抗滑桩桩间距、嵌固深度等设计参数对抗滑桩加固堆积型滑坡体的地震响应的成果较少,有必要结合离心振动台模型试验的结果,进一步研究抗滑桩不同设计参数的影响。

④影响地震作用下边坡地震响应的因素很多,目前针对考虑多因素影响下的边坡动力稳定性的研究相对较少,在离心振动台模型试验基础上,不同因素对边坡地震动力反应的影响相对更少,有必要进行考虑多因素的边坡动力稳定性及其影响因素的研究。

1.3 主要研究内容

本书以国家自然科学基金面上项目为支撑,将典型滑坡作为重点研究对象,兼顾其他具有代表性的堆积型滑坡,以堆积土岩性组合为基础建立有代表性的堆积型滑坡概化地质模型,选取某典型堆积型滑坡作为参考原型,对相关文献和研究成果进行调研和分析,并结合相关现场监测和震后调查的资料,采用实际工程中应用最广泛的抗滑桩作为堆积型滑坡的加固方式,设计并完成了4组50倍离心加速度条件下的离心机振动台模型试验。接着,在有限元模型参数的室内土工试验基础上,采用有限元软件研究了加固堆积型滑坡体中抗滑桩的抗震受力性能,结合灰色关联分析方法对桩身最大动弯矩影响因素进行分析,为既安全又经济的抗滑桩抗震设计提供更合理的基础。最后,建立考虑多因素的堆积型滑坡动力稳定性安全系数表达式,同时建立灰色支持向量机的边坡位移预测模型,在离心振动台模型试验基础上,利用正交设计法对堆积型滑坡地震响应影响因素进行了敏感性分析。本书的主要内容包括:

第1章　绪论。说明了本书的研究背景和研究意义,阐述了边坡及抗滑桩加固边坡地震动力响应的国内外研究现状,具体包括现场监测与震害调查、理论分析、数值模拟以及模型试验等方面的内容。针对目前研究中存在的主要问题进行了简要评述,同时介绍了本书研究的主要内容、方法和技术路线。

第2章　离心振动台模型试验设计。首先简要介绍了土工离心机模型试验技术,其次阐述了离心振动台模型试验设备的基本情况,最后重点详细介绍了堆积型滑坡及抗滑桩加固堆积型滑坡体地震响应的离心振动台模型试验的设计、实施等过程,具体包括离心试验模型、传感器布置、传感器标定、试验模型制备以及地震动输入等方面的内容,为类似离心振动台模型试验方案设计以及离心模型制作等提供参考。

第3章　堆积型滑坡地震响应离心模型试验分析。为了揭示地震动作用下堆积型滑坡的动力响应机制,完成了1组堆积型滑坡地震响应的离心振动台模型试验。分别从地震响应表观特征、位移响应特征、滑坡坡面水平向、坡面竖直向、坡体内水平向、基岩处水平向加速度响应特征等方面详细、系统地研究了地震动作用下堆积型滑坡的加速度响应特征与规律。同时,分析了地震波类型、峰值对堆积型滑坡地震响应的影响及滑坡坡体对输入地震动的影响。研究结果有助于进行滑坡的震害解释并为边坡工程的抗震设计提供科学依据。

第4章　抗滑桩加固滑坡体的离心模型试验分析。为了揭示地震作用下边坡工程中抗滑桩的抗震加固机理,完成了3组抗滑桩加固堆积型滑坡体地震响应的离心振动台模型试验,对比分析了静动力条件下堆积型滑坡体中桩侧土压力及抗滑桩的桩身弯矩沿高程分布的异同点。比较分析了不同桩间距、不同滑体含水率时的抗滑桩加固堆积型滑坡体在不同类型、不同峰值地震波作用下桩侧动土压力、桩身动弯矩分布规律,研究了抗滑桩加固滑坡中加速度响应特性和地震波传播规律。

第5章　抗滑桩加固滑坡体地震响应数值模拟分析。首先利用有限元软件实现了黏弹性人工边界的施加,并通过算例验证了其有效性和稳定性。然后,结合室内土工试验的参数,建立了离心振动台模型试验相对应原型的有限元数值模型,通过数值计算结果与模型试验结果的对比分析,验证了有限元数值分析模型的可靠性。最后通过数值计算拓展了地震作用下考虑抗滑桩桩间距、桩嵌固深度、桩截面尺寸以及桩弹性模量等方面的抗滑桩受力性能,同时采用灰色关联分析方法分析了抗滑桩桩身最大动弯矩的影响因素,为抗滑桩的抗震设计提供一定的参考作用。

第6章　堆积型滑坡动力稳定性分析方法。首先基于极限平衡理论,推导建立了综合考虑水力条件、坡顶超载、坡顶张拉裂缝、水平地震荷载和竖向地震荷载等多参数的边坡动力稳定性安全系数表达式,然后重点分析了坡顶超载作用下这几种相关参数对边坡动力稳定性的影响。同时建立了灰色支持向量机的边坡位移预测模型,将其预测结果与灰色预测模型以及单一支持向量机模型的预测结果进行了对比。最后,在堆积型滑坡地震响应的离心振动台模型试验的基础上,利用正交设计方法建立了堆积型滑坡地震响应影响因素的正交试验预测模型,找出堆积型滑坡最大地震响应发生的关键位置,结果表明其与离心振动台模型试验分析基本吻合。

第7章　结论与展望。最后总结了本书的主要研究工作和结论,并对后续进一步研究工作进行了展望。

1.4　研究方法与技术路线

本书主要从试验研究、数值模拟和数值分析3个方面进行研究。

①试验研究工作:设计并完成4组离心机振动台模型试验;确定相似比尺,选择相似材料;标定LVDT传感器、加速度传感器、土压力传感器以及弯矩应变片;制备堆积型滑坡及抗滑桩加固离心模型;进行监测系统和采集系统的接线及振动台调试、数据采集等;进行直剪试验、压缩试验等室内土工试验。

②数值模拟工作:在室内土工试验的正确选取基础上,采用有限元实现黏弹性人工边界

的施加,选择 El Centro 波作为地震动输入,建立抗滑桩加固滑坡体离心振动台模型试验所对应原型的有限元计算模型,同时验证其可靠性及模型试验正确性,进一步开展参数影响研究。

③数值分析工作:整理并分析数据;进行堆积型滑坡及抗滑桩加固滑坡体的地震响应特征与规律分析;进行抗滑桩桩侧静动土压力、桩身静动弯矩对比分析;进行抗滑桩桩身最大动弯矩灰色关联分析;进行堆积型滑坡动力稳定性及其影响因素分析;建立灰色支持向量机的边坡位移预测模型;进行堆积型滑坡地震响应影响因素敏感性分析。

本书研究工作的技术路线,如图 1-5 所示。

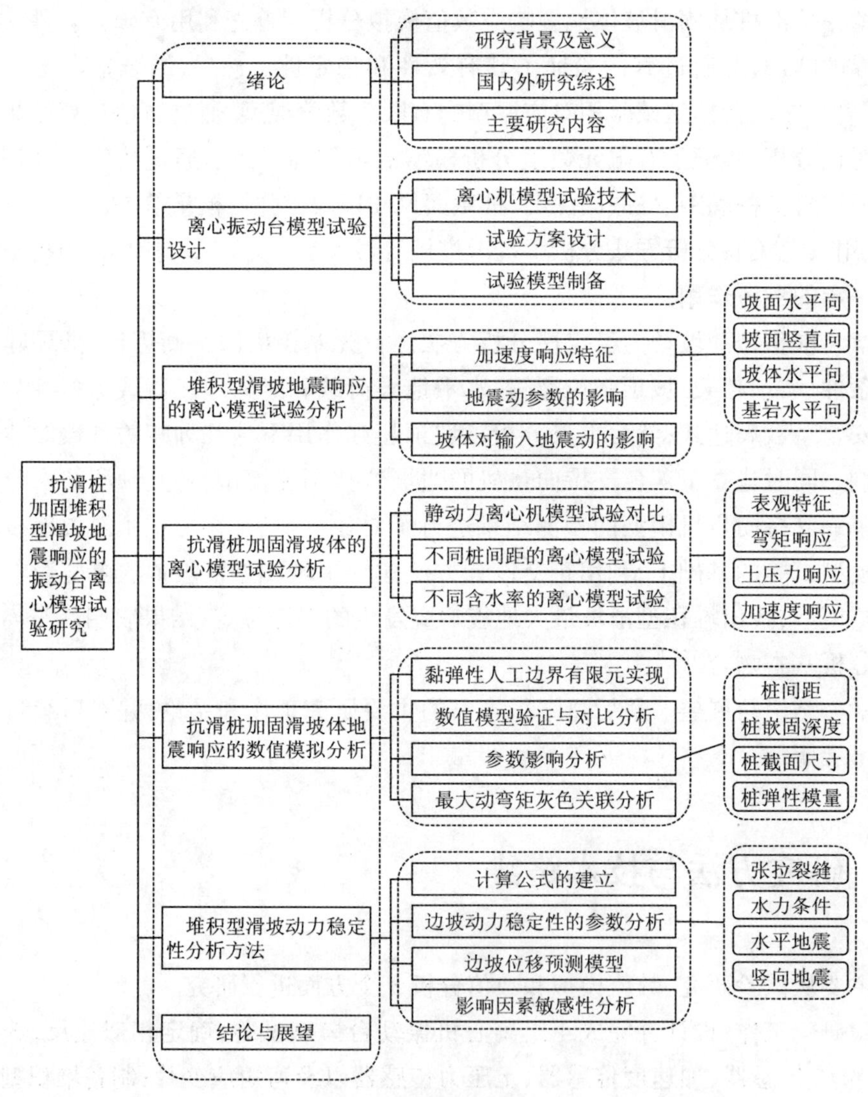

图 1-5　研究技术路线图

第2章 离心振动台模型试验设计

2.1 引言

现场原位试验和缩尺模型试验是开展地震作用下场地及相关结构地震响应研究的有效手段[163]。现场原位强震实测数据能反映震源机制、传播路径和边坡场地的综合影响，场地条件完全真实，其所测试验结果真实可靠，但对于地震作用下的岩土问题，通常在现场很难进行全过程监测与测试。同时由于受强震的稀有性、原位实测的艰巨性、成本的限制且其不具备重复性等原因，因此，现场原位试验的可实现性差且进行大规模实测是不太现实的。相对而言，缩尺模型试验以相似理论为基础，模型几何尺寸较小，容易制作及装卸，省时、省力并节省材料，针对性和可重复性强，采集数据准确可靠[1]。同时其在进行科学理论的对比验证及处理实际工程所遇到的技术难题等方面更具有优势，所得试验结果可有效用来分析理论研究结果和验证数值模拟结果等[163]。

由于地震作用下边坡(滑坡)及抗滑桩加固中桩—土动力相互作用的复杂性，使得开展其地震响应方面的研究成为一个复杂的岩土地震工程问题。目前，针对此类问题的缩尺模型试验研究手段主要有常重力条件下(普通 $1g$)的振动台模型试验和超重力条件下(ng)的离心振动台模型试验两种。常规重力条件下的缩尺模型因不能产生与原型相同的应力场，所以其不能真实反映出原型本身具有的特性。而应用超重力离心模拟技术可有效弥补模型因缩尺导致的应力损失，保证模型与原型的应力水平一致[82-84]。因此，大型振动台试验模型尺寸大，便于制模和实施，因不能满足关键的相似比尺，只能给出定性的认识，但离心机振动台模型试验在超重力条件下能够实现和原型一致的地震响应，所以能给出与实际相符的定量化的规律性认识，近年来已成为国内外专家学者开展岩土地震工程领域中复杂动力问题分析最为有效的模型试验方法[164-166]。

关于边坡(滑坡)及其抗滑桩加固等方面的离心振动台模型试验，国内外一些学者已开展过相关方面的研究，并取得了一些有价值的研究成果，但是关于堆积型滑坡、抗滑桩加固堆积型滑坡体地震响应特性方面的研究还并不多见。鉴于此，为了有效弥补此类滑坡及其加固方面地震现场获取数据的不足，快速得到大量可靠的数据，获取系统性认识和规律，加快土工抗震水平的提升，及早将科研成果应用于工程实践，实现科学防灾和主动减灾的目的。进一步揭示堆积型滑坡及其抗滑桩加固在地震作用下的动力响应特性、反应规律和抗震机理等，为堆积型滑坡及其抗滑桩加固的工程抗震设计提供参考。基于此，本书中离心振动台模型试验均以清溪波、El Centro 波和 Taft 波作为设计输入地震波，设计了 4 组（堆积型滑坡 1 组，其他 3 组为抗滑桩加固堆积型滑坡体）50 倍重力条件下的离心模型试验。

本章首先从基本原理、相似设计和固有误差等方面对离心模型试验技术进行简单阐述，其次介绍离心振动台模型试验设备的基本情况，最后重点从试验模型、传感器布置、传感器标定、试验模型制备以及地震动输入等方面详细介绍堆积型滑坡及抗滑桩加固滑坡体离心振动台模型试验的方案设计，可为类似的离心模型试验的方案设计以及离心模型制作等提供必要的技术经验。

2.2 离心模型试验技术

2.2.1 基本原理

地震作用下堆积型滑坡及抗滑桩加固动力响应问题的研究，一方面由于地震动力学问题的复杂性，另一方面由于岩土体非线性的本构关系，使得缩尺模型试验成为开展岩土工程研究的一种必不可少的探索工具及检验校核的重要技术手段[49]。离心模型试验是当前公认的相似性最好的物理模型试验[165]，其基本思想是用小比尺的物理模型去揭示和分析现象的本质及其机制，以验证和解决工程实际问题。离心模型试验技术的基本原理则是采用与原型相同或相似材料的小比尺模型并将其放在土工离心机所形成的高加速度场中，因此在超重力条件下，模型中的土体以及抗滑桩等构件由于缩尺造成的自重损失也将得到相应的弥补[166]。

当土工离心机绕其转轴进行旋转时，则离心机模型中与转轴距离为 r 时的某点所受到的离心加速度大小可用 $a = r\omega^2$ 进行表示（其中 ω 表示角速度）。在超重力离心加速度条件下，虽然模型尺寸缩小了 n 倍，但是模型所受到的加速度是原来的 n 倍。因此，当离心加速度为 n 倍重力加速度（$a = ng = r\omega^2$）时，则模型某一深度 h_m 处与原型 $h_p = nh_m$ 处应力相同（即 $\sigma_m = \sigma_p$），从而使模型的应力应变、变形及破坏机理等均能与原型保持一致[167]。

2.2.2 相似设计

作为一种缩尺模型试验技术，土工离心模型试验是建立在一定的相似定律基础上进行的，同时模型试验的首要问题就是确定其相似定律，从而进一步使得原型的变化特征能在缩尺模型上得到正确的反映[49]。

对于模型试验比尺（原型/模型）为 n（n 表示离心加速度 a 与重力加速度 g 的比值）的土工离心模型试验，可以得出模型与原型之间主要物理量的相似比尺[164-166]，见表 2-1。

土工离心机振动台试验相似比尺　　表 2-1

类　别	物 理 量	量　纲	比尺(模型/原型)
几何尺寸	长度	L	$1/n$
	面积	L^2	$1/n^2$
	体积	L^3	$1/n^3$
	位移	L	$1/n$
材料特性	密度	m/L^3	1
	重度	$m/(L^2 \cdot t^2)$	n
	弯矩	$m \cdot L^2/t^2$	$1/n^3$
	抗弯刚度	$m \cdot L^3/t^2$	$1/n^4$
	弹性模量	$m/(L \cdot t^2)$	1
	含水率	—	1
	黏聚力	$m/(L \cdot t^2)$	1
	内摩擦角	—	1
	应力	$m/(L^2 \cdot t^2)$	1
	应变	—	1
动力特性	重力加速度	L/t^2	n
	加速度	L/t^2	n
	时间(动力)	t	$1/n$
	频率	$1/t$	n

2.2.3　固有误差

在实际的原型试验中,所测试的任意一点所受到的加速度场均为一个恒定的数值,即重力场大小均为 g。但是沿着模型箱的深度方向,缩尺离心模型试验中所受到的离心加速度并不是恒定不变的,它的大小可以用 $a = r\omega^2$ 进行表示,所以可以看出,缩尺模型与实际原型的应力分布也会有所不同。同时在进行离心加速度设计时,通常将其设置于模型箱的某一个位置,所以离心模型试验固有误差也会随着该位置变化而变化,当中某个位置可使模型试验固有误差达到最小[166,167],其具体求解如下所示。

土工离心机以角速度 ω 旋转时,则离心模型试验中地基自重应力 σ_m 可用式(2-1)进行表示:

$$\sigma_m = \int_0^{z_m} \rho\omega^2 (R_t + z)\mathrm{d}z = \rho\omega^2 \left(R_t + \frac{z_m}{2}\right) z_m \tag{2-1}$$

式中：z_m——研究点到模型顶部的距离；

R_t——转轴到模型顶部的距离；

ρ——岩土体的密度。

若将离心机模型试验加速度 $a=ng$ 置于 R_t+z_{m0} 处，即 $a=ng=\omega^2(R_t+z_{m0})$，则离心机模型 z_m 处对应位置原型中的自重应力 σ_p 可用式(2-2)表示：

$$\sigma_p=\rho gz=\rho gnz_m=\rho\omega^2(R_t+z_{m0})z_m \tag{2-2}$$

离心机模型深度范围内的自重应力与对应原型的自重应力之间的绝对误差累计值 Δ 可用式(2-3)表示：

$$\begin{aligned}\Delta &= \int_0^{H_m}(\sigma_p-\sigma_m)\mathrm{d}z=\int_0^{H_m}\rho\omega^2[(R_t+z_{m0})z-(R_t+z)z]\mathrm{d}z\\ &=\rho\omega^2\left(\frac{H_m^3}{6}-\frac{z_{m0}H_m^2}{2}\right)\end{aligned} \tag{2-3}$$

令 $\Delta=0$，则此时模型与原型自重应力绝对误差累计值最小，进一步可求出最佳位置为：

$$z_{m0}=\frac{H_m}{3} \tag{2-4}$$

由此可见，若将离心机模型试验加速度 $a=ng$ 置于模型的 $H_m/3$ 处，可获得离心机模型试验的固有误差最小的试验结果。

2.3 离心振动台模型试验设备

2.3.1 土工离心机

本书中所有离心振动台模型试验，均在浙江大学软弱土与环境土工教育部重点实验室的土工离心机 ZJU-400[168]上完成。设备由浙江大学和中国工程物理研究院联合研制，驱动方式采用电机驱动，工作方式则为双吊篮模式(包含静态吊篮和动态吊篮)，吊篮的有效容积为1.5m×1.2m×1.5m(长×宽×高)，最大有效旋转半径为4.5m，最大运行能力为400g·t，最大离心加速度为150g[163]。进行静力离心模型试验时该土工离心机可以在150g 重力加速度下负载2500kg 的模型工作，其结合专有的振动台可进行动力模型试验，且动力试验时离心加速度可达100g，其综合性能居国内同类设备前列[167]。

土工离心机在空间上布置一共分为三层(地上一层以及地下二层)，其空间布置如图2-1所示[163]。地上一层主要负责信号的转接，该层的上仪器舱则主要包括舱体、龙门架、集流环支架及附属设施等；同时负责控制离心机运转的控制室也设置与地上一层，与土工离心机相关的控制系统均设置在该层控制室中，其可通过相应的计算机等设备来运行离心机、采集试验数据、施加地震动以及进行试验整个过程的摄像、照相等。试验的主要工作区域、主机转动系统和传动系统均设置在地下一层的位置，其中主机转动系统由静态吊篮、动态吊篮、支架、转臂等组成；另外处于该层的下仪器舱则可用来进行扩展模型试验的信号通道及二次开发等工作。土工离心机的驱动系统、稀油润滑系统以及供油、供水和供气系统等则设置于地下二层[163]。

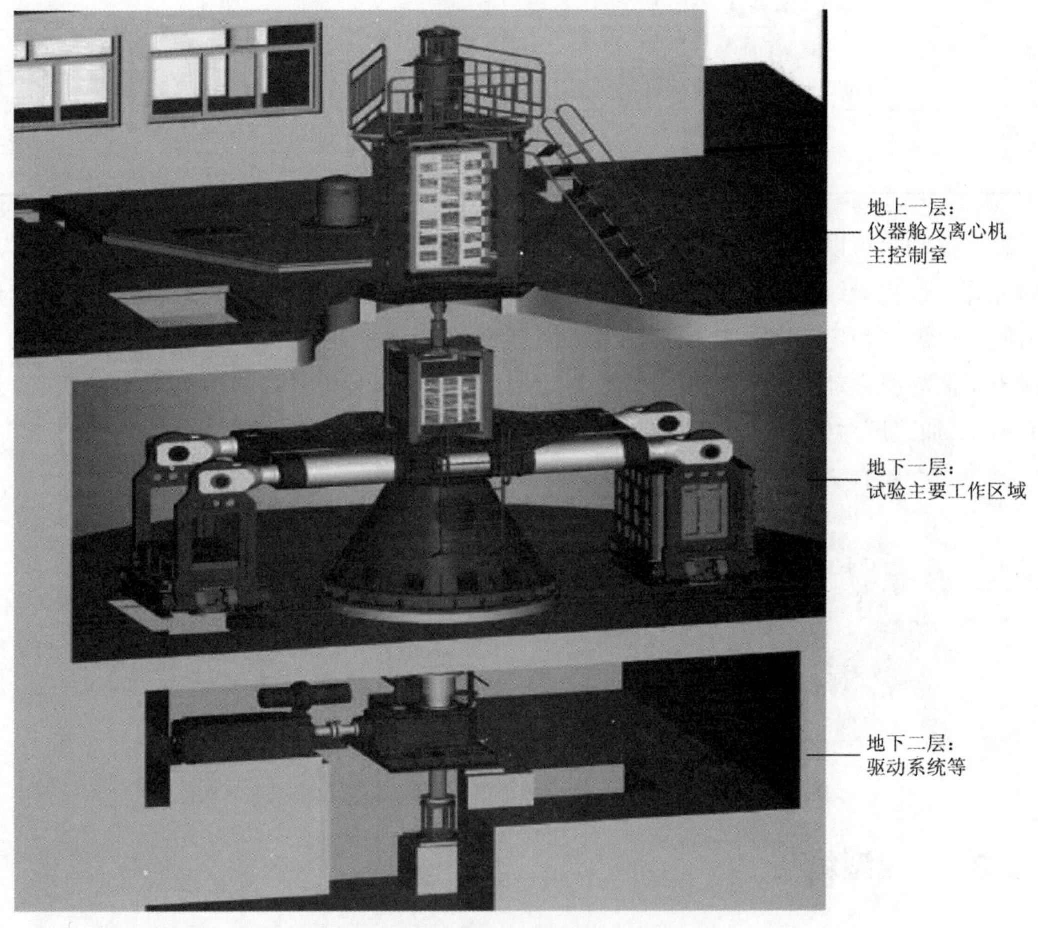

图 2-1　ZJU-400 土工离心机空间布置图

2.3.2　土工离心机振动台

土工离心振动台如图 2-2 所示，其由浙江大学与日本 Solution 公司联合研制，采用电液伺服液压的方式进行驱动，且只能在水平方向进行单一施振。土工离心机振动台，主要由电液激振系统、控制系统、测试系统、管路系统、高压油源和蓄能器等组成。激振系统通过 4 个蓄能器进行油源供给，其中两个固定于土工离心机的转臂上面，另外两个与振动台连接在一起，试验比较方便，不必进行频繁的拆卸[163]。表 2-2 给出的是土工离心振动台的主要技术指标[169]。

土工离心振动台技术指标　　表 2-2

性 能 指 标	参 数 值
动力试验最大离心加速度(g)	100
最大振动加速度(g)	40
频率范围(Hz)	10～200
最大负载(kg)	500
最大振幅(mm)	±6
台面尺寸(mm×mm)	900×800
振动波形	正弦波与任意地震波
驱动方式	电液伺服液压驱动

离心振动台可以输入任意频率、波形和幅值的地震波,且其是通过位于地上一层主控制室的计算机远程无线进行操作。离心振动台模型试验均先静力加载至设定的离心加速度,待吊篮完全展开稳定后,再进行动力加载,振动台的振动方向平行于土工离心机的主轴,运行时土工离心机振动台的示意方式如图 2-3 所示。通过这种设计可以有效的减小运行过程中 Coriolis 加速度对试验结果的影响,从而保证试验模型内部应力场的均匀性[170]。

图 2-2　振动台系统

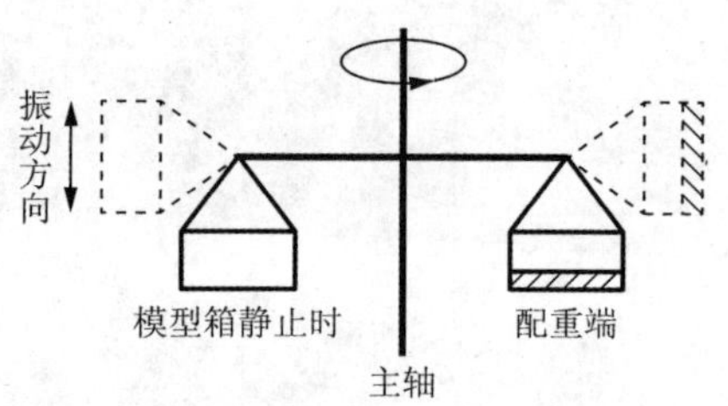

图 2-3　运行时离心机振动台示意图

2.3.3　模型箱

模型箱是开展土工离心振动台模型试验的基本设备,目前岩土工程土工离心振动台模型试验中,最常用的模型箱,主要包括刚性模型箱以及层状剪切变形模型箱两大类。

刚性模型箱大多数采用铝合金、有机玻璃等材料制成,其优点是整体刚度大且有机玻璃一侧便于进行试验过程的监测,缺点则是其存在一定的模型箱边界效应,在刚性模型箱的边界上地震波将发生强烈的反射,使得试验结果受其影响从而产生一定误差。

层状剪切变形模型箱通常采用若干铝合金制成的各自独立框架拼装而成,相对刚性模型箱而言,其具有很好的模拟土体的剪切变形的优点以及不易进行离心模型制备的缺点。

考虑到层状剪切变形模型箱的复杂,不方便用于制备模型,且其侧面不方便用于观测,因此本书采用固壁式刚性模型箱[170]进行,同时模型箱的一侧安装了有机玻璃,可用于监测试验的整个过程,本书中 4 组离心振动台模型试验采用的刚性模型箱如图 2-4 所示,该模型箱的内部尺寸为 600mm × 400mm × 500mm(长度 × 宽度 × 高度)。

刚性模型箱的左右两侧的边界效应比较突出,土体的地震动力响应会受到刚性壁之间反射波的影响。模型试验时通常将具有一定厚度的吸波材料放置于垂直振动方向的刚性壁内侧来减小其影响,该材料不仅具有较大的阻尼,同时还应具有一定硬度防止其自身产生较大变形[80]。本书中 4 组离心振动台模型试验采用的方法是在模型箱两侧刚性壁上放入厚度为 25mm 的防爆油泥材料作为试验的减震层以减小地震波的反射,减震层如图 2-5 所示。同时在与激振方向平行的前后两壁采用涂抹凡士林的方式来减小边壁的摩擦。

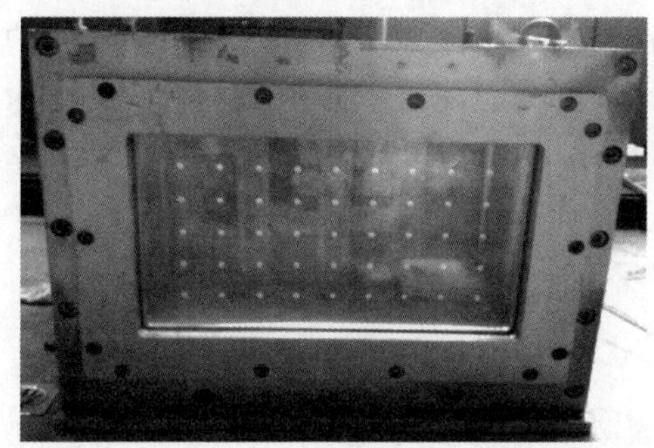

图 2-4　刚性模型箱

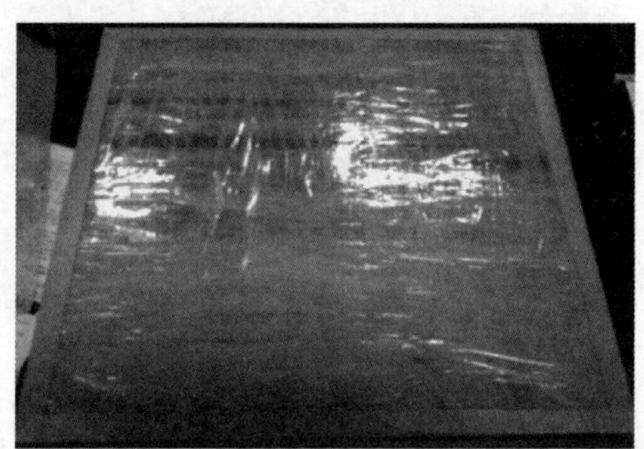

图 2-5　减震层

2.4　离心振动台模型试验方案设计

综合考虑模型试验所用模型箱尺寸大小、土工离心机及专有振动台性能等参数,确定 4 组离心振动台模型试验的离心加速度为 $50g$。地震动作用下堆积型滑坡、抗滑桩加固堆积型滑坡的地震响应及抗滑桩抗震加固机理影响因素很多,本书选定 1 组特定堆积型滑坡分析不同地震动作用下其地震响应特征与规律,同时选定不同抗滑桩桩间距以及滑体含水率两个因素,设计了 3 组抗滑桩加固堆积型滑坡体的离心振动台模型试验。所有 4 组离心振动台模型试验均考虑不同类型的地震波输入(清溪波、El Centro 波及 Taft 波),同时考虑输入地震波峰值大小的影响,输入地震波的峰值加速度分别为 $0.1g$、$0.2g$、$0.3g$、$0.4g$ 和 $0.5g$(只有清溪波)。离心振动台模型试验总体设计方案见表 2-3。

模型试验总体设计方案　　表 2-3

试验工况	滑坡体含水率 w (%)	模型桩截面 $B \times H$ (mm^2)	模型桩壁厚 t (mm)	桩间距/桩径 S/B	模型高度 (mm)
工况一	18.00	—	—	—	360
工况二	18.00	30 × 40	2.5	6.67	390
工况三	18.00	30 × 40	2.5	3.33	390
工况四	20.33	30 × 40	2.5	3.33	390

2.4.1 离心试验模型

(1)堆积型滑坡模型

堆积型滑坡是实际中常见的滑坡类型,其多由洪积、古崩塌残积及古滑坡堆积等原因形成。本书选取了某典型堆积型滑坡作为试验参考原型[11],滑坡的滑体由滑坡堆积层(粉质黏土和粉土)和残坡积层(粉质黏土)组成。综合考虑离心振动台设备及模型箱尺寸等因素,以研究堆积型滑坡的地震响应特征及规律为出发点,保留了参考原型堆积型滑坡的折线形基岩面、坡脚附近处的反倾段特点和滑坡土体的主要特性,对该堆积型滑坡的地质模型进行了相应的概化改造,确定的堆积型滑坡模型几何结构剖面如图2-6所示。

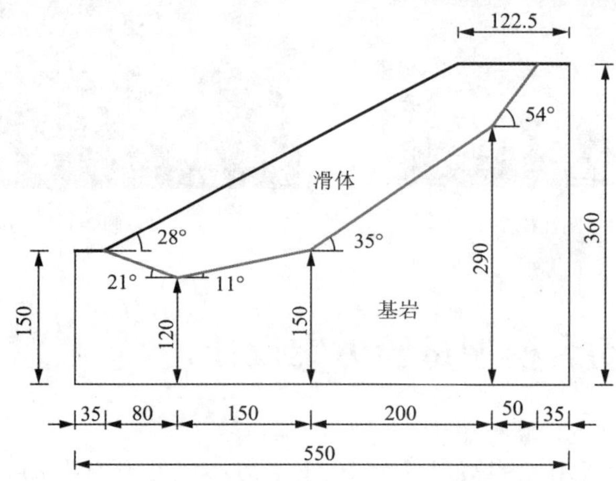

图2-6 滑坡离心机模型的几何结构剖面图(尺寸单位:mm)

从图2-6可知,离心模型(相当于原型)的滑坡总高360mm(18m),其中坡高210mm(10.5m),坡脚前缘长35mm(1.75m),坡肩后缘长122.5mm(6.125m),模型滑坡的坡角为28°。该离心试验模型的特点为:基岩面为折线形状,上陡下缓,倾角自上而下分别为54°、35°和11°,同时坡脚存在一段倾角为21°的反倾段。

(2)抗滑桩加固堆积型滑坡体模型

结合堆积型滑坡离心模型试验的结果,同时以研究抗滑桩加固堆积型滑坡体的地震响应规律为出发点,且重点以研究抗滑桩的地震响应及抗滑桩抗震加固机理为目的,保留了前期堆积型滑坡的折线形基岩面和滑坡土体的主要特性,为了使地震动作用下抗滑桩的地震响应更加明显,将滑体的厚度加大、加高且去除坡脚附近处的反倾段。同时离心振动台模型试验综合考虑抗滑桩不同桩间距、滑体不同含水率两种因素的影响,设计的3组抗滑桩加固堆积型滑坡体的离心振动台模型试验工况的剖面图均相同,经概化改造后的抗滑桩加固离心模型几何结构剖面如图2-7所示。需要说明的是,为了便于分析抗滑桩弯矩以及保证试验的测试精度,试验选用铝合金矩形截面薄壁管桩作为模型抗滑桩。

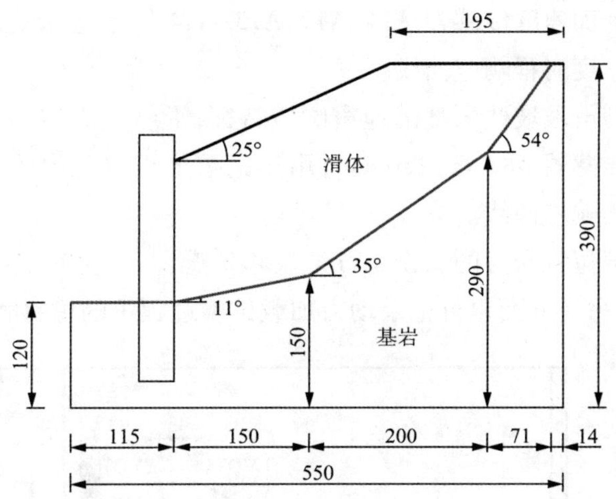

图 2-7　抗滑桩加固滑坡离心机模型几何结构剖面图(尺寸单位:mm)

从图 2-7 可知,抗滑桩加固滑坡体的试验模型(相当于原型的尺寸)总高度 390mm(19.5m),其中坡高 270mm(13.5m),坡脚前缘长 115mm(5.75m),坡肩后缘长 195mm(9.75m),模型滑坡坡角为 25°,基岩面为折线形状,上陡下缓,倾角自上而下分别为 54°、35°和 11°,抗滑桩为悬臂式,中间无挡板,抗滑桩桩长为 280mm(14m),嵌入基岩深度为 90mm(4.5m),悬臂段为 190mm(9.5m)。

2.4.2　传感器布置

(1)堆积型滑坡模型试验

根据试验的目的,堆积型滑坡离心模型试验的传感器布置系统,主要由微型加速度传感器、位移传感器以及用于监测试验过程的坡面摄像头、有机玻璃一侧的摄像头及照相机所构成。

堆积型滑坡离心模型试验共计布置 15 个加速度传感器和 2 个位移传感器,并与数据采集系统连接,实时地记录滑坡不同位置的加速度响应以及位移响应。加速度和位移传感器布置如图 2-8 所示。其中,加速度传感器 A0 固定在振动台台面上用来记录输入地震波,其余 14 个加速度传感器均布置在模型滑坡的中间纵向剖面上。

①基岩中布置 2 个加速度传感器,基岩坡脚附近处为加速度传感器 A1,基岩坡顶处为加速度传感器 A7,分别用于记录地震过程中基岩坡脚处和顶部的水平向加速度时程响应曲线。由于加速度传感器位于基岩中,需进行防水和保护处理,将加速度传感器涂抹硅橡胶进行防水并放入保护盒中用 502 胶进行相应固定,密封并引出线,同时尽量保证与基岩重度一致以实现保护盒与基岩协同运动。

②为了研究堆积型滑坡坡面的地震响应特征,沿着不同高程处分别布置 4 个加速度传感器 A2、A3、A4、A5 用于记录地震过程中滑坡坡面的水平向加速度时程响应曲线,同时在同

一位置处分别布置4个加速度传感器A11、A12、A13、A14用于记录地震过程中滑坡坡面不同高程处的竖直向加速度时程响应曲线。

③为了研究堆积型滑坡坡体内部的地震响应特征，沿着坡面传感器对应的同一高程处分别布置4个加速度传感器A8、A9、A10、A6，用于记录地震过程中滑坡坡体内部不同高程处的水平向加速度时程响应曲线。

④在模型滑坡顶部位置布置的2个LVDT位移传感器，一方面其可用于判断静力加载过程中滑体竖向沉降，另一方面也可记录动力加载试验过程中的位移时程响应曲线。

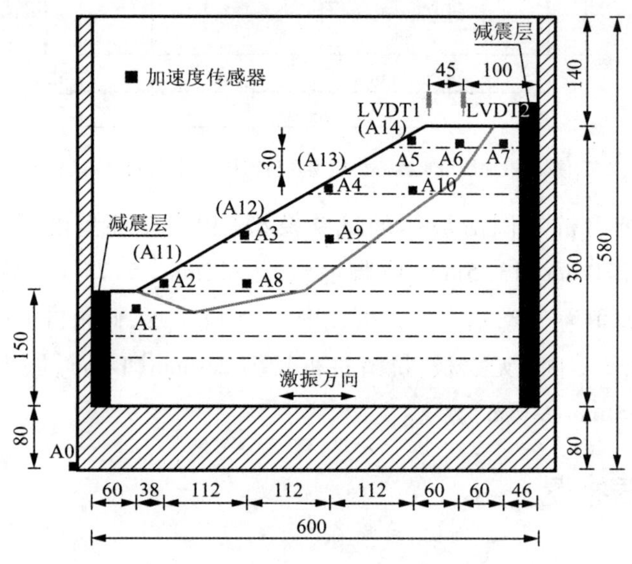

图2-8 加速度和位移传感器布置图(尺寸单位:mm)

(2)抗滑桩加固堆积型滑坡体模型试验

根据试验的目的，3组抗滑桩加固堆积型滑坡体离心模型试验的传感器及监测设备布置均相同。3组试验的传感器布置系统，主要由弯矩应变计、微型土压力传感器、微型加速度传感器、位移传感器以及用于监测试验过程的坡面摄像头、有机玻璃一侧的摄像头及照相机所构成。

3组抗滑桩加固滑坡体地震响应的离心振动台模型试验，均共布置19个加速度传感器，实时地记录滑坡不同位置的加速度时程。A0固定于振动台台面上，记录输入地震波，其余18个传感器均布置在试验模型的中间纵向剖面上。其中，基岩中布置3个传感器记录基岩的水平向加速度时程，A1设在桩前附近处，A2、A3埋设在桩后附近处；滑体中一共布置15个加速度传感器，除了沿坡面不同高程布置的A16、A17、A18传感器用于记录地震中坡面不同位置处的竖直向加速度时程，其余滑体12个加速传感器均用来记录滑体不同位置的水平向加速度时程，具体位置如图2-9所示。同时在模型滑体顶部布置2个LVDT位移传感器，用于监测并记录整个试验过程中的坡顶沉降及变形，具体的位置如图2-9所示。

桩身应变计和微型土压力传感器的布置如图2-10所示。

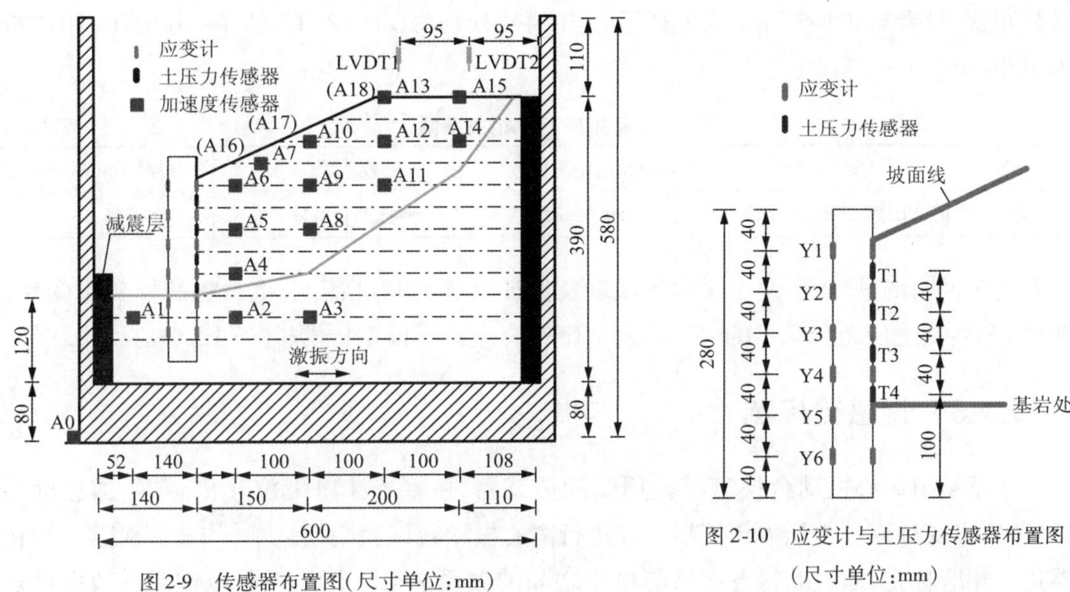

图 2-9　传感器布置图(尺寸单位:mm)

图 2-10　应变计与土压力传感器布置图(尺寸单位:mm)

3 组离心振动台试验模型,均选用中间的 1 根抗滑桩的桩身外侧采用全桥方式接法,设置弯矩桥路,粘贴 6 对应变片(即应变计)用于测试试验过程中的桩身弯矩,左右两侧对称布置,应变片均沿着桩身等间隔布置,间隔 40mm,6 对应变片从桩顶到桩底编号分别为 Y1、Y2、Y3、Y4、Y5 和 Y6,其中 Y6 距桩端为 40mm。为了便于测试及保证应变片精度,采用如图 2-11a)所示方法将其导线从模型抗滑桩内部空心引出,其底层和外层分别用如图 2-11 b)所示的黏合剂粘牢和环氧树脂进行保护,为避免外涂层内出现气泡且保证厚度均匀,采用砂纸多次打磨直至涂层厚度为 1~1.5mm。

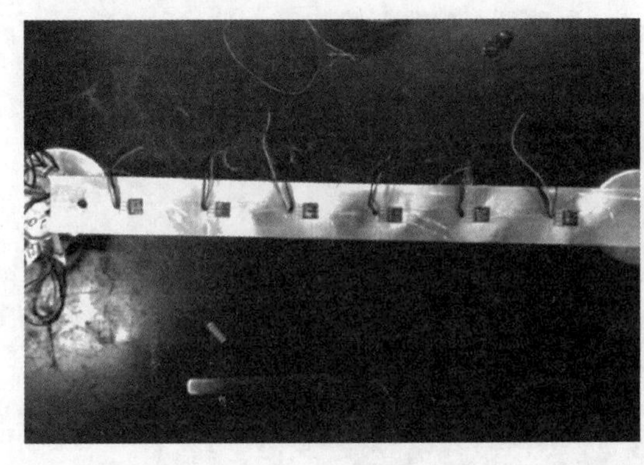

a)应变片粘贴

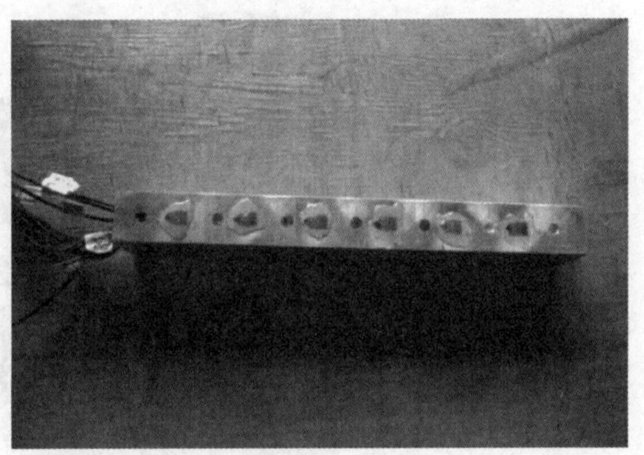

b)涂抹环氧树脂

图 2-11　应变片粘贴及涂抹环氧树脂

弯矩应变片的相关参数见表 2-4。在桩身悬臂段,镶嵌 4 个微型土压力传感器(直径×厚度:6.5mm×2mm)于抗滑桩桩身靠近滑坡体一侧的预留孔洞中,且保证预留孔洞厚度与土压力传感器厚度一致,确保土压力传感器表面与桩身表面齐平[图 2-11b)]。每个土压力传感器均位于抗滑桩悬臂段应变计布置位置的中间部位,4 个土压力传感器均等间隔 40mm

进行布置,沿着桩顶向桩底(从上往下),其编号分别为 T1、T2、T3 和 T4,其中 T4 距离桩端为 100mm。

弯矩应变片相关参数

表 2-4

参数	型　　号	典型电阻值(Ω)	灵敏系数(%)	单片尺寸(mm×mm)
数值	FB350-2FB(23)-X30	350.8±0.3	2.14±1	7.5×6.7

需要说明的是,为了便于试验测试以及保证试验的测试精度,抗滑桩的桩身应变片(应变计)和微型土压力传感器的接线均从薄壁铝合金矩形模型抗滑桩的内部空心引出。

2.4.3　传感器标定

本章 4 组离心振动台模型试验用到的传感器,主要有 LVDT 位移传感器、加速度传感器、弯矩应变计以及土压力传感器。在进行离心振动台试验制模之前,均需要对这 4 种传感器进行相应标定,通过获得各参数与电压之间的关系并得到标定系数以供后续数据处理时使用。

(1)位移传感器的标定

图 2-12 所示为 LVDT 位移传感器标定用到的设备,图中右边为标定所用到的电源表和电压表,通过电源表与 LVDT 位移传感器的连线及电压表显示对应电压值;图中左边为标定仪,将 LVDT 位移传感器固定在标定台面上,通过数显式位移计可以显示所对应的位移值。将 LVDT 上下正反方向标定一个来回称为一次,一个 LVDT 位移传感器需标定 2 次以上,同时记录电压与位移之间的变化数据。

图 2-12　LVDT 位移传感器标定所用设备

图 2-13 为位移传感器 LVDT1 和 LVDT2 的标定结果。

从图 2-13 可以看出,试验所用的 2 只 LVDT 位移传感器其电压值与位移量之间均具有良好的线性关系,进一步采用 Origin 软件进行线性拟合可以获得相关的标定系数,该系数可用于后续试验数据的处理。

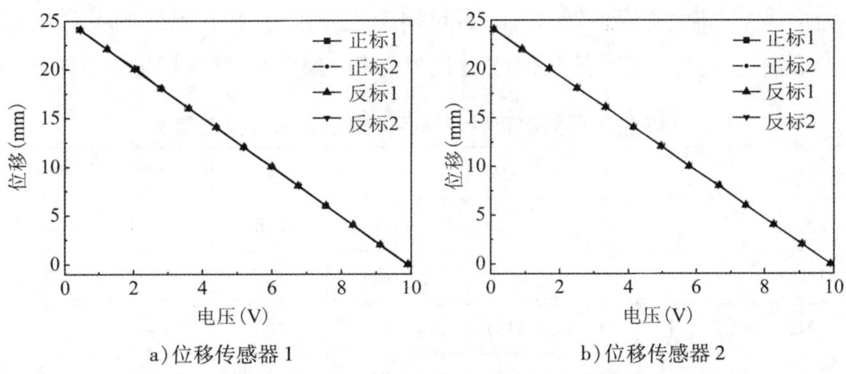

a)位移传感器 1　　b)位移传感器 2

图 2-13　LVDT 位移传感器标定结果

(2)加速度传感器的标定

加速度传感器,主要有应变式加速度传感器和压电式加速度传感器。加速度传感器按照标定标准和流程进行标定,将加速度传感器固定在小型激振台上,通过台面施加不同幅值和频率的正弦曲线,将监测曲线幅值与设定值进行比较,获得加速度传感器调整系数以备应用。此处各取一个标定结果为例进行阐述。

应变式加速度传感器与压电式加速度传感器大小及工作原理不太相同,其中,压电式加速度传感器很小,需要通过加速度放大器联合工作。以应变式加速度传感器 A7 以及压电式加速度传感器 A14 为例对其标定结果进行阐述。标定所用设备具体如图 2-14 所示。

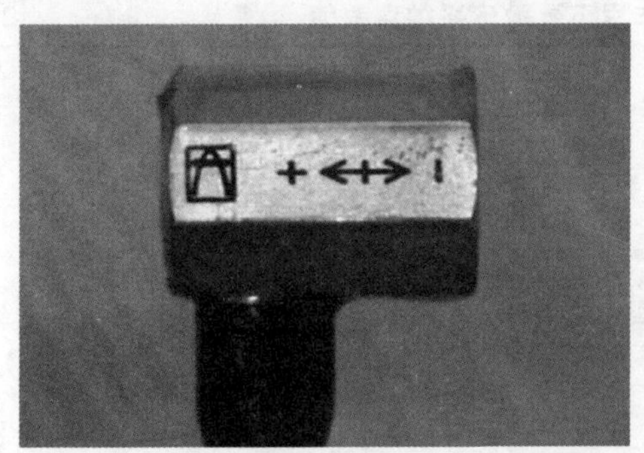

a)应变式加速度传感器

b)激振系统

c)数据采集系统

图 2-14　加速度传感器标定所用设备

表2-5为应变式加速度传感器A7在不同频率正弦波作用下测得的灵敏度系数，将其标定结果与出厂值进行对比，表明其数值吻合良好，其中最大误差不超过2.5%。

A7在不同频率正弦波作用下灵敏度系数误差值 表2-5

频率(Hz)	20	25	31.5	40	50	63	80
灵敏度[mV/(m/s^2)]	1.772	1.764	1.762	1.761	1.779	1.747	1.744
误差(%)	1.019	0.556	0.421	0.384	1.398	-0.420	-0.612
频率(Hz)	100	125	160	200	250	315	400
灵敏度[mV/(m/s^2)]	1.743	1.725	1.740	1.724	1.722	1.715	1.712
误差(%)	-0.659	-1.658	-0.808	-1.715	-1.871	-2.256	-2.395

通过在小型激振系统台面施加参考幅值为50m/s^2、频率范围为20~400 Hz之间的正弦波，获得应变式加速度传感器A7灵敏度系数为1.754mV/(m/s^2)以及压电式加速度传感器A14灵敏度系数为2.219mV/(m/s^2)，获得的灵敏度系数即为加速度传感器的标定系数，通过标定系数可以找出加速度与电压的关系，从而为后续试验数据的处理使用。

表2-6为压电式加速度传感器A14在不同频率正弦波作用下测得的灵敏度系数，将其标定结果与出厂值进行对比，最大误差均在2.5%范围以内。

A14在不同频率正弦波作用下灵敏度系数误差值 表2-6

频率(Hz)	20	25	31.5	40	50	63	80
灵敏度[mV/(m/s^2)]	2.232	2.261	2.228	2.230	2.264	2.211	2.219
误差(%)	0.586	1.869	0.380	0.482	2.034	-0.354	-0.012
频率(Hz)	100	125	160	200	250	315	400
灵敏度[mV/(m/s^2)]	2.221	2.214	2.201	2.192	2.178	2.180	2.168
误差(%)	0.096	-0.224	-0.815	-1.213	-1.842	-1.786	-2.320

(3)弯矩应变片的标定

模型抗滑桩的抗弯刚度及弯矩应变片的应变系数，均采用悬臂梁法进行标定，图2-15所示为弯矩应变片标定所用设备。

为了数据采集的方便，直接将弯矩应变片的导线连接在离心机的采集板上[图2-15b)]，通过远程电脑进行数据采集。将抗滑桩的桩头用自制的夹具固定于一端[图2-15c)]，在距离桩端2 cm处打的小孔挂上一个砝码钩，钩下面挂着一个可以放入砝码的铁桶，通过重物加载，分级加载和卸载(不少于8级)标定3次以上，获取应变片的电压读数，然后根据弯矩与电压读数即可得到抗滑桩的每对弯矩应变片的标定系数，获得的标定系数可为后续数据处理使用。

a) 砝码

b) 采集板

c) 固定抗滑桩的夹具

图 2-15　弯矩应变片标定所用设备

(4) 土压力传感器的标定

实验室中土压力传感器的标定方法一般有:气压标定、液体标定、土介质标定(砂标),此处采用在土介质中标定的方法。考虑到本章采用的微型土压力传感器为 T 形形状,按照土压力传感器嵌入模型抗滑桩的思想,应该标定之前加工好一个刚好可以将土压力传感器嵌入进去的小铝块,并保证土压力表面与铝块表面平整,保证传感器的线可以引出。同时加工一个具有一定容积的容器,将已嵌入好土压力传感器放入容器底部,然后按照离心模型的相同制样方法将试验所用土夯入容器内。为了保证加载受力均衡,在土体上层放入少量的细砂并涂抹均匀,最后再放入承压板,而承压板的上面则架设千斤顶以及压力环等装置。加载装置设置完后,将土压力传感器的导线与接通电源的电压表相连,通过读取压力环的读数换算成土压力值,然后根据换算的土压力值与电压的对应关系,采用 Origin 软件进行线性拟合获得土压力传感器的标定系数。土压力传感器的标定所用设备,如图 2-16 所示。需要说明的是,每个土压力传感器在进行标定时,其加载过程和卸载过程均应进行标定 3 次以上,然后取平均值。

图 2-16　土压力传感器标定所用设备

2.4.4 试验模型制备

滑坡模型的制作分基岩和滑体两部分。基岩采用一定配比的水泥土(粉质黏土∶水泥∶石英砂∶水＝1∶0.55∶1∶0.25),掺入水泥质量2%的早强减水剂配制而成,基岩面为折线形状。滑体土体采用某典型堆积型滑坡粉质黏土,经2mm土工筛过筛,考虑实际滑坡以粉质黏土为主,故未考虑粉土和碎石土影响。

模型滑坡制备通过控制密度实施,击实分层厚度控制为30mm。工况一、工况二和工况三离心机振动台试验模型所采用的滑体干密度均为1.55g/cm^3,含水率18%,工况四离心机振动台试验模型采用滑体干密度为1.52g/cm^3,含水率20.33%;4组工况基岩制备均按照密度为1.90g/cm^{3}进行制备。堆积型滑坡及抗滑桩加固试验模型均采用分层填筑、碾压击实、人工削坡的方式进行制备。现主要以堆积型滑坡离心振动台试验模型制备为例进行阐述,抗滑桩加固堆积型滑坡体离心机振动台试验模型制备方法采用其相同方法制备,模型制备具体实施步骤如下。

①为了便于基岩的制模以及基岩面的削坡,采用设置挡土箱的方法进行制模,如图2-17所示。

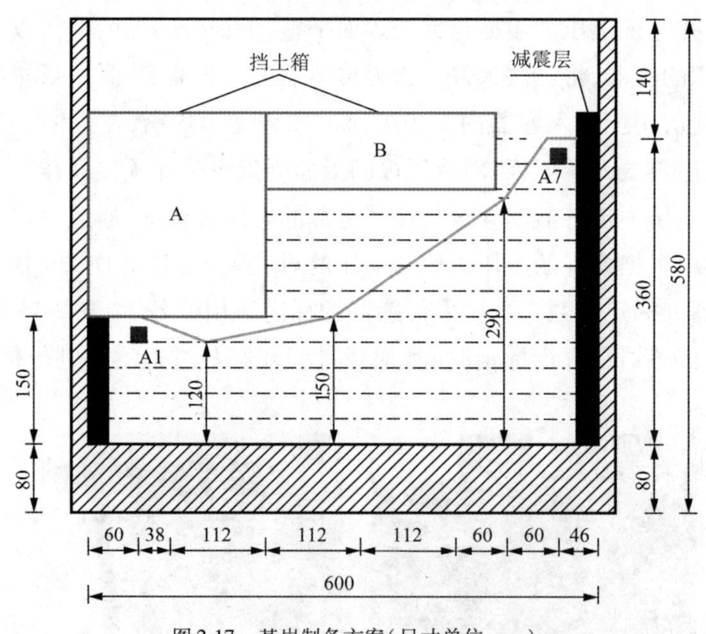

图2-17　基岩制备方案(尺寸单位:mm)

挡土箱A的尺寸为:210mm×390mm×240mm(长×宽×高);

挡土箱B的尺寸为:270mm×390mm×90mm(长×宽×高)。

根据图2-17所示的堆积型滑坡离心振动台模型试验基岩制备的实施方案,可知其基岩制备共计分为12层,每层厚度均为30mm。因此,进一步可计算得出各层所需的粉质黏土、水泥、石英砂、水以及早强减水剂的质量,其计算结果见表2-7。

基岩各层所需材料的相应质量　　表2-7

层　　号	粉质黏土(kg)	水泥(kg)	石英砂(kg)	水(kg)	早强剂(kg)
1,2,3,4,5	4.478	2.463	4.478	1.120	0.049
6,7,8,9,10	2.972	1.635	2.972	0.743	0.033
11,12	0.774	0.425	0.774	0.009	0.193

②在模型箱中,放入装有防爆油泥材料的减震层,根据模型方案事先在刚性模型箱侧壁以及减震层上采用专用设备及记号笔进行标记画线(专用设备需先进行相应标定,如图2-18所示),画完的滑坡模型轮廓如图2-19所示。

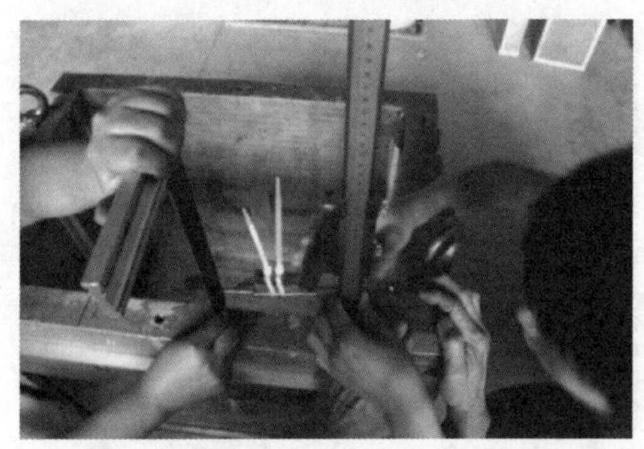

图2-18　画线专用设备标定

图2-19　滑坡模型轮廓图

③将现场取出的土进行烘干,然后用专门设计的夯板将土进行夯碎,再经过2mm土工筛进行过筛,如图2-20所示。同时准备好制模的所有工具,主要包括天平、夯板、毛刷、刨毛钢丝刷、抹平泥掌、喷水壶、水平尺、削土刀等,如图2-21所示。将筛好的粉质黏土经过初步计算并称取后,提前一天放入烘土箱中进行烘干,模型制样时拿出并常温下放凉,如图2-22所示。

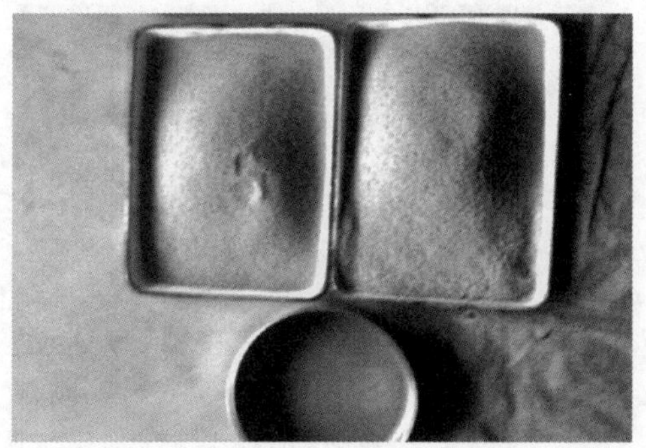

图2-20　土体夯碎和过筛

④按照表2-7的数量用秤分别称出各层材料的质量,则基岩配比实物如图2-23所示。同时为了保证水泥土混合物搅拌均匀,将其干粉放入搅拌机中进行搅拌,小型搅拌机如图2-24所示。

图 2-21 制模所用工具

图 2-22 土体烘干后放凉

图 2-23 基岩配比实物图

图 2-24 小型搅拌机

⑤取出搅拌均匀的混合料，加入相对应的水搅拌均匀。然后均匀倒入模型箱，采用软毛刷初步刮平。扫平过程中，用手将较大的疙瘩碾碎，然后采用带有滑槽的夯板进行夯实，如图 2-25 所示。为保证水泥土的均匀性，每次夯击面积与上一次夯击面积重叠一半宽度，按照设定的顺序依次夯实，并时刻用水平尺监测表面平整程度，直到该层水泥土达到所画的控制线为止，如图 2-26 所示。

图 2-25 夯板夯实

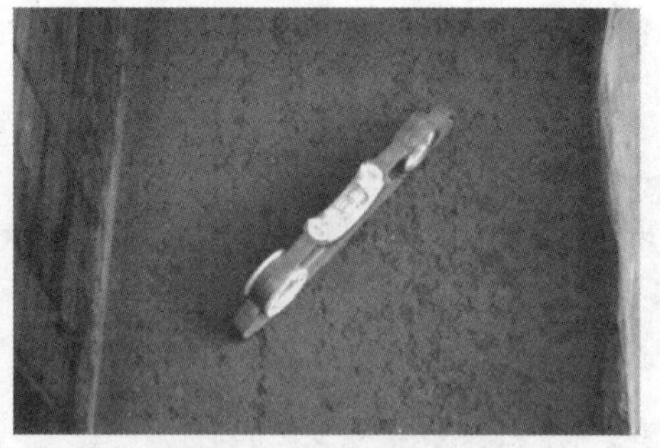
图 2-26 水平尺监测平整度

⑥为了使分层填筑的水泥土（或土体）强度均匀且能够形成整体，同时在其分层部位避免渗流通道产生，采用钢丝刷进行刮毛处理，其深度约 5mm，刮毛所用钢丝刷如图 2-27 所示。

⑦当水泥土的填筑高度达到加速度传感器的埋设位置时，将加速度传感器按照图 2-28

所示的方式进行埋设，保证所有加速度传感器的振动方向与地震波输入的方向统一，同时将加速度传感器的引线从模型箱侧壁引出。

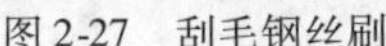

图 2-27　刮毛钢丝刷

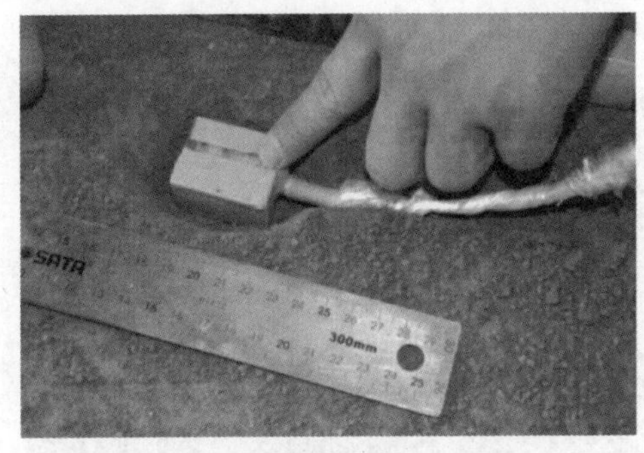

图 2-28　埋设加速度传感器

⑧按照上述步骤分层填筑水泥土使其达到模型的设计填筑高度，同时为了方便削坡，采用设置挡土箱的方式进行处理，挡土箱的设置如图 2-29 所示。然后用削土刀进行削坡，依次拆除挡土箱，削好的基岩面用砂纸按照标准进行打磨，记下打磨次数，然后测出其摩擦系数，保证后续的试验模型基岩面大致相同。削好的滑坡基岩模型如图 2-30 所示。

图 2-29　设置挡土箱

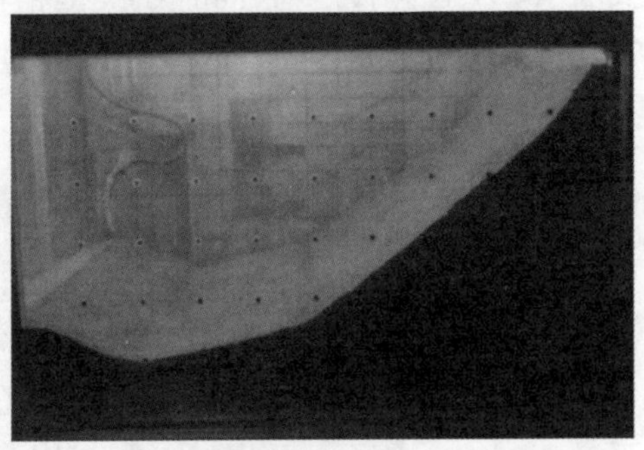

图 2-30　制好的滑坡基岩模型

⑨将制好的基岩模型进行常温养护，如图 2-31 所示。

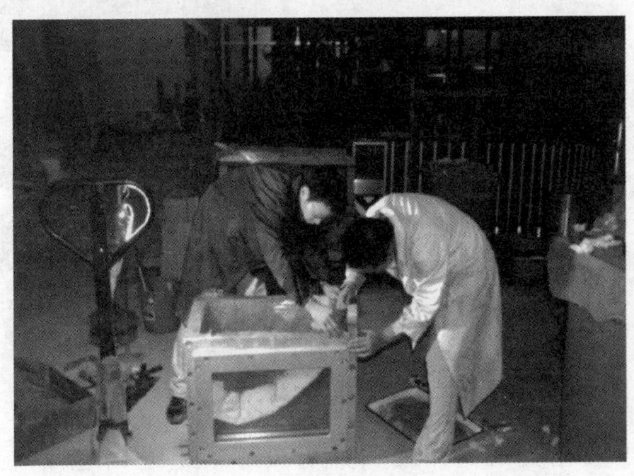

图 2-31　基岩进行常温养护

⑩待基岩模型养护完成后，参照滑床基岩的制备方案进行滑体制备的实施方案，按照上述基岩制备的步骤分层填筑滑体使其达到模型的设计填筑高度。制作完成的堆积型滑坡整个模型如图 2-32 所示。

a）俯视图

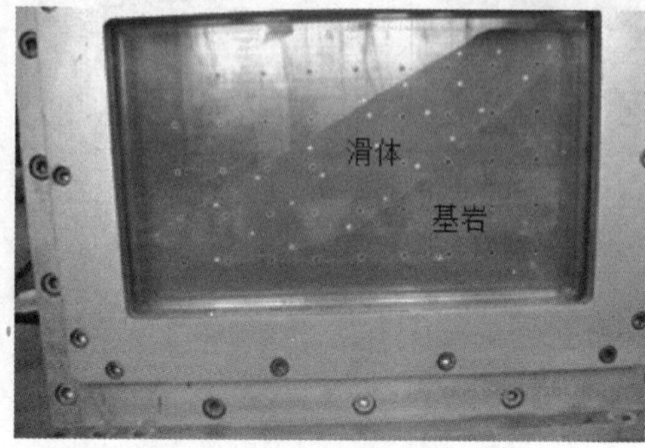

b）侧视图

图 2-32　制作完成的滑坡离心机模型图

⑪将制好的整个堆积型滑坡模型吊入离心机振动台上，用螺栓安装固定于离心机振动台上，安装 LVDT 位移传感器，同时在模型箱顶部安装摄像头以及模型的侧面安装照相机、摄像头设备以监测堆积型滑坡的整个试验过程。堆积型滑坡模型装置布置实物如图2-33 所示。

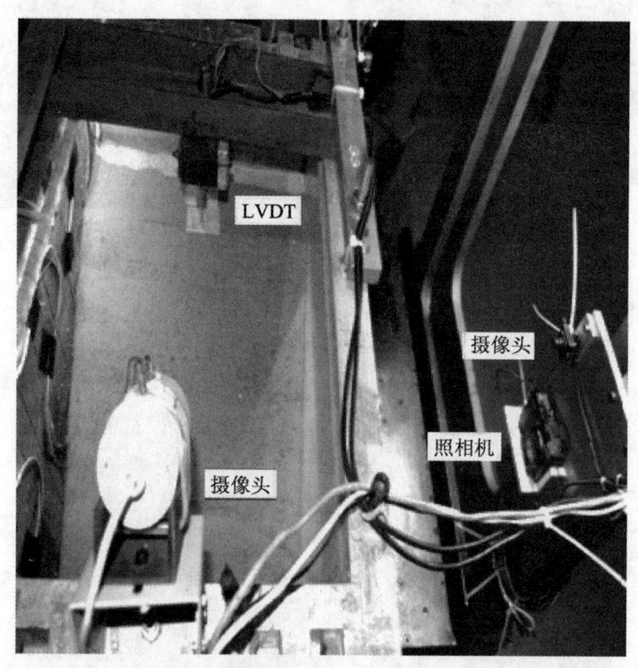

图 2-33　堆积型滑坡模型装置布置实物图

⑫整理所有传感器及相关仪器接线头并与离心机通道相连接，检查所有线路并调试成功。

2.4.5　地震动输入

离心模型制成后，将试验模型箱固定于离心机振动台上，检查所有传感器以及监测系统的线路并调试成功后。开启离心机，将离心加速度逐渐增大至50g，通过滑坡体顶部的2个LVDT位移传感器监测数据判定边坡变形稳定后，依次将清溪波（清溪波，南北向）、El Centro波（南北向）以及Taft波作为振动台底面输入。

需要说明的是，本书4组离心振动台模型试验所选择的3条地震波具有一定代表性，其中清溪波是一条实测地震波，其为2008年汶川地震汉源县城高烈度异常区清溪台站记录采用反演技术得到的南北向基岩波[171]，其持时较长且加速度时程具有两个较大峰值的特点，同时由于模型试验的参考原型位于四川汉源，根据场地的地震动特性，因此采用清溪波作为地震动输入具有一定的实际意义；El Centro波作为世界上首条成功记录全过程数据的地震波，具有典型性，其对进行地震方面的研究具有重大意义；而Taft波由于其记录完整、数据可靠，在国内外地震工程中被广泛应用，且其频谱特性与清溪波、El Centro波的频谱特性不同。

综上所述，本书选择这3条地震波可用来分析不同类型地震波作用下堆积型滑坡以及抗滑桩加固堆积型滑坡体的地震响应特性。

图2-34给出的分别为清溪波、El Centro波以及Taft波还原成原型的水平向加速度时程曲线。

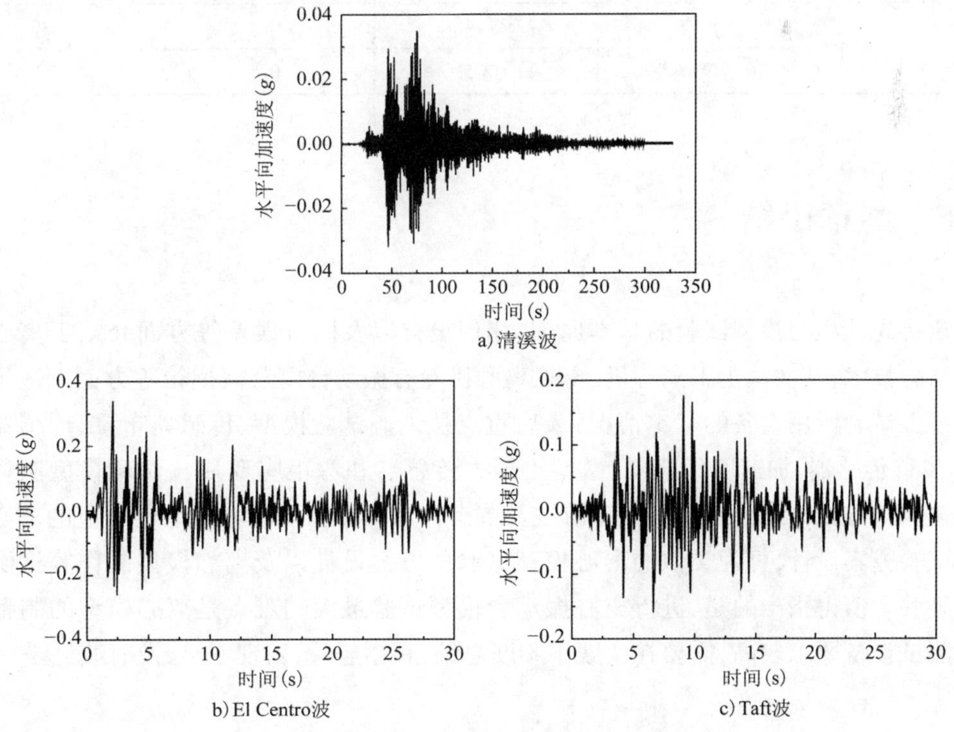

图2-34　输入地震波加速度时程曲线

同时,根据离心振动台模型试验的相似关系将上述3条地震波的幅值放大50倍,持时压缩1/50的地震波时程进行输入。试验过程中,不断增大输入的地震波峰值后,通过布置在振动台台面模型箱底部的A0加速度传感器得到实测地震波峰值加速度,为了便于分析与原型进行对比,将A0加速度传感器所测加速度时程的峰值分别归一化为0.1g、0.2g、0.3g、0.4g和0.5g(清溪波)。离心振动台模型试验的地震动输入见表2-8。

离心振动台模型试验输入地震动加载方案 表2-8

序　　号	地震波类型	工况序号	峰值(g)	持时(s)
1	清溪波	QX-1	0.1	327.6
2	El Centro 波	EL-1	0.1	30
3	Taft 波	TF-1	0.1	30
4	清溪波	QX-2	0.2	327.6
5	El Centro 波	EL-2	0.2	30
6	Taft 波	TF-2	0.2	30
7	清溪波	QX-3	0.3	327.6
8	El Centro 波	EL-3	0.3	30
9	Taft 波	TF-3	0.3	30
10	清溪波	QX-4	0.4	327.6
11	El Centro 波	EL-4	0.4	30
12	Taft 波	TF-4	0.4	30
13	清溪波	QX-5	0.5	327.6

2.5　本章小结

本章首先从离心模型试验的基本原理、相似设计以及固有误差等方面介绍了离心振动台模型试验技术,其次从土工离心机、土工离心机专有振动台以及模型箱等方面阐述了离心振动台模型试验所用设备的基本情况,最后重点从离心试验模型、传感器布置、传感器标定(LVDT位移传感器、加速度传感器、微型土压力传感器和弯矩应变片)、试验模型制备以及地震动输入等方面详细介绍了堆积型滑坡及抗滑桩加固堆积型滑坡体地震响应的离心振动台模型试验方案设计,可为类似的离心模型试验的方案设计以及离心模型制作等提供必要的技术经验。值得指出的是,进行离心振动台模型试验最大的难点是离心模型的制备问题以及对测试设备要求较高,需要在实践中不断总结,积累经验,发现不足,及时改进。

第3章　堆积型滑坡地震响应的离心模型试验分析

3.1　引言

地震滑坡是地震所产生的一种最主要的地质灾害[172]，它不仅会直接或间接地导致大量人员伤亡和财产损失，也会阻碍并造成公路、铁路、桥梁等交通道路破坏，严重影响救援以及震后恢复等工作（如汶川地震极震区[173-175]）。为能够避免或最大限度地减轻地震滑坡危害，地震滑坡的产生机理及规律的研究，无疑是地震滑坡震害解释、防控原则及方案制定、稳定性评价与治理设计方法体系更新的科学基础，因此进行堆积型滑坡地震响应特征的离心振动台模型试验研究具有重要的理论价值和科学意义。

通常获取边坡或滑坡地震响应的主要方法包括现场强震实测、数值模拟和模型试验。现场强震实测方面，汶川地震以及四川芦山地震发生后，我国学者通过现场震后调查以及原位监测，获取了一些地震的实测数据[28-31]；国内外学者在数值模拟方面通过采用不同模拟方法进行了边坡地震动力响应的研究[51-60]；模型试验方面，一些学者以土质边坡和岩质边坡为研究对象，分别采用常重力条件下的大型振动台和超重力条件下的离心振动台开展了模型试验，获取了翔实的数据[62-84]。已有的研究成果从各个不同方面获取了边坡（滑坡）地震动力响应特征与规律，为后续研究提供了有益的思路和帮助。

近年来，国内外学者采用离心振动台试验就边坡地震响应开展了相应的研究[77-81]，然而其结果大多数基于理想的砂质边坡或均质边坡所得，得到的认识和规律与实际可能存在一定差别。目前针对实际工程中常见的堆积型滑坡地震响应的研究鲜有报道。动态离心模型试验因其具有边界条件、材料特性和地震动输入易控制等优点，已得到越来越广泛的应用。通过离心振动台模型试验可快速获得大量边坡地震响应方面的真实可靠数据，有效弥补地震现场获取数据的不足，得到地震滑坡产生机理方面的系统性认识和规律，将其科研成果应用于工程实践，可进一步达到科学防灾以及主动减灾的目标。

在第2章的试验方案设计的基础上，完成一组某典型堆积型滑坡离心振动台模型试验，研究不同地震动作用下堆积型滑坡的地震响应特征与规律，主要研究内容包括：地震响应表观特征、位移响应时程分析、坡面水平向、坡面竖直向、坡体内水平向及基岩水平向加速度的地震响应特征、地震动参数对堆积型滑坡地震响应的影响及滑体对输入地震动的影响等。本章主要研究目的是:①分析堆积型滑坡地震响应特征从而揭示地震作用下堆积型滑坡的反应机制;②为后文抗滑桩加固堆积型滑坡体离心振动台模型试验提供比较;③为后文堆积型滑坡动力稳定性及其影响因素分析提供可靠的试验数据。

堆积型滑坡离心机模型的几何结构尺寸见图 2-6。离心振动台模型试验中位移传感器、加速度传感器等布置位置及编号见图 2-8。堆积型滑坡离心机模型装置布置见图 2-33。试验所选用的地震波及加载方案见第 2.4.5 节。

滑坡的地震动力响应主要包括加速度、速度、动位移、动应力和动应变响应等。地震作用下边坡产生变形继而产生滑坡也主要与加速度密切相关的地震惯性力所引起的,且实际工程中常用的设计方法(拟静力法)以及 Newmark 滑块分析法等均是建立在加速度响应基础之上所进行的[63];同时加速度响应特征及规律是用来评价地震作用下滑坡地震响应的基本资料之一,且试验过程中加速度的量测相对于速度、动位移等量测起来更为方便些[63,65],因此本章将主要针对堆积型滑坡的加速度地震响应特征进行详细分析,同时对地震响应表观特征、坡顶的位移响应时程、地震动参数对滑坡地震响应的影响以及滑坡坡体对输入地震动的影响进行详细阐述。

需要说明的是:以下试验测得数据均按表 2-1 中相似定律换算成模型对应的原型值,下述分析结果没有特殊说明均同样处理为原型。为了便于描述,滑坡模型的几何尺寸采用了模型值,这些数据乘以 50 倍即为其相应的原型值。同时书中所提高程均以图 2-8 和图 2-9 中模型箱内左下角底部位置为高程 0 点。

3.2 地震响应表观特征

图 3-1 为输完所有地震波工况后的表观特征图。

a)俯视图

b)侧视图

图 3-1 堆积型滑坡震后表观特征

结合离心模型试验的现场监测、录像以及照片进行后续分析，施加地震波峰值为 0.1g 时，滑坡体表面、顶部以及侧面均无明显反应；当地震波峰值为 0.2g 时，坡顶基岩相交接处出现微小裂缝，可从侧面看出最上面的基岩面处出现往下的微小裂缝；地震波峰值为 0.3g 时，坡顶处的微小裂缝开始发展增大，同时坡面出现微小裂缝，而侧面基岩面处的裂缝继续向下延伸；当地震波峰值达到 0.4g 时，坡顶处出现裂缝相互连接，同时坡面的裂缝相互扩展，侧面基岩处的裂缝已经延伸到第三段基岩面处；当输入地震波峰值为 0.5g 的清溪波时，裂缝明显增大发展。

3.3　位移响应时程分析

通过设置在滑坡坡顶位置的 2 个 LVDT 位移传感器（具体位置如图 2-8 所示）采集的数据，对比分析了静力加载以及输入地震波工况下坡顶位移变化，动力荷载作用下的滑坡体顶部变形相对静力加载过程中边坡固结产生的竖向沉降位移要小很多。这一方面是由于滑坡体制模时干密度控制比较大，同时另一方面由于静力加载模型滑坡经过固结之后其沉降变形已经趋于稳定。地震波作用下边坡模型没有产生较大的变形，其最大位移小于 0.3 mm。同时对比不同地震波作用下坡顶竖向沉降变形发现，清溪波作用条件下其沉降变形最大，其次是 El Centro 波，最小的则为 Taft 地震波作用下产生的竖向沉降变形。

由于各地震波工况下产生的竖向沉降变形较小，同时由于不同强度地震波作用下的桩顶竖向沉降变化规律类似，以 QX-4 输入清溪波最大峰值加速度为 0.4g 时的工况为例对地震波作用下滑坡体顶部位移时程的变化规律进行描述，如图 3-2 所示。从图 3-2 中可以看出，坡肩处（LVDT1）地震引起的沉降变形比滑坡体顶部中间处（LVDT2）沉降变形要大，这是由于滑坡体在地震作用下开始向临空面产生滑动，使得靠近坡肩处往外滑动趋势增大。

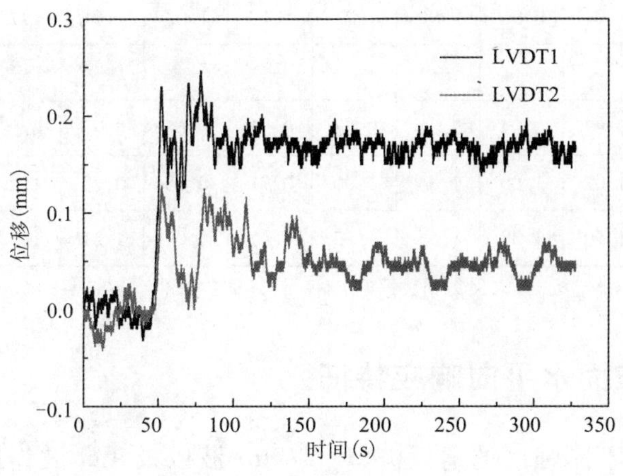

图 3-2　QX-4 工况下坡顶位移时程曲线

3.4 加速度响应特征

为了研究不同地震波作用下堆积型滑坡的加速度响应特征及分布规律，本书统一采用无量纲化方式处理的峰值加速度（PGA）放大系数这一指标来进行分析，这里将 PGA 放大系数定义为模型滑坡各测点地震响应峰值加速度与模型箱底振动台面 A0 处（输入地震动）实测水平向峰值加速度的比值。各地震波工况下不同测点的 PGA 放大系数见表 3-1。

各地震波工况下实测 PGA 放大系数　　表 3-1

位置	QX-1	QX-2	QX-3	QX-4	QX-5	EL-1	EL-2	EL-3	EL-4	TF-1	TF-2	TF-3	TF-4
	0.1g	0.2g	0.3g	0.4g	0.5g	0.1g	0.2g	0.3g	0.4g	0.1g	0.2g	0.3g	0.4g
A0	1.00	1.00	1.00	1.00	1.00	1.00	1.00	1.00	1.00	1.00	1.00	1.00	1.00
A1	0.85	0.97	0.91	0.82	0.82	0.98	1.00	0.97	0.87	0.88	0.95	0.91	0.88
A2	0.81	0.93	0.87	0.80	0.82	0.96	0.88	0.87	0.86	0.89	0.87	0.87	0.84
A3	1.27	1.04	1.15	1.10	1.04	1.16	1.12	1.08	1.09	1.22	1.00	1.04	1.02
A4	1.78	1.45	1.59	1.55	1.65	1.74	1.44	1.42	1.38	1.78	1.44	1.48	1.43
A5	1.97	1.85	2.18	2.08	1.89	2.04	1.78	1.60	1.56	2.19	1.92	1.76	1.58
A6	1.11	1.12	1.02	0.95	1.08	1.37	0.98	1.01	0.96	1.27	0.96	0.87	0.84
A7	1.05	1.11	1.02	0.98	0.99	1.06	1.10	1.03	1.01	1.01	1.04	1.03	0.98
A8	1.17	1.45	1.47	1.38	1.46	1.57	1.47	1.56	1.62	1.37	1.43	1.52	1.50
A9	1.38	1.56	1.52	1.44	1.53	1.86	1.65	1.60	1.60	1.80	1.59	1.56	1.51
A10	1.11	1.15	1.04	0.96	0.96	1.23	1.18	1.03	1.01	1.19	1.12	1.01	0.96
A11	—	—	—	—	—	—	—	—	—	—	—	—	—
A12	0.84	0.78	0.97	0.94	1.31	0.63	0.57	0.65	0.73	0.99	0.63	0.74	0.81
A13	0.87	0.97	1.02	1.00	1.34	1.00	0.71	0.75	0.79	1.09	0.87	0.86	0.85
A14	1.63	1.49	1.50	1.38	1.56	1.55	1.42	1.09	1.21	1.32	1.50	1.38	1.16

注：A11 试验过程中传感器已损坏，未采集到数据。

3.4.1 滑坡坡面水平向响应特征

图 3-3 给出的是不同强度的清溪波、El Centro 波以及 Taft 波作用下滑坡坡面水平向 PGA 放大系数沿高程变化的分布规律。

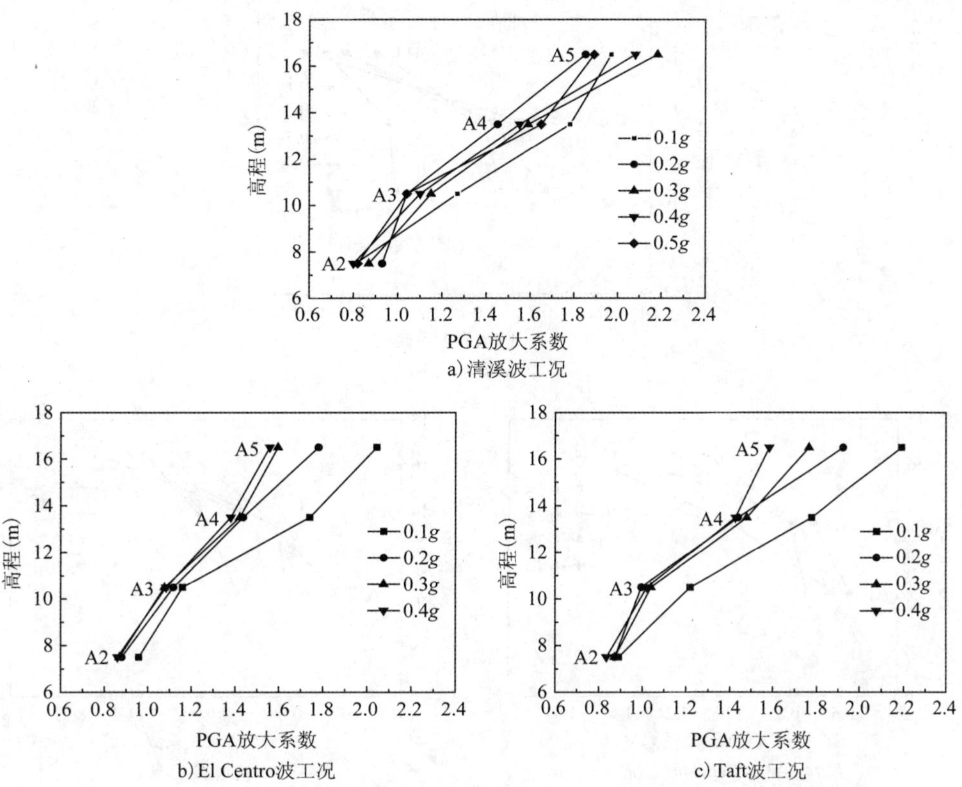

图 3-3　不同强度和类型地震波作用下坡面水平向 PGA 放大系数沿高程变化的分布规律

从图 3-3 可以看出：不同强度的清溪波、El Centro 波以及 Taft 波作用下滑坡坡面水平向 PGA 放大系数沿高程变化的分布规律大致相同；各地震波作用下，随着堆积型滑坡坡面高程的增加，坡面水平向 PGA 放大系数呈非线性增大，且均在靠近坡顶位置达到最大，最大值均可达到 2.0 以上，具有显著的高程放大效应；不同强度的清溪波、El Centro 波以及 Taft 波作用下，堆积型滑坡的坡脚 A2 处水平向 PGA 放大系数最小且均小于 1，这说明坡脚附近对输入地震动具有一定的抑制作用；受坡脚抑制作用的影响，坡脚处约 1/3 坡高范围，除输入地震波的最大峰值加速度为 0.1g 外，堆积型滑坡坡面的水平向 PGA 放大系数的数值均在 1.2 以内；坡肩 1/3 高程范围内附近受坡面和基岩面反射、折射的叠加效应影响，使得该附近范围内其坡面水平向 PGA 放大系数的数值均比较大，堆积型滑坡在清溪波、El Centro 波以及 Taft 波 3 条地震波作用下沿高程均表现出一定的放大现象，对比分析清溪波、El Centro 波以及 Taft 波的不同类型地震波作用下的结果，坡面水平向 PGA 放大系数的数值不尽相同，这是由于各种地震波的频谱特性存在较大差异所引起的。

3.4.2　滑坡坡面竖直向响应特征

图 3-4 给出的是不同强度的清溪波、El Centro 波以及 Taft 波作用下滑坡坡面竖直向 PGA 放大系数沿高程变化的分布规律。

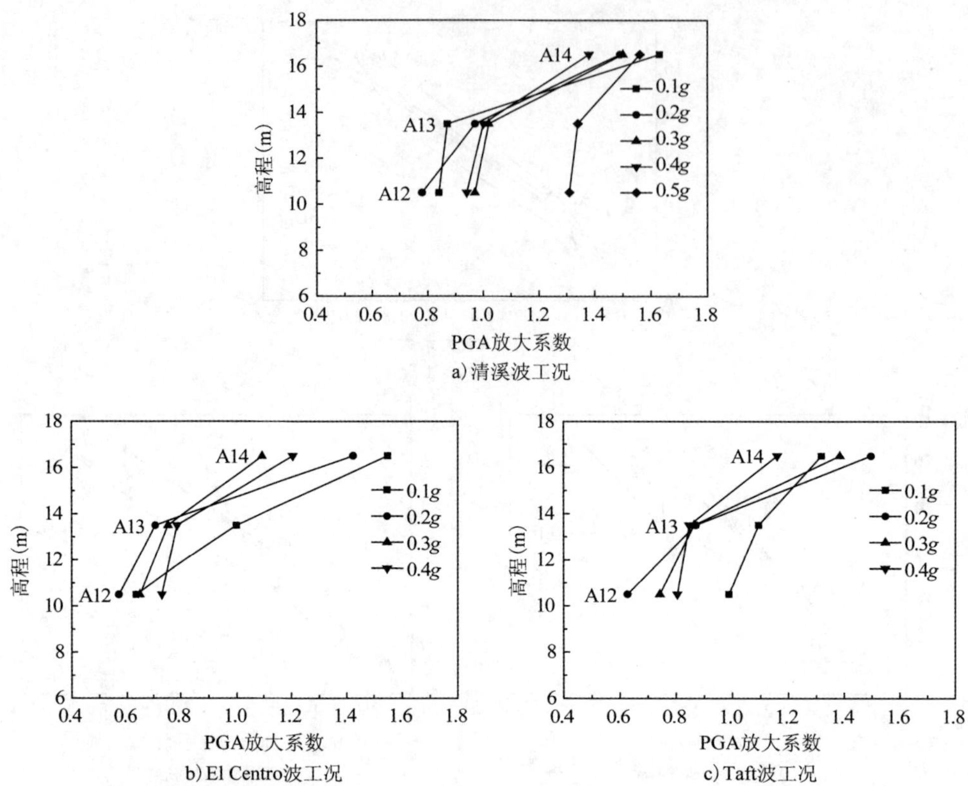

图 3-4　不同强度和类型地震波作用下坡面竖直向 PGA 放大系数沿高程变化的分布规律

从图 3-4 可以看出:不同强度的清溪波、El Centro 波以及 Taft 波作用下,堆积型滑坡坡面竖直向 PGA 放大系数沿高程变化的分布规律大致类似;滑坡对坡面竖直向加速度具有明显的放大效应,沿高程向上,坡面竖直向 PGA 放大系数呈非线性增大,在靠近滑坡顶部位置达到最大值,与坡面水平向 PGA 放大系数类似,同样呈现出高程放大效应。堆积型滑坡坡面竖直向加速度响应与水平向加速度响应一样,受坡脚的抑制作用,堆积型滑坡的坡脚处约 1/3 坡高范围,除清溪波的 0.5g、El Centro 波与 Taft 波的 0.1g 外,坡面竖直向 PGA 的放大系数均小于 1;坡顶附近受坡面和基岩面反射、折射的叠加效应影响,竖直向 PGA 放大系数增至最大,在清溪波、El Centro 波以及 Taft 波这 3 种地震波作用下坡面竖直向 PGA 放大系数均可达 1.4 以上。这在一定程度上表明,滑坡表面出现了显著的波型转换现象。分析对比图 3-3的坡面水平向加速度响应特征和图 3-4 的坡面竖直向加速度响应特征可以发现,无论坡面水平向加速度放大系数还是竖直向加速度放大系数都呈现出显著的趋表放大效应;同时可以将堆积型滑坡坡面处的地震响应特征概括为:坡脚抑制,坡顶放大,中间过渡。

3.4.3　滑坡坡体内水平向响应特征

图 3-5 给出的是不同强度的清溪波、El Centro 波以及 Taft 波作用下滑坡坡体内水平向 PGA 放大系数沿高程变化的分布规律。

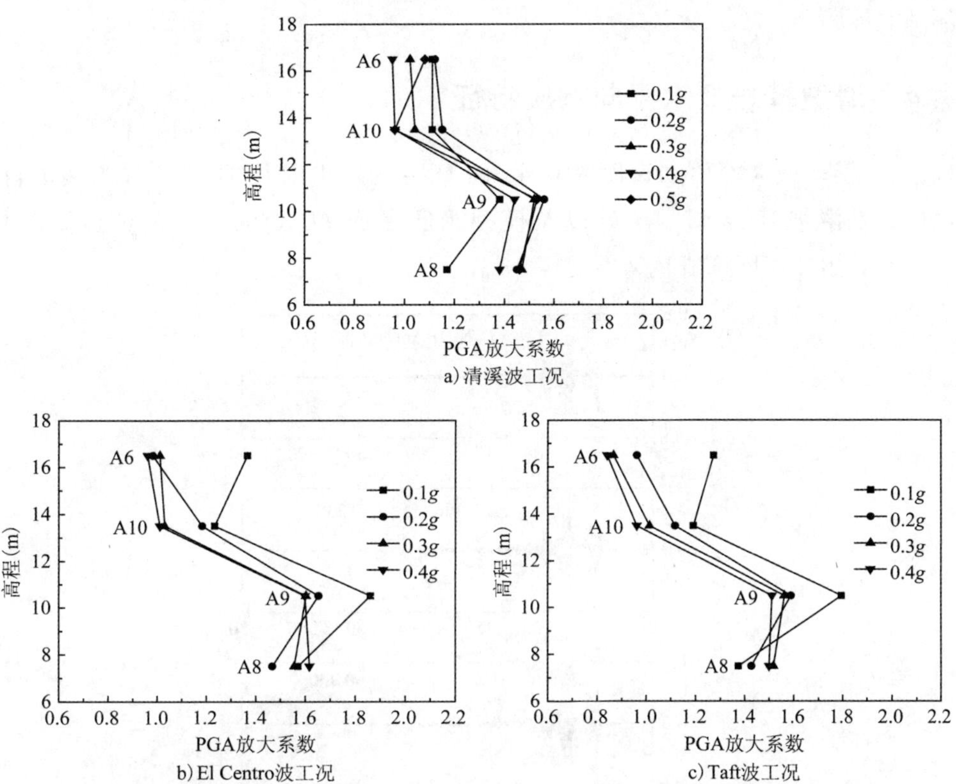

图 3-5　不同强度和类型地震波作用下坡体内水平向 PGA 放大系数沿高程的变化规律

从图 3-5 可以看出:不同强度各地震波作用下滑坡坡体内水平向 PGA 放大系数沿高程变化的分布规律大致相同,总体表现为沿高程增加先增大后减小;坡体内部的不同部位放大效应明显不同;近坡脚 1/3 高程范围的水平向 PGA(A8 和 A9)放大系数大于 1,呈现放大效应;坡肩 1/3 高程范围的水平向 PGA 放大系数(除 0.1g)均在 1.2 以内,放大效应不明显,且 Taft 波激励时在输入地震波最大峰值加速度为 0.3g 和 0.4g 时,水平向 PGA 放大系数小于 1,呈缩小趋势,这可能是由于坡面、滑面的反射致使坡面能量集中引起的;同时滑体底部的放大系数大于滑体侧边的放大系数,这有可能是临空面效应造成的。

对比分析图 3-5 和图 3-3 可知:坡体内各测点与坡面各测点的水平向 PGA 放大系数沿高程变化的规律完全不同;坡脚高程附近,坡面的 PGA 放大系数小于 1,这表明坡脚对输入地震动具有一定的抑制作用,而坡体内部同一高程靠近滑动面的部位 PGA 放大系数大于 1,具有一定的放大作用;坡顶高程附近,坡肩附近的放大系数大于 1 且最大,表明坡肩具有显著的放大效应,而坡体内部同一高程靠近滑面部位的 PGA 放大系数均在 1.2 以内(0.1g 除外),有的测点处则小于 1.0,这表明边坡上部靠近滑面的部位没有明显的放大效应。坡体内部靠近滑面的部位水平向 PGA 放大系数沿高程方向呈现出波动性的变化规律;同时坡体内靠近滑面的部位水平向 PGA 放大系数变化幅度沿着高程划分为明显的三段,自下而上,先增大后减小。坡体靠近滑面处的部位地震响应特征可概括为:底部略放大,中部放大最大，顶部基本不放大。

3.4.4 滑坡基岩处水平向响应特征

以输入地震动最大峰值加速度为0.4g的QX-4、EL-4以及TF-4工况为例进行阐述，图3-6给出的是滑坡基岩A1、A7处以及模型箱底台面A0处的水平向加速度时程曲线（图3-6中，a_p表示加速度峰值）。

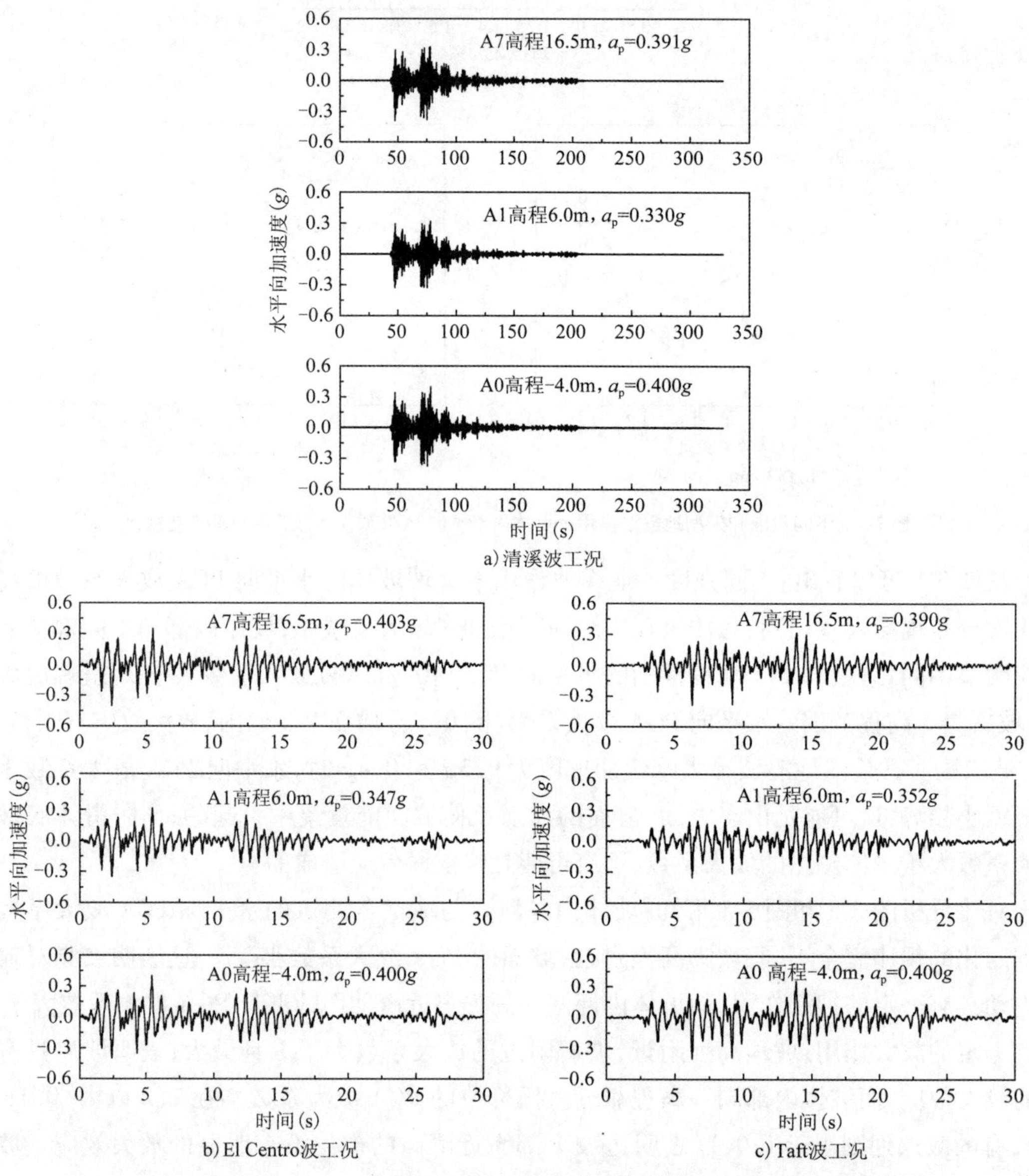

图3-6 模型箱台面和基岩不同部位的水平向加速度时程曲线

从图3-6可以看出：在同一类型地震波作用时，不同强度地震波作用下基岩不同部位的加速度时程曲线形状类似；基岩处水平向加速度随高程增加也呈现一定的增大现象，然而其沿高程的增幅明显弱于坡面土体的增大现象;滑床基岩地震动相对台面输入而言,均有缩小现象(El Centro 波 A7 处除外);QX-4 工况作用下,基岩的水平向 PGA 放大系数值在 A1(高程 6.0m)和 A7(高程 16.5m)处分别为 0.82 和 0.98,与之大体对应的同一高程的滑坡坡面的水平向 PGA 放大系数值在 A2 和 A5 处分别为 0.80 和 2.08;EL-4 工况作用下,基岩的水平向 PGA 放大系数值在 A1 和 A7 处分别为 0.87 和 1.01,与之大体对应的同一高程的滑坡坡面的水平向 PGA 放大系数值在 A2 和 A5 处分别为 0.86 和 1.56;TF-4 工况作用下,A1(高程 6.0m)和 A7(高程 16.5m)的水平向 PGA 分别为 0.352g 和 0.390g,与之对应的水平向放大系数数值分别为 0.88 和 0.98,与之大体对应的同一高程的滑坡坡面的水平向 PGA 放大系数数值在 A2 和 A5 处分别为 0.84 和 1.58。

综合分析表明,基岩具有高程放大效应,相比对应高程坡面土体(A2 和 A5)的水平向 PGA 放大系数的增幅明显减小,这是由于基岩的刚度远大于滑体的,在地震动作用下处于弹性范围内所致。

3.5　地震动参数对滑坡加速度响应的影响

边坡(滑坡)的地震响应与边坡所遭受的地震动特性密切相关,地震动三要素包括峰值、频谱特性和持时,根据第 2 章堆积型滑坡地震响应的离心振动台模型试验的输入地震动加载方案,本节主要分析讨论地震波类型和峰值对堆积型滑坡地震响应的影响。

3.5.1　地震波类型的影响

为了便于比较,选择输入地震波最大峰值加速度为 0.4g 的 QX-4、EL-4、TF-4 工况为代表,分析清溪波、El Centro 波、Taft 波作用下滑坡坡面水平向、坡面竖直向以及滑坡坡体内水平向加速度响应特征。地震波类型对 PGA 放大系数沿高程分布的影响如图 3-7 所示。

从图 3-7 可以看出坡面水平向加速度响应、坡面竖起向加速度响应和坡体内水平向加速度响应 3 方面的规律。

坡面水平向加速度响应方面:3 种类型的地震波作用下,坡面水平向 PGA 放大系数沿高程的分布规律相同,均随着高程的增大而不断增大,呈现明显的高程效应;坡脚附近(A2)的 PGA 放大系数大致相等且均小于 1,坡脚对输入地震动具有一定的抑制作用;坡脚 1/3 高程范围内,3 种类型的地震波作用下坡面水平向 PGA 放大系数比较接近,而坡肩 1/3 高程范围内,3 种类型的地震波作用下坡面水平向 PGA 放大系数差别较大,且清溪基岩波作用时 PGA 放大系数最大,其次为 Taft 波作用时,El Centro 波作用时最小;同时,随着高程的增加,清溪波作用下的坡面水平向 PGA 放大系数与其他两种地震波作用下的 PGA 放大系数的差值越来越大,在坡肩(A5)附近达到最大,清溪波、El Centro 波、Taft 波在 A5 处的水平向 PGA 放大

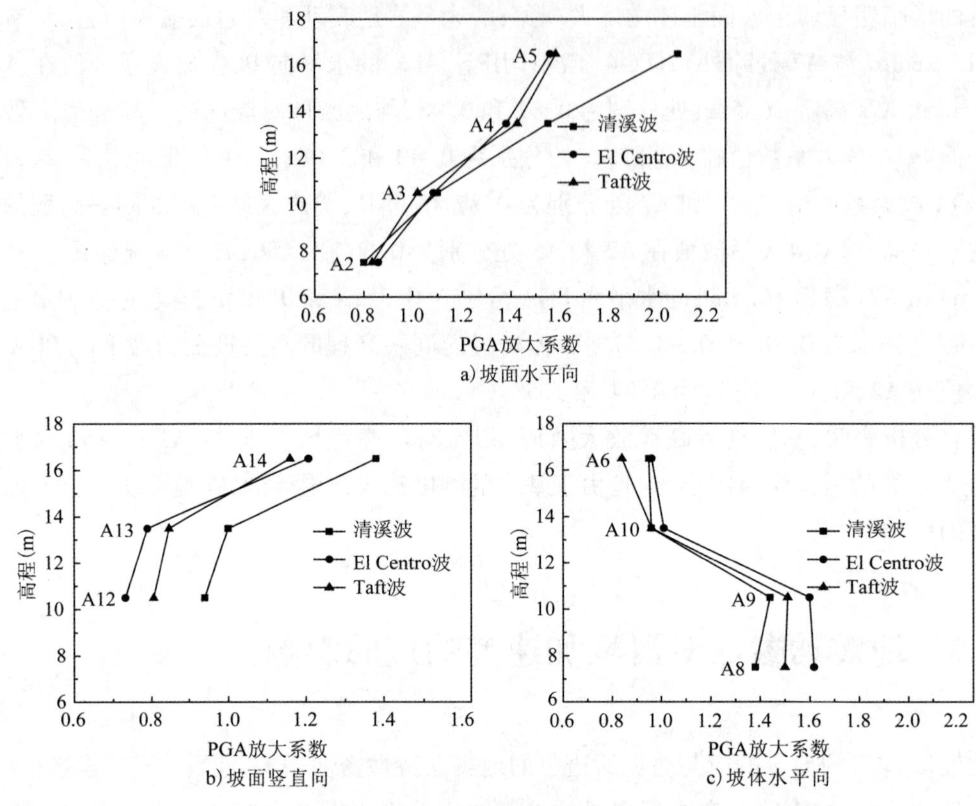

图 3-7 地震波类型对 PGA 放大系数沿高程分布的影响

系数分别为 2.08、1.56 和 1.58。

坡面竖直向加速度响应方面:3 种类型的地震波作用下,坡面竖直向 PGA 放大系数沿高程的分布规律相同,均随着高程的增大呈非线性增大的变化规律,呈现明显的高程放大效应;同水平向加速度一样,受坡脚的抑制作用,坡脚处约 1/3 坡高范围,竖直向 PGA 放大系数均小于 1;坡脚处约 2/3 坡高范围,清溪基岩波作用时 PGA 放大系数最大,其次为 Taft 波作用时,El Centro 波作用时最小;而在靠近坡顶位置时,则为清溪基岩波作用时 PGA 放大系数最大,其次为 El Centro 波作用时,Taft 波作用时最小。

坡体内水平向加速度响应方面:3 种类型的地震波作用下,坡体内水平向 PGA 放大系数沿高程的分布规律相同,均随着高程的增大呈先增大后减小的变化规律;坡脚处约 1/3 坡高范围,3 种类型的地震波作用下,坡体内水平向 PGA 放大系数差别较大,且均为 El Centro 波作用时最大,其次为 Taft 波作用时,清溪基岩波作用时最小;随着高程的增加至坡脚处约 1/3 坡高范围时,这种差别变小,在坡肩 1/3 高程范围时,坡体内水平向 PGA 放大系数为 El Centro 波作用时最大,其次为清溪基岩波作用时,Taft 波作用时最小。

综上所述,不同类型的地震波作用下,对滑坡坡面水平向、坡面竖直向以及坡体内水平向加速度响应的影响不同,对堆积型滑坡动力响应有着明显的差异,其原因在于不同地震波的频谱特性存在较大差异所引起的。

3.5.2　地震波峰值的影响

为研究地震波峰值对堆积型滑坡地震响应的影响，模型试验对3种类型的清溪波、El Centro波与Taft波分别进行了0.1g、0.2g、0.3g、0.4g和0.5g(只有清溪波)的激振试验。为了便于比较，分别选择处于同一高程的加速度传感器A5、A14、A6和A7分析地震波作用下坡面水平向、坡面竖直向、坡体水平向、基岩处水平向加速度响应特征。

图3-8所示为地震波峰值对堆积型滑坡同一高程处不同测点PGA放大系数的影响分布图。

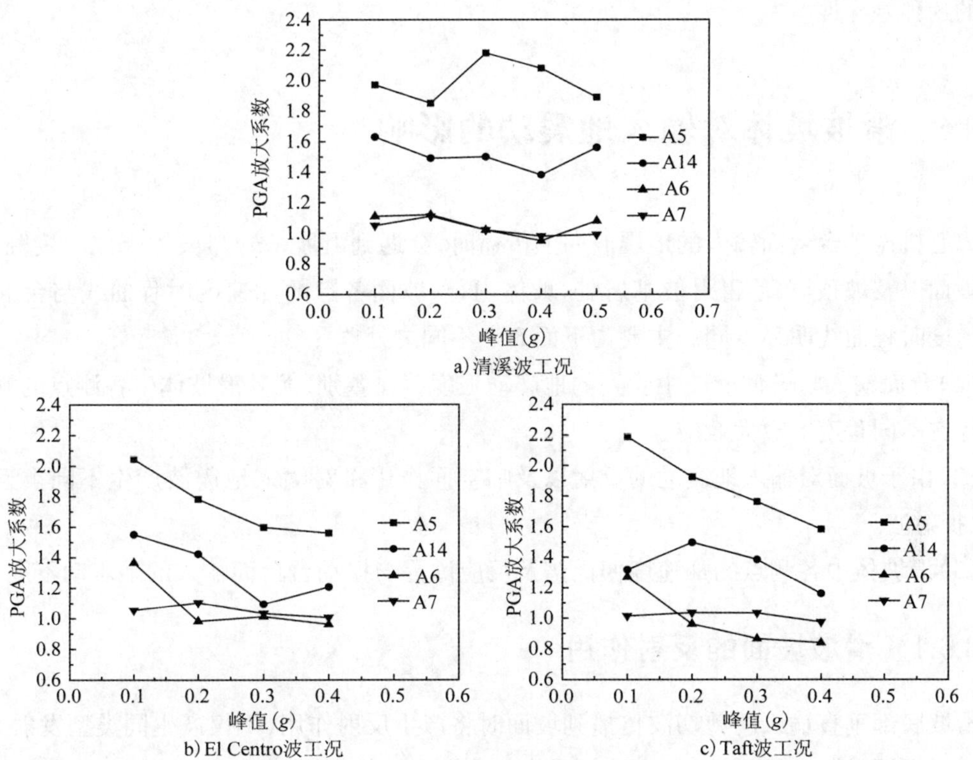

图3-8　地震波峰值对PGA放大系数沿高程分布的影响

从图3-8可以看出滑坡坡面水平向(A5处)、滑坡坡面竖直向(A14处)、滑坡坡体内水平向(A6处)和基岩水平向(A7处)加速度响应特征。

滑坡坡面水平向(A5处)：清溪波作用时，坡肩(A5)水平向PGA放大系数随地震波峰值的增大呈波动性变化；而El Centro波与Taft波作用时，该处PGA放大系数均随地震波峰值的增大而不断减小。

滑坡坡面竖直向(A14处)：清溪波作用时，竖直向PGA放大系数随地震波峰值的增大呈波动性变化；El Centro波作用时，其随地震波峰值的增大呈先减小后增大的变化规律；Taft波作用时，其随地震波峰值的增大呈先增大而后不断减小的变化规律。

滑坡坡体内水平向(A6处)：清溪波作用时，坡体内部近坡表处(A6)的水平向PGA放大系数随地震波峰值的增大先减小后增大;El Centro 波与 Taft 波作用时,水平向 PGA 放大系数基本均随地震波峰值的增大而不断减小。

基岩水平向(A7 处):无论是清溪波、El Centro 波还是 Taft 波作用时,地震波峰值对基岩处(A7)水平向 PGA 放大系数影响不大,均接近 1。这主要是由于基岩刚度远大于滑体的刚度所导致。

综上所述,滑坡坡面水平向(A5 处)与竖直向(A14 处)、坡体内部(A6 处)和基岩(A7 处)的水平向 PGA 放大系数随地震波峰值的增大呈现出不同的变化规律。地震波峰值对 PGA 放大系数的影响应予以重视,同时建议抗震设防时应考虑大、小地震作用下滑坡加速度响应的这种差异性。

3.6 滑坡坡体对输入地震动的影响

离心机振动台台面输入的地震波向上传播时,会遇到滑坡基岩与坡体土体的接触面、滑坡的坡面以及坡顶等,使得滑坡基岩处、坡体内部、坡面各点的加速度时程曲线与台面输入的加速度时程曲线明显不同。主要为下面 3 点不同之处[63]:

(1)台面输入与模型滑坡中受到的地震动强度存在差别,尤其滑坡体中各测点的峰值加速度存在不同程度的放大效应。

(2)由于坡面对输入地震动的反射以及临空面作用将对输入地震波产生不同类型的反射波、折射波。

(3)滑坡体中各测点的加速度傅氏谱及反应谱等与振动台台面输入的地震动不同。

3.6.1 滑坡坡面的反射作用

滑坡底部垂直输入的剪切波传播到坡面时将产生反射作用,不仅产生同类型发射 SV 波还将形成不同类型的转换波,相互叠加形成复杂地震波场,使坡面和坡顶处加速度响应增大明显[49,63]。

图 3-9 所示为输入地震波最大峰值加速度为 $0.4g$ 时不同类型地震波作用工况下坡面加速度传感器 A14 和 A5 测得的竖直向和水平向加速度时程曲线(图 3-9 中,a_p 表示峰值加速度)。

从图 3-9 可以看出:清溪波作用下,A14 测得的竖直向 $a_p = 0.554g$,而同一位置处 A5 测得的水平向 $a_p = 0.832g$,竖直向 a_p 达到水平向 a_p 的 66.6%;El Centro 波作用下,同一位置处 A14 和 A5 分别测得竖直向 $a_p = 0.483g$ 和水平向 $a_p = 0.624g$,竖直向 a_p 达到水平向 a_p 的 77.4%;Taft 波作用下,同一位置处 A14 和 A5 分别测得竖直向 $a_p = 0.464g$ 和水平向 $a_p = 0.633g$,竖直向 a_p 达到水平向 a_p 的 73.3%。上述分析结果,充分说明了这一现象。

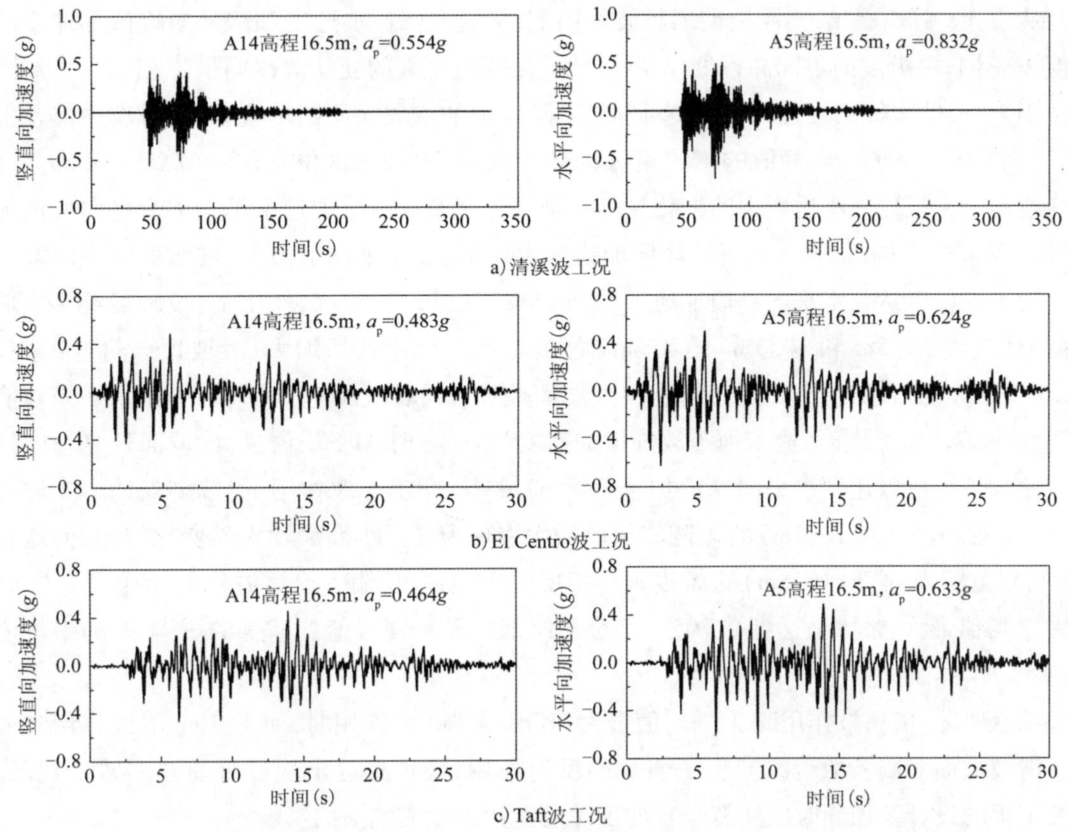

图 3-9　滑坡坡面 A14 和 A5 处的竖直向和水平向加速度时程曲线

为了能够给出滑坡坡面不同部位的竖直向与水平向加速度的相互关系，本书引入无量纲比值 λ 表示不同强度地震动作用下坡面测得的竖直向 PGA 与其对应高程处的水平向 PGA 的比值。可根据表 3-1 中的数据统计，汇总得出各地震波工况下 λ 见表 3-2。

各工况下坡面处竖直向与水平向加速度峰值的比值 λ　　表 3-2

工况	7.5m	10.5m	13.5m	16.5m	平均值	分平均值	总平均值
QX-1 (0.1g)	—	0.661	0.489	0.827	0.659	0.762	0.692
QX-2 (0.2g)	—	0.750	0.669	0.805	0.741		
QX-3 (0.3g)	—	0.843	0.642	0.688	0.724		
QX-4 (0.4g)	—	0.855	0.645	0.666	0.722		
QX-5 (0.5g)	—	1.260	0.812	0.815	0.966		
EL-1 (0.1g)	—	0.545	0.574	0.758	0.626	0.626	
EL-2 (0.2g)	—	0.510	0.491	0.799	0.600		
EL-3 (0.3g)	—	0.600	0.530	0.685	0.605		
EL-4 (0.4g)	—	0.673	0.570	0.774	0.673		
TF-1 (0.1g)	—	0.811	0.616	0.602	0.676	0.687	
TF-2 (0.2g)	—	0.630	0.605	0.778	0.671		
TF-3 (0.3g)	—	0.714	0.584	0.786	0.695		
TF-4 (0.4g)	—	0.788	0.594	0.733	0.705		

注：试验过程中高程 7.5m 处 A11 传感器已损坏，故未进行比较。

从表 3-2 可以看出，不同类型地震波作用下，竖直向峰值加速度和水平向峰值加速度的比值 λ 不同；滑坡坡面不同高程处，λ 随着地震波峰值增大的变化规律明也不相同。①清溪波作用下：在坡面较低位置（高程 10.5 m），λ 随峰值的增大而不断增大；而在滑坡中部较上位置（高程 13.5m），λ 随峰值的增大呈波动性变化；在滑坡顶部位置附近（高程 16.5m），λ 随峰值的增大呈先减小后增大的变化规律。坡面处竖直向峰值加速度平均为水平向峰值加速度的 76.2%。同时，输入地震波峰值加速度为 0.5g 时 λ 平均值最大，坡面处竖直向峰值加速度平均可以达到水平向峰值加速度的 96.6%。②El Centro 波作用下：坡脚处约 2/3 坡高范围（高程 13.5m 和 10.5m）的 λ 随峰值的增大先减小而后增大；滑坡顶部附近（高程 16.5m）处，λ 随峰值的增大呈波动性变化；坡面处竖直向峰值加速度平均可达到水平向峰值加速度的 62.6%。同时，输入地震波峰值加速度为 0.4g 时 λ 平均值最大，坡面处竖直向峰值加速度平均可以达到水平向峰值加速度的 67.3%。③Taft 波作用下：坡脚处约 2/3 坡高范围（高程 13.5m 和 10.5m）的 λ 随峰值的增大表现为先减小而后增大的变化规律，而坡肩 1/3 高程范围内（高程 16.5m）的 λ 表现为相反的变化情况，输入地震波峰值加速度为 0.4g 时 λ 平均值最大，最大值达到 0.705。综合不同部位及不同峰值加速度的影响，λ 的平均值可达 68.7%。

综上所述，清溪波作用时 λ 平均值最大，其次为 Taft 波作用时，而 El Centro 波作用时最小。滑坡坡面对输入地震波产生了明显的反射作用，坡顶附近出现显著的波型转换现象。边坡工程的设计及加固时应注意竖直向加速度对边坡地震响应的影响。

3.6.2 滑坡土体对频谱影响

图 3-10 所示为输入地震波最大峰值加速度为 0.4g 时各地震波作用下滑坡坡面加速度传感器 A5、A3 以及台面 A0 实测的水平向加速度的傅氏谱。

从图 3-10 中可以看出：①清溪波作用下：因清溪波本身具有 2 个峰值，所以传感器 A5、A3 和 A0 测点的加速度傅氏谱均存在 2 个峰值，其卓越频率均在 1.5Hz 和 3Hz 附近，随着滑坡高度的增加，坡面水平向加速度的傅氏谱谱值也增大，计算 A5、A3 和 A0 对应测点处的加速度傅氏谱谱值分别为 0.01209g/Hz、0.00814g/Hz 和 0.00775g/Hz。②El Centro 波作用下：加速度传感器 A5、A3 和 A0 对应测点处的加速度傅氏谱均只存在 1 个峰值，即只有一个加速度卓越频率，位于 1.5Hz 附近。台面（A0）处的加速度傅氏谱谱值为 0.05334g/Hz，经过滑坡基岩以及滑坡体的传播后，使得坡面位置（A5 和 A3）傅氏谱谱值发生了改变，其值分别为 0.07513g/Hz、0.05180g/Hz。③Taft 波作用下：从振动台台面处输入地震波，台面（A0）处的加速度傅氏谱谱值为 0.03734g/Hz，经过滑坡基岩以及滑坡体的传播后，使得坡面位置（A5 和 A3）傅氏谱谱值发生了改变，其值分别为 0.05204g/Hz、0.03591g/Hz，但其加速度卓越频率与台面 A0 处大致相同，均在 1.5Hz 以及 3Hz 附近。

综上所述，输入地震波经过滑坡的基岩及滑坡体土体介质传播后，频谱特性发生了变

化，同时不同类型的输入地震波，加速度傅氏谱谱值也不同。

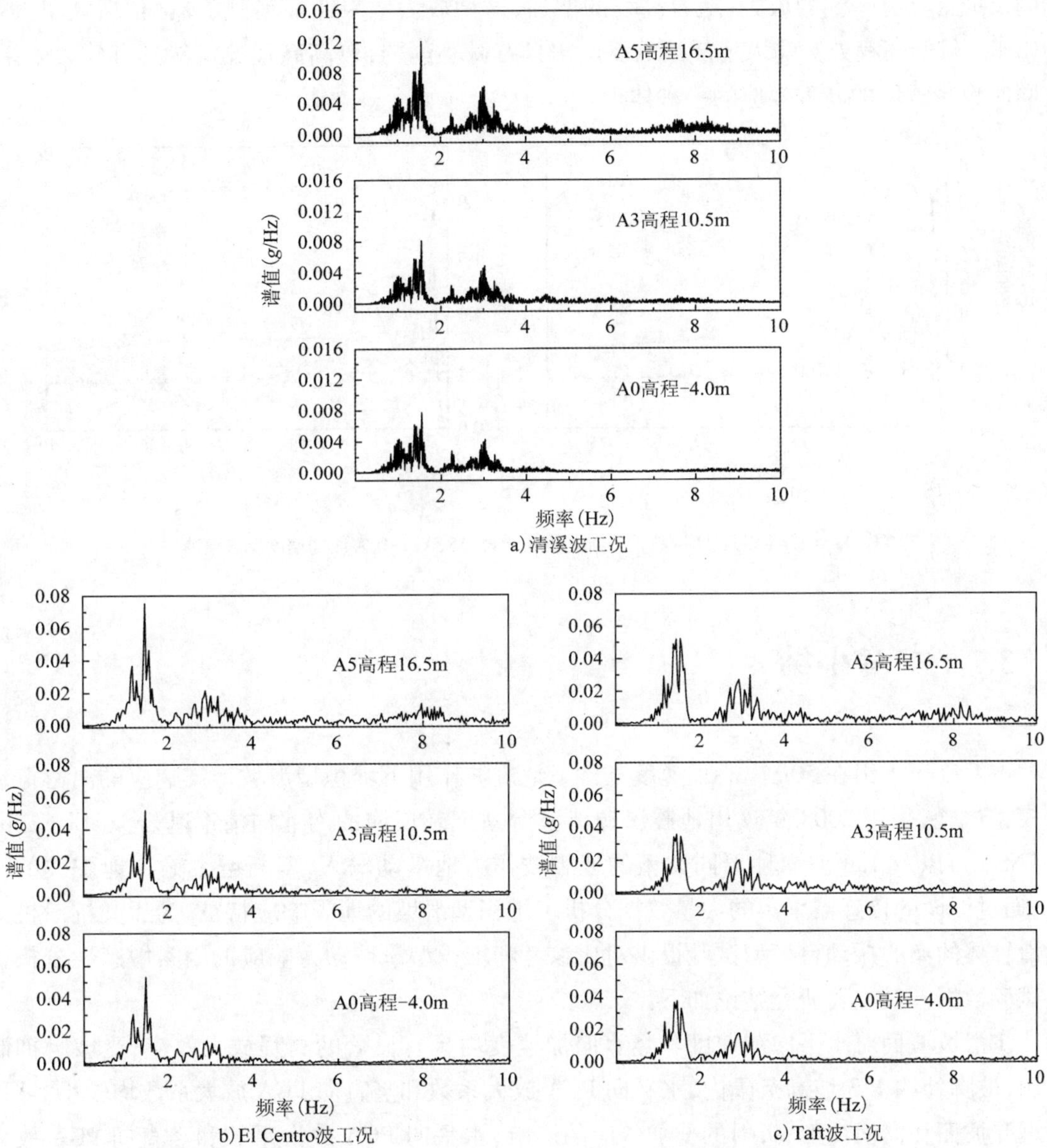

a）清溪波工况

b）El Centro波工况

c）Taft波工况

图3-10　地震波峰值为0.4g时坡面A5、A3处和台面A0处的加速度傅氏谱曲线

根据加速度传感器A5、A3以及模型箱底部A0测点处所测的加速度时程曲线，计算了EL-4以及TF-4工况下阻尼比为5%时的单自由度反应谱，其曲线如图3-11所示（图3-11中，$a_{\max}$为反应谱峰值）。

从图3-11可以看到，El Centro波和Taft波作用下各测点的加速度反应谱曲线形状类似。El Centro波作用时，台面（A0处）、坡面位置（A3处和A5处）的$a_{\max}$分别为1.429g、1.393g和2.016g；而Taft波作用时，台面（A0处）、坡面位置（A3处和A5处）的$a_{\max}$分别为1.469g、1.438g和2.108g。坡顶附近处A5的反应谱大体存在3个峰值，且靠近坡顶的加速度反应谱峰值达到最大。同时,在频率 3Hz 附近,当滑坡高程较低时,滑坡土体对输入地震波的反应谱具有一定的放大,随着高程的增加,这种放大效果明显增强。然而,当频率大于 10Hz 时,较低高程处对输入地震波的反应谱具有微小削弱,较高高程处仍然具有放大效果,这同时也是滑坡的高程效应的一种体现。

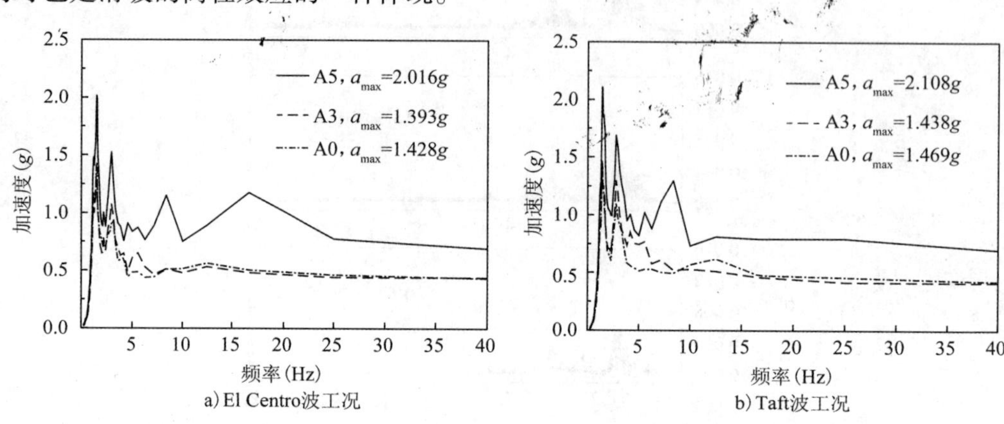

a) El Centro波工况　　b) Taft波工况

图 3-11　EL-4 以及 TF-4 工况下加速度传感器 A5,A3,A0 实测加速度反应谱曲线

3.7　本章小结

本章基于 1 组在 50g 离心加速度条件下地震波作用下堆积型滑坡地震响应的离心振动台模型试验,采用 2008 年汶川地震汉源清溪台站记录反演的南北向清溪基岩波、El Centro 波(NS 向)以及 Taft 波 3 种不同类型的地震波作为地震动输入,不断增大输入地震波的峰值,通过埋设的传感器采集的大量数据分析了堆积型滑坡的地震响应特征,为后文抗滑桩加固滑坡体的离心振动台模型试验提供对比参考和堆积型滑坡动力响应的因素敏感性分析提供试验数据。其主要研究结论如下:

①滑坡坡面对水平向加速度和竖直向加速度均具有显著的高程放大效应;受坡脚抑制作用,坡脚处约 1/3 坡高范围内,水平向 PGA 放大系数和竖直向 PGA 放大系数均较小;坡顶附近受坡面和滑面反射、折射的叠加效应的影响,水平向 PGA 放大系数和竖直向 PGA 放大系数均增至最大,最大值分别可达到 2.0 与 1.4 以上;无论坡面水平向还是竖直向 PGA 放大系数都呈现出趋表放大效应;建议实际工程中的边坡抗震计算时应考虑滑坡坡面的浅表放大效应。

②滑坡坡体内部与滑坡坡面的水平向加速度响应特征明显不同;坡体内部的水平向 PGA 放大系数表现为先增大后减小,而坡面为非线性增大,这是由于坡面及坡肩周围处的地震波反射、折射发生波型转换现象所引起的;坡面处的水平向地震动特征概括为坡脚抑制,坡顶放大,中间过渡;滑坡坡体内水平向地震动特征概括为底部略放大,中部放大最大,顶部基本不放大。

③基岩处水平向加速度随高程增加而增大的现象,即基岩具有高程放大效应,但相对于滑坡坡面土体的增大现象则显著减弱,同时与地震动输入相比,总体上均有缩小现象,这是由于基岩的刚度远大于滑体的,在地震动作用下处于弹性范围内所致的。

④滑坡坡面水平向(A5 处)与竖直向(A14 处)、坡体内部(A6 处)和基岩水平向(A7 处)的 PGA 放大系数随地震波强度的增大呈现出不同的变化规律;地震波强度对 PGA 放大系数的影响应予以重视,建议抗震设防时应考虑大、小地震作用下滑坡加速度响应特征的差异性;由于不同地震波的频谱特性及持时不同,其对滑坡坡面水平向、坡面竖直向、坡体内部水平向以及基岩水平向的 PGA 放大系数沿高程变化规律也不同。

⑤滑坡坡面对输入地震动具有一定的反射作用,坡面竖直向加速度和水平向加速度的峰值比值结果表明,清溪波、El Centro 波和 Taft 波作用下,坡面竖直向峰值加速度平均可达到水平向峰值加速度的 69.17%。因此在实际工程中,进行边坡的抗震设计与抗震加固时应注意竖直向加速度对边坡地震响应的影响。输入地震波经过滑坡基岩与滑坡体土体介质传播后,频谱特性发生一定改变,同时加速度傅氏谱谱值与反应谱谱值在不同地震波作用下也不同,这也反映了地震动的频谱特性对堆积型滑坡地震响应的影响。

汶川地震后,边(滑)坡的地震响应已成为岩土工程的热点问题。实际上,影响堆积型滑坡地震响应的主要因素有坡体结构和地震动特性及输入机制,坡体结构包括坡高、坡角、滑体厚度和滑动面形状、滑床及滑体的岩土体性质等,地震动特性及输入机制包括近场地震动、远场地震动、地震动强度、频率特性和持时、水平和竖向激振及其组合等。限于离心振动台模型试验的成本、土工离心机及其振动台设备条件等原因,本章仅开展了 1 组典型的堆积型滑坡离心振动台模型试验,所得的结论有待于更多的模型试验和现场实测验证。

第 4 章　抗滑桩加固滑坡体的离心模型试验分析

4.1　引言

地震滑坡是一种地震所产生最主要的地质灾害[172]，而滑坡治理历来就是岩土工程十分关心的问题，抗滑桩因其具有抗滑能力强、施工方便、工期短且费用低，对地质环境干扰小且适用性强、桩位布置灵活等优点，已成为滑坡治理广泛采用的主要措施[176-178]。然而抗滑桩加固堆积型滑坡体地震响应方面的研究并不多见，同时边坡（滑坡）的静力稳定性和动力稳定性分析方法有较大差别，因此，有必要加强堆积型滑坡及其抗滑桩加固的地震响应、桩侧动土压力分布形式、静动力条件下抗滑桩支护性能等方面的研究，揭示抗滑桩内力变化规律，对抗滑桩抗震设计提供重要理论价值和科学意义。

基于此想法，本书选取了某典型堆积型滑坡作为离心振动台模型试验的参考，对其进行相应改造加固，同时在第 2 章抗滑桩加固堆积型滑坡体的离心模型试验设计以及第 3 章堆积型滑坡地震响应离心振动台模型试验研究成果的基础上，进一步开展了抗滑桩加固堆积型滑坡地震响应的离心振动台模型试验研究，同时，根据本课题组前期在四川汉源的考察发现，模型试验采用的滑坡体中的粉质黏土对水的含量特别敏感，所以，设计完成了两组考虑滑坡体不同含水率时抗滑桩加固堆积型滑坡体的离心振动台模型对比试验。结合表 2-3 离心机模型试验总体设计方案可知，工况二（桩间距与桩径比值 $S/B=6.67$，$w=18\%$）和工况三（$S/B=3.33$，$w=18\%$）的区别为模型桩的桩间距不同，因此比较两个试验的结果可研究桩间距对堆积型滑坡抗滑桩加固地震响应特征的影响；工况三（$S/B=3.33$，$w=18\%$）和工况四（$S/B=3.33$，$w=20.33\%$）的区别为滑体含水率不同，因此比较两个试验的结果可研究滑体含水率对堆积型滑坡体中抗滑桩加固地震响应特征的影响。

本章着重对比分析不同桩间距、滑坡体不同含水率条件时地震动作用下抗滑桩桩侧动土压力、桩身动弯矩、滑坡体中不同位置的加速度地震响应特性和动力响应的变化规律以及地震动参数对抗滑桩加固堆积型滑坡体动力响应的影响，并对比分析静、动力加载条件下抗滑桩的支护性能。研究地震作用下抗滑桩支护滑坡的抗震性能及作用机制，为科学研究和工程应用提供重要的参考。

抗滑桩加固堆积型滑坡体离心模型的几何结构尺寸见图 2-7。试验中的位移传感器、加速度传感器、弯矩应变计以及土压力传感器等布置位置及编号见图 2-9。其中，弯矩应变计和微型土压力传感器的布置详图见图 2-10。试验所选用的地震波及加载方案见第 2.4.5节。

图 4-1 为制作完成后的模型俯视图。

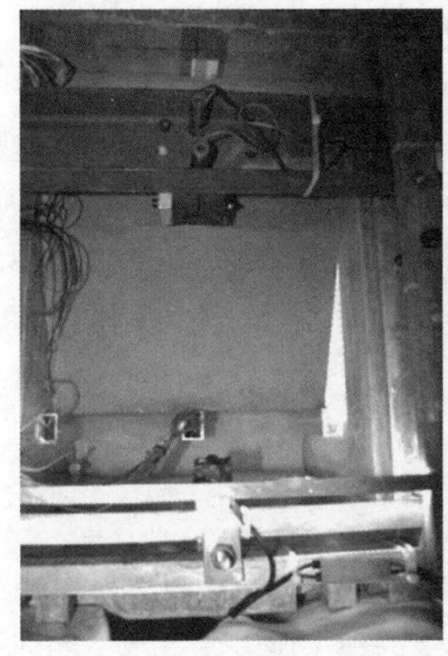

a）工况二

b）工况三

c）工况四

图 4-1　制作完毕的模型俯视图

需要说明的是，动力加载试验过程中，将振动台台面 A0 传感器记录的数据作为实测地震动输入。为了便于分析且与原型进行对比，将 A0 传感器实测加速度时程的峰值分别调整为 0.1g、0.2g、0.3g、0.4g 和 0.5g（清溪波），以下试验测得的数据均按照表 2-1 中相似定律换算成模型对应的原型值，下述分析结果没有特殊说明均同样处理为原型。为了便于描述，滑坡模型的几何尺寸采用了模型值，这些数据乘以 50 倍即为其相应的原型值。

4.2　工况二的模型试验结果分析

本书主要讨论地震作用下抗滑桩加固堆积型滑坡体的地震响应特征，同时为了对比分析静、动力加载条件下抗滑桩加固机理，因此本节以工况二（$S/B=6.67, w=18\%$）抗滑桩加固堆积型滑坡体的静力离心模型试验的结果为例进行相应阐述。

4.2.1　地震响应表观特征

抗滑桩加固堆积型滑坡体试验模型（工况二）在依次按照台面峰值加速度从小到大输入过程中，输入峰值加速度为 0.1g 的工况后，模型基本没有变化。输入峰值加速度为 0.2g 的工况后,坡面出现少许细微裂缝;输入峰值加速度为0.3g的工况后,坡面裂缝增多增长,滑坡体顶部也有细小裂缝,抗滑桩附近产生较小范围土拱;输入峰值加速度为0.4g的工况后,坡面零散裂缝相互连接,滑坡体顶部裂缝也增长相连接,抗滑桩附近土拱的范围增大;输入峰值加速度为0.5g的工况后,抗滑桩附近土拱的范围增大明显,抗滑桩根部有少许土体脱落,滑体与基岩的交接处的最上面基岩面出现贯通裂缝并向下少许延伸,存在滑移趋势,但仍然保持稳定,证明采用悬臂抗滑桩加固堆积型滑坡的支护措施其抗震性能是可靠的,同时也体现了“大震不倒”的设计思路。图4-2为输入全部工况后的试验模型地震响应表观特征俯视图。

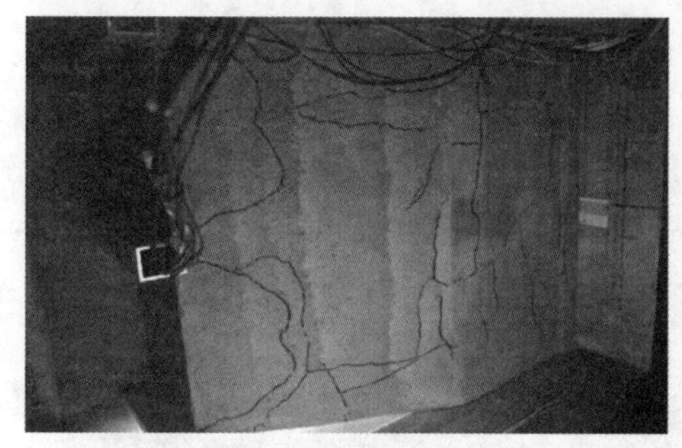

图4-2　输入所有地震波后模型俯视图

4.2.2　土压力分析

(1)土压力分布规律分析

边坡(或滑坡)加固工程中的抗滑桩抗震设计时,抗滑桩的截面尺寸大小、配筋计算由抗滑桩桩身所承受的剪力和弯矩决定,而土压力(地震过程中产生的动土压力或者水平侧向静土压力)则是产生桩身剪力和弯矩的主要原因[133],同时桩侧土压力可以揭示抗滑桩与土体之间相互作用的抗震机理,所以研究地震作用下抗滑桩所承受的桩侧土压力对抗滑桩的抗震设计具有重要意义。

通过镶嵌在抗滑桩桩侧表面的4个微型土压力传感器(沿着模型桩的顶部往下编号依次为:T1、T2、T3和T4)实测数据进行分析。同时,将静力加载过程中桩侧土压力定义为桩侧静土压力;而动土压力方面,只考虑施加地震后引起增加的桩侧动土压力,不考虑静力作用下的土压力。按照地震波峰值加速度从小到大(0.1g、0.2g、0.3g、0.4g和0.5g)依次施加于振动台台面,根据嵌入抗滑桩桩侧表面的4个土压力传感器获得各地震波工况下桩侧动土压力最大峰值见表4-1。为了节省篇幅,主要以输入清溪波为例进行阐述。

各地震波工况下动土压力　　表4-1

工　况	动土压力(kPa)			
	T1	T2	T3	T4
QX-1(0.1g)	2.95	4.20	7.21	1.15
QX-2(0.2g)	5.92	7.71	13.44	1.25
QX-3(0.3g)	6.92	14.62	32.49	3.20
QX-4(0.4g)	12.69	25.97	65.18	5.11
QX-5(0.5g)	15.36	30.63	84.75	5.65

续上表

工　况	动土压力(kPa)			
	T1	T2	T3	T4
EL-1(0.1g)	2.13	2.23	6.65	0.94
EL-2(0.2g)	3.52	4.18	10.32	1.97
EL-3(0.3g)	5.36	11.76	23.24	3.13
EL-4(0.4g)	6.37	19.75	43.79	3.43
TF-1(0.1g)	1.85	2.09	6.14	1.06
TF-2(0.2g)	2.72	3.71	9.04	1.48
TF-3(0.3g)	4.73	9.62	16.13	2.14
TF-4(0.4g)	5.93	14.97	35.56	3.42

不同离心加速度可以模拟不同高度的抗滑桩加固堆积型滑坡时抗滑桩桩侧静土压力的受力情况。图 4-3a)所示为不同离心加速度作用下桩侧静土压力的变化规律曲线。需要说明的是,因滑坡的高程随着离心加速度的变化而改变,因此图中给出的是相对高程。图 4-3b)所示为清溪波激励时各工况下桩侧动土压力的高程分布曲线。

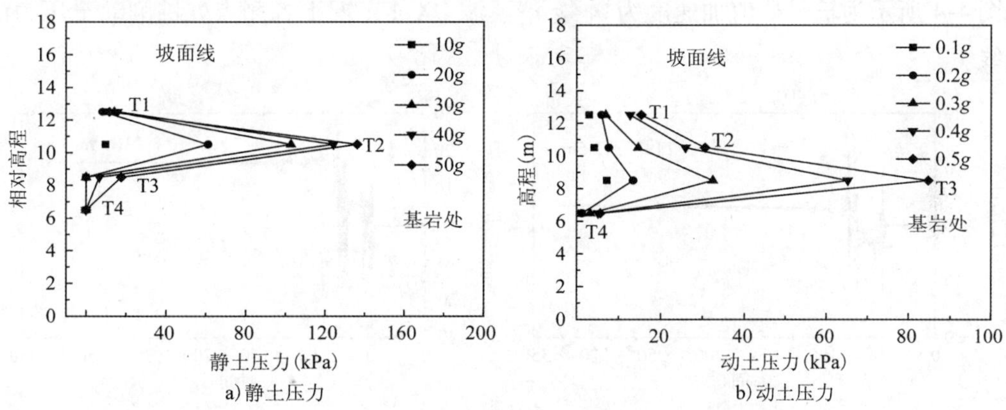

图 4-3　土压力分布曲线

从图 4-3a)可以看出:不同 g 值的离心加速度作用下,桩侧静土压力变化规律大致相同;随着离心加速度的不断增加,桩侧静土压力的数值也随着增加;当离心加速度为 10g 时,桩侧各测点的静土压力最小,这是由于离心加速度较小时,滑坡推力较小,使得滑坡体与桩之间没有很好的接触;当离心加速度增大时,位于测试点 T2 处的土压力变化明显,最大值接近达到 140kPa;同时发现不同测点处的桩侧静土压力不同。

结合表 4-1 和图 4-3b)可以看出:同一峰值加速度的地震波作用下,靠近基岩处 T4 测试点的动土压力最小,说明地震波作用下桩侧靠近基岩处的周围土体变化不大;不同峰值加速度地震波作用下,桩侧动土压力沿高程分布的变化规律相同,即“两头小、中间大”;随着输入地震波强度的增大,各测点的桩侧动土压力均随着增大,即桩侧所受到的滑坡推力增大;当输入地震波的峰值加速度从0.1g增大到0.2g时,桩侧最大动土压力T3处增幅最小,只增加了6.23kPa,而输入地震波的加速度峰值从0.2g增大到0.3g、0.3g增大到0.4g和从0.4g增大到0.5g时,桩侧最大动土压力T3处的增幅分别达到19.05kPa、32.69kPa和19.57kPa,可见0.3g增大到0.4g时,桩侧最大动土压力T3处增幅增大。因此,对抗滑桩进行相应的抗震设计时应注意其附近处由于地震所引起的滑坡推力。

通过对比图4-3a)和图4-3b)可知:静力和动力荷载作用下的桩侧土压力分布规律是不相同的;静力荷载作用下桩后土压力最大点为靠近桩身中部的T2测试点处,而动力荷载作用下最大点位于桩身中下部的T3测试点处;动力荷载引起的动土压力比静力荷载作用下的静土压力要小,清溪波峰值加速度为0.5g的QX-5工况引起的动土压力只有离心加速度50g时桩侧静土压力的61.1%。因此,在进行边坡及抗滑桩的设计时应注意静力和动力荷载作用下的受力不同之处。综上来看,桩侧土压力的大小与测点的位置、地震动强度以及静动力加载条件等因素相关。

(2)动土压力时程分析

为了节省篇幅,选择输入峰值加速度为0.4g的清溪波QX-4工况下桩侧动土压力时程为例进行阐述。

图4-4所示为输入峰值加速度为0.4g清溪波QX-4工况下各测点处桩侧动土压力的时程曲线。

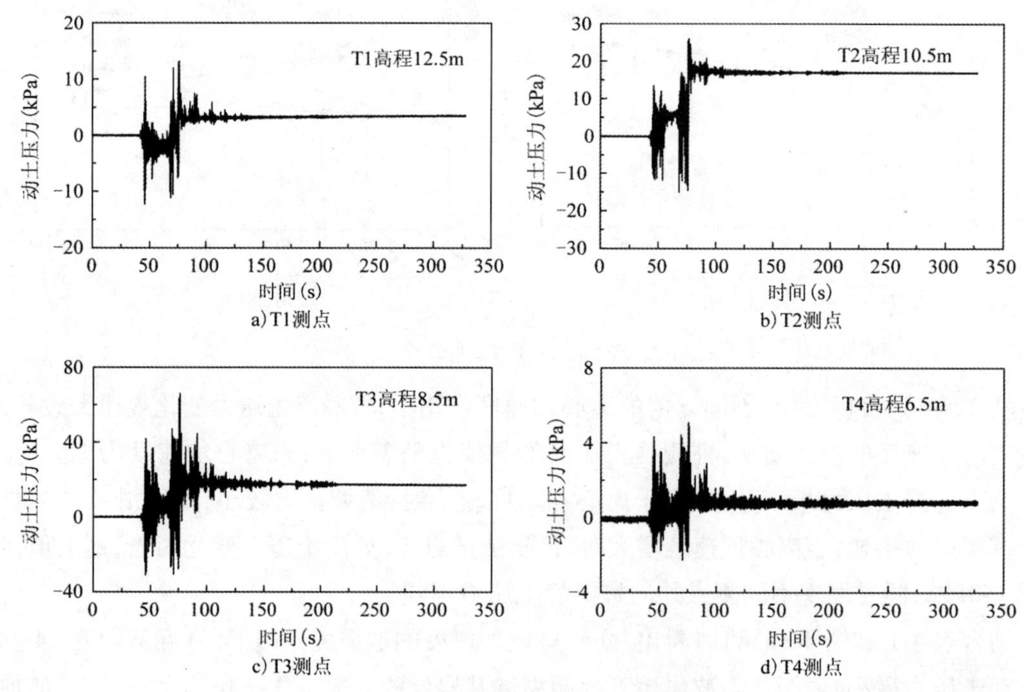

图4-4 QX-4工况下动土压力时程曲线

从图4-4可以看出:地震波作用下,不同高程处桩侧动土压力时程曲线形状大致相同;

因清溪波有两个加速度幅值较大的波段,所以桩侧动土压力响应随着也出现了两次突变过程;各测点处的动土压力都随着地震波的输入而迅速达到第一个峰值,然后经过很小一段平稳过渡期后迅速达到第二个峰值,即最大峰值;最大峰值出现的时刻为76.23s,输入的0.4g清溪波的最大峰值时刻为75.5s,这表明抗滑桩桩侧最大动土压力出现时间存在一定程度上的滞后;桩侧动土压力经过最大峰值之后,快速下降并维持在某一数值附近,形成残余土压力作用于悬臂抗滑桩上。

(3)地震波类型对动土压力的影响

由于不同地震波其频谱特性等不同,因此不同类型地震波作用下的桩侧动力压力的大小也有所不同。为分析地震波类型对桩侧动土压力大小的影响,以输入地震波峰值加速度为0.4g的QX-4、EL-4和TF-4工况为例进行阐述。

图4-5给出的是地震波类型对桩侧动土压力沿高程分布的影响曲线。

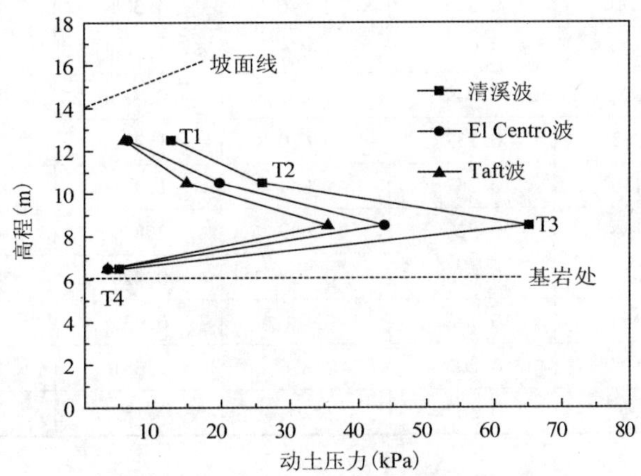

图4-5 地震波类型对动土压力沿高程分布的影响

从图4-5可以看出:不同类型的地震波作用下桩侧动土压力沿高程分布的变化规律大致相同,均沿着桩身从桩顶往下呈先增大后减小的变化规律;不同类型的地震波作用下桩侧动土压力大小完全不同,各测点处的桩侧动土压力在清溪波作用下最大,其次为El Centro波作用下,而Taft波作用下最小;动土压力峰值最大T3测点处,清溪波作用下该处动土压力为65.18kPa,而El Centro波作用下其只有清溪波作用下的67.18%,Taft波作用下其只为清溪波作用下的54.56%。因此,在进行抗滑桩的抗震设计时,有必要考虑多种不同类型地震波的影响分析。

4.2.3 桩身弯矩分析

(1)分布规律

通过在抗滑桩不同位置(Y1~Y6)对称粘贴的6对弯矩应变计所记录的数据进行分析,静力加载过程中桩身所受到的弯矩为桩身静弯矩,而桩身动弯矩方面,只考虑施加地震后引起增加的桩身动弯矩，不考虑静力作用下的桩身弯矩。按照地震波峰值加速度从小到大(0.1g、0.2g、0.3g、0.4g 和0.5g)依次施加于振动台台面。通过试验之前应变计的标定可获得不同位置处应变计应变与桩身弯矩的关系，同时可进一步得到各个位置的弯矩应变计的标定系数，经过数据整理及分析，得到各地震波工况下桩身动弯矩最大峰值见表4-2。与桩侧土压力一样，以输入清溪波的工况为例进行桩身动弯矩阐述。

各地震波工况下桩身动弯矩 表4-2

工　况	桩身动弯矩(MN·m)					
	Y1	Y2	Y3	Y4	Y5	Y6
QX-1(0.1g)	0.029	0.058	0.266	0.446	0.583	0.118
QX-2(0.2g)	0.086	0.226	0.819	1.422	1.867	0.395
QX-3(0.3g)	0.198	0.449	1.453	2.612	3.400	0.753
QX-4(0.4g)	0.290	0.826	2.446	4.308	5.344	1.301
QX-5(0.5g)	0.329	0.985	2.918	5.140	6.425	1.450
EL-1(0.1g)	0.029	0.049	0.237	0.416	0.520	0.101
EL-2(0.2g)	0.083	0.132	0.680	1.202	1.855	0.406
EL-3(0.3g)	0.146	0.267	1.044	1.988	3.407	0.771
EL-4(0.4g)	0.184	0.520	1.649	2.839	4.121	1.036
TF-1(0.1g)	0.021	0.045	0.227	0.429	0.623	0.122
TF-2(0.2g)	0.063	0.118	0.540	0.937	1.521	0.327
TF-3(0.3g)	0.127	0.206	0.876	1.561	2.638	0.594
TF-4(0.4g)	0.147	0.367	1.209	2.182	3.275	0.834

不同离心加速度可以模拟不同高度的抗滑桩加固堆积型滑坡体时抗滑桩桩身静弯矩受力情况。图4-6a)所示为不同离心加速度作用下桩身静弯矩的变化规律曲线。需要说明的是，因滑坡的高程随着离心加速度的变化而改变，因此图中给出的是相对高程。图4-6b)给出的是清溪波作用下各工况下桩身动弯矩的高程分布曲线。

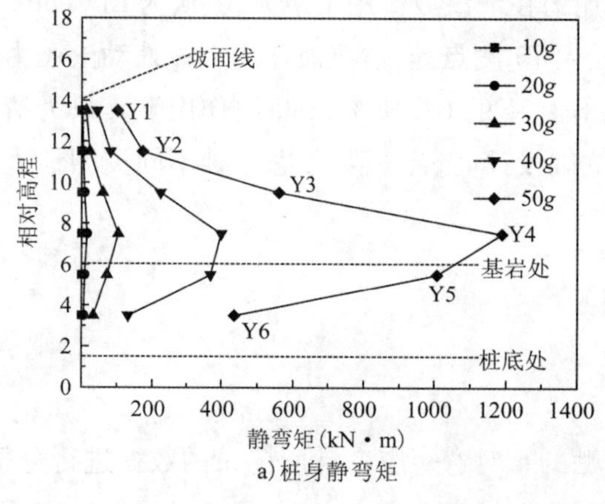

a)桩身静弯矩

b)桩身动弯矩

图4-6　桩身弯矩分布规律

从图 4-6a)可以看出：不同 g 值的离心加速度作用下，桩身静弯矩变化规律大致相同；当离心加速度 g 值较小时(离心加速度为 $10g$ 和 $20g$ 时)，桩身静弯矩的数值很小，且其沿相对高程变化近似为一条线；当离心加速度 g 值较大时(如 $30g$、$40g$ 与 $50g$)，同一离心加速度 g 值作用下，不同位置处的桩身静弯矩明显不同，与此同时桩身静弯矩呈“凸”形变化；随着离心加速度的不断增加，桩身静弯矩也随着增加，“凸”形的分布规律更加明显；离心加速度为 $50g$ 时，桩身静弯矩基岩处以上的 Y4 测点处弯矩最大，最大静弯矩值接近 1200kN · m。

结合表 4-2 和图 4-6b)可以看出：同一峰值加速度的地震波作用下，靠近桩顶部与坡面交接附近 Y1 测试点的桩身动弯矩最小，说明地震波作用下抗滑桩在桩顶部与坡面交接处受力最小；不同峰值加速度的地震波作用下，桩身动弯矩沿高程分布的变化规律相同，均呈现非线性“凸”形分布规律，自桩顶向桩底，先不断增大并至基岩附近处达到最大，之后则减小；随着地震波强度的增大，桩身各测点的动弯矩均随着增大，但增加的幅值不相同；当输入地震波的峰值从 $0.1g$ 增大到 $0.2g$ 时，桩身最大动弯矩 Y5 处增大幅度为 1.284MN · m，而输入地震波的峰值从 $0.2g$ 增大到 $0.3g$、$0.3g$ 增大到 $0.4g$ 和从 $0.4g$ 增大到 $0.5g$ 时，桩身最大动弯矩 Y5 处的增幅分别达到 1.533MN · m、1.944MN · m 和 1.081MN · m。其中 $0.3g$ 增大到 $0.4g$ 时，桩身最大动弯矩 Y5 处增幅增大，这与动土压力的情况一样。

通过对比图 4-6a)和图 4-6b)可知：静力和动力荷载作用下的桩身弯矩分布规律是不相同的；静力荷载作用下桩身静弯矩最大点为基岩处之上的 Y4 测试点处，而动力荷载作用下最大点位于基岩处之下的 Y5 测试点处；动力荷载引起的动弯矩比静力荷载作用下的静弯矩要大得多，输入峰值加速度为 $0.5g$ 时清溪波 QX-5 工况引起的桩身动弯矩是离心加速度 $50g$ 时桩身静弯矩的 5.35 倍。由此可见，地震作用作为一种荷载施加于边坡中，其改变了抗滑桩的受力体系，同时边坡岩土体的物理力学性质也受到一定程度的改变。所以，在进行抗滑桩加固边坡的抗震设计时，应特别注意地震波作用下所引起的桩身内力的变化。

综上来看，抗滑桩桩身弯矩的大小与桩侧土压力一样，其不仅与测点的位置、地震动强度等因素相关，同时也与静力和动力加载条件有关。

(2)桩身动弯矩时程分析

图 4-7 为输入峰值加速度为 $0.4g$ 时 QX-4 工况下桩身动弯矩时程曲线。

从图 4-7 中可以看出：地震波作用下，不同高程处桩身动弯矩时程曲线的形状基本相同；因输入的清溪地震波自身具有两个加速度幅值较大的波段，使得抗滑桩的桩身动弯矩响应随着也出现了两次突变过程；不同高程各测点处的动弯矩都随着地震波的输入迅速达到第一个峰值，然后经过很小一段平稳过渡期后迅速达到第二个峰值，即最大峰值；最大峰值出现的时刻为 76.23s，输入的 $0.4g$ 清溪波的最大峰值时刻为 75.5s，这说明抗滑桩桩身动弯矩最大峰值时刻同样稍晚于输入地震波的最大峰值时刻；抗滑桩桩身动弯矩经过最大峰值之后，快速下降并维持在某一数值附近，形成残余桩身动弯矩，桩身测点 Y1、Y3 和 Y5 处的残余动弯矩分别为35.11kN·m、318.50kN·m和854.31kN·m，其分别相当于离心加速度为50g时的各测点桩身静力弯矩的34.47%、56.87%和84.82%。

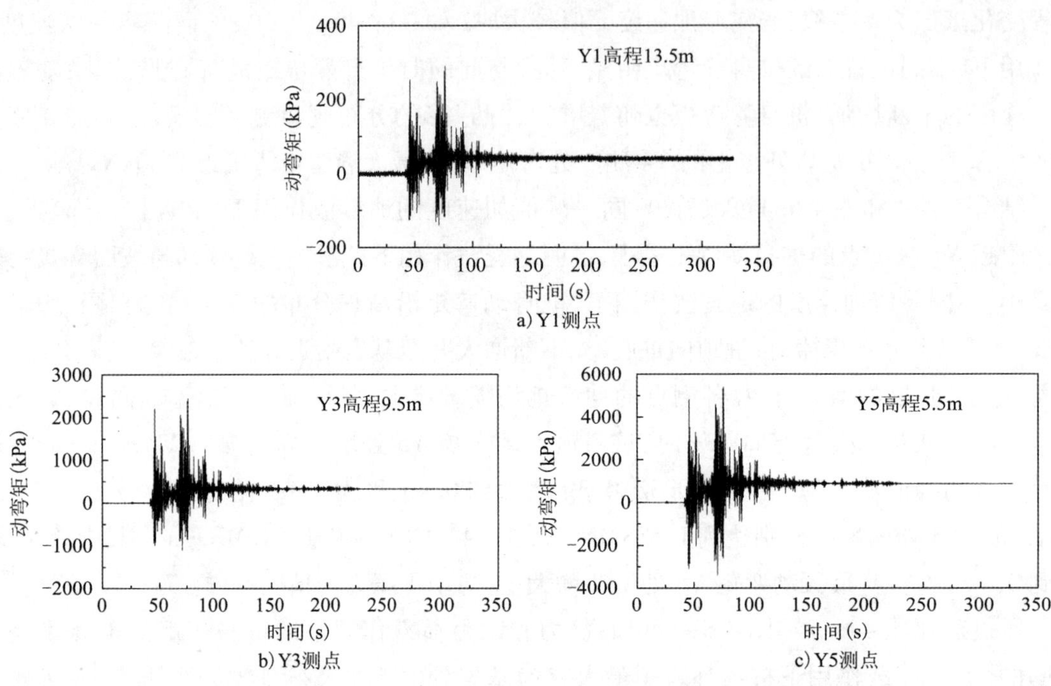

图4-7　QX-4工况下桩身动弯矩时程曲线

(3)地震波类型对动弯矩的影响

由于不同的地震波其频谱特性不同，所以不同类型的地震波激励下的抗滑桩桩身动弯矩大小也会有所不同。因此有必要进一步分析地震波类型对桩身动弯矩大小的影响，以输入地震波峰值加速度为0.4g的QX-4、EL-4和TF-4工况为例进行分析。

图4-8是地震波类型对桩身动弯矩沿高程分布的影响曲线。

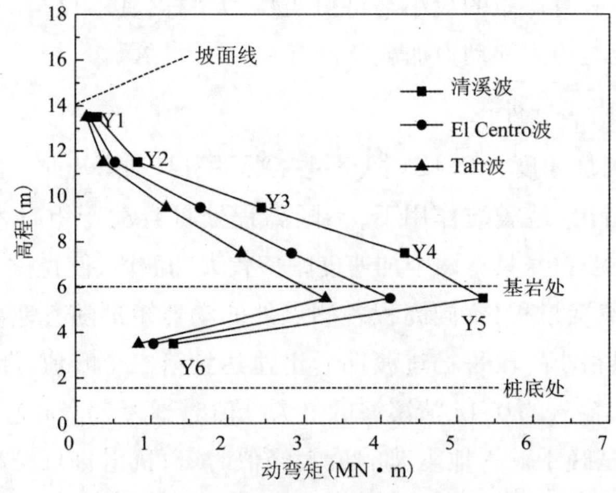

图4-8　地震波类型对动弯矩沿高程分布的影响

从图 4-8 可以看出：在清溪波、El Centro 波以及 Taft 波作用下，抗滑桩的桩身动弯矩随着加固滑坡高程增大的分布规律类似，沿着抗滑桩的桩顶位置向下，桩身动弯矩不断增大至基岩处稍微往下位置而后迅速减小；不同类型的地震波作用下桩身动弯矩均表现为“凸”形的分布规律；不同类型的地震波作用下桩身动弯矩大小完全不同，无论桩身的什么测点处，在清溪波作用下桩身动弯矩最大，其次为 El Centro 波作用下，而 Taft 波作用下最小；桩身动弯矩峰值最大的 Y5 测点处，在清溪波作用下桩身动弯矩为 5.344 MN · m，而在 El Centro 波作用下其为 4.121 MN · m，只为清溪波作用下的 77.11%，在 Taft 波作用下其数值为 3.275 MN · m，只为清溪波作用下的 61.28%。这在一定程度上也表明桩—土动力相互作用极为复杂，其随输入地震波的变化而变化。因此，进行抗滑桩的抗震设计时，应综合考虑输入多种地震波进行抗震设计。

4.2.4　加速度响应分析

(1) 加速度放大效应分析

为了研究不同强度地震波作用下抗滑桩加固堆积型滑坡体的加速度响应特征与规律，采用峰值加速度（PGA）放大系数这一指标进行分析，PGA 放大系数定义为地震动作用下堆积型滑坡各测点的峰值加速度与振动台台面 A0 处实测峰值加速度的比值。各清溪波工况下各测点 PGA 放大系数汇总见表 4-3。同时，各 El Centro 波和 Taft 波工况下各测点 PGA 放大系数汇总见表 4-4。

各清溪波工况下实测 PGA 放大系数　　表 4-3

编　号	QX-1	QX-2	QX-3	QX-4	QX-5	备注
	0.1g	0.2g	0.3g	0.4g	0.5g	
A0	1.000	1.000	1.000	1.000	1.000	台面
A1	1.030	1.002	1.052	1.132	0.881	基岩
A2	0.998	0.937	0.938	0.984	0.857	基岩
A3	0.968	0.969	0.946	1.000	0.874	基岩
A4	1.052	1.054	1.161	1.177	1.100	坡内
A5	1.038	1.017	1.048	1.118	1.036	坡内
A6	1.270	1.164	1.257	1.373	1.193	坡内
A7	1.325	1.286	1.389	1.412	1.241	坡面
A8	1.012	1.006	1.033	1.085	1.025	坡内
A9	1.156	1.102	1.216	1.221	1.027	坡内
A10	1.654	1.466	1.535	1.572	1.360	坡面
A11	1.387	1.135	1.293	1.236	1.045	坡内
A12	1.650	1.562	1.484	1.497	1.229	坡内

续上表

编　　号	QX-1	QX-2	QX-3	QX-4	QX-5	备注
	0.1g	0.2g	0.3g	0.4g	0.5g	
A13	1.759	1.634	1.685	1.667	1.569	坡面
A14	1.490	1.331	1.384	1.464	1.286	坡内
A15	1.726	1.487	1.553	1.453	1.529	坡顶
A16	0.792	0.615	0.525	0.557	0.482	坡面
A17	0.570	0.582	0.492	0.419	0.368	坡面
A18	1.032	1.206	0.827	1.015	1.065	坡面

各 El Centro 波和 Taft 波工况下实测 PGA 放大系数　　表 4-4

编号	EL-1	EL-2	EL-3	EL-4	TF-1	TF-2	TF-3	TF-4	备注
	0.1g	0.2g	0.3g	0.4g	0.1g	0.2g	0.3g	0.4g	
A0	1.000	1.000	1.000	1.000	1.000	1.000	1.000	1.000	台面
A1	0.975	1.127	1.117	1.063	1.072	0.986	0.890	0.799	基岩
A2	0.935	1.090	1.088	0.962	1.041	0.929	0.870	0.764	基岩
A3	0.961	1.120	1.118	1.003	1.098	0.952	0.865	0.775	基岩
A4	0.991	1.238	1.168	1.250	1.209	1.054	1.053	0.977	坡内
A5	0.964	1.193	1.254	1.079	1.128	1.054	0.940	0.897	坡内
A6	1.132	1.325	1.445	1.244	1.272	1.087	1.036	0.968	坡内
A7	1.319	1.453	1.480	1.391	1.263	1.192	1.171	1.078	坡面
A8	0.945	1.108	1.139	1.028	1.045	0.962	0.942	0.928	坡内
A9	0.950	1.239	1.299	1.109	1.100	1.076	1.043	0.938	坡内
A10	1.550	1.512	1.599	1.430	1.389	1.342	1.330	1.194	坡面
A11	0.946	1.394	1.472	1.226	1.357	1.243	1.172	1.030	坡内
A12	1.448	1.476	1.590	1.303	1.537	1.454	1.305	1.074	坡内
A13	1.619	1.736	1.784	1.752	1.831	1.761	1.792	1.689	坡面
A14	1.219	1.423	1.553	1.368	1.384	1.297	1.259	1.116	坡内
A15	1.592	1.545	1.695	1.666	1.648	1.552	1.507	1.473	坡顶
A16	0.781	0.660	0.503	0.418	0.602	0.423	0.435	0.344	坡面
A17	0.624	0.481	0.520	0.457	0.449	0.556	0.530	0.369	坡面
A18	0.993	0.881	0.936	1.028	0.960	0.933	0.672	1.055	坡面

在第 3 章堆积型滑坡地震响应离心机振动台模型试验结果分析的基础之上，同时为了节省篇幅，同样以输入清溪波为例进行阐述。

选取基岩测试点A1、A2、A3，处于同一竖直面、由低到高的滑体第一排测试点A4、A5、A6（距离桩中心70mm，相当于原型3.5m位置）、第二排测试点A8、A9、A10（距离桩中心170mm，相当于原型8.5m位置）以及坡面测试点A7（A16）、A10（A17）、A13（A18）共计五组数据进行分析。

从表4-3可知：清溪波作用时，将基岩处（A1、A2、A3）水平向PGA放大系数与输入地震动相比，A1测点的PGA放大系数基本均在1.0附近，其随着地震动强度的增大变化很小；对于输入地震波峰值加速度相同时（除0.1g外），基岩A1测点的PGA放大系数最大，其次为A3测点，A2测点最小，一定程度上反映抗滑桩加固对桩后基岩一定范围内的加速度响应产生抑制作用。

图4-9是不同强度清溪波作用下抗滑桩桩后第一排、第二排不同高程处滑体各测点的水平向PGA放大系数沿高程的分布曲线。

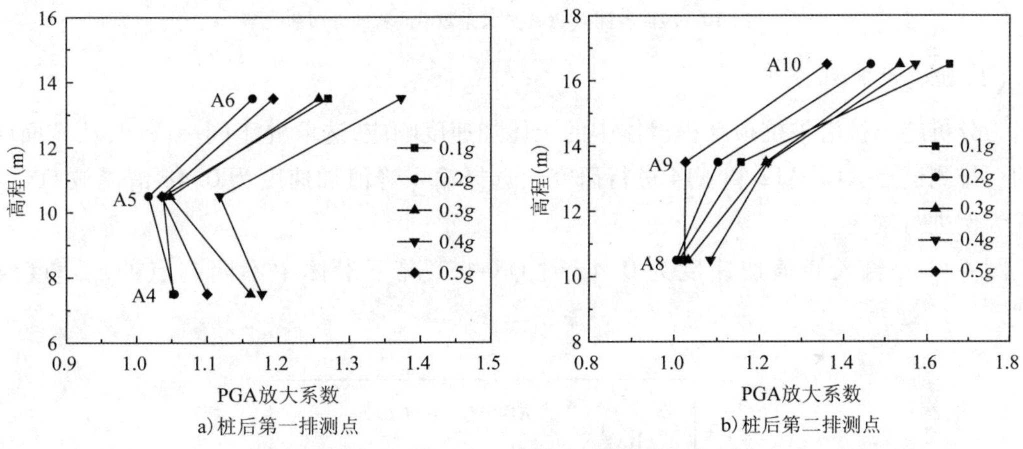

a）桩后第一排测点　　b）桩后第二排测点

图4-9　桩后各测点水平向PGA放大系数沿高程的分布曲线

从图4-9可以看出：随着边坡高程的增加，桩后第一排与第二排（除0.1g时A10位置外）各测点PGA放大系数均比较小，均在1.6以内，说明抗滑桩加固对滑坡体加速度响应起到一定抑制作用；桩后第一排滑体中各测点PGA放大系数随着高程的增大呈现先增大后减小的变化规律，这是由于A4测点处离基岩面比较近，可能由于坡面、滑面的反射致使该附近能量集中引起的；而桩后第二排各测点的PGA放大系数随高程的增加而增大，呈现高程放大效应，且接近坡面位置（A10处）时，增大明显，呈现出坡面浅表放大效应，同时A8位置其PGA放大系数均在1.1以内，相对靠近坡面A10位置，该处放大现象较小。

图4-10是不同强度清溪波作用下坡面不同高程处各测点的水平向和竖直向PGA放大系数沿高程的分布曲线。

从图4-10可以看出：滑坡坡面水平向PGA放大系数沿高程方向具有明显的非线性放大效应，在靠近坡顶位置达到最大值，呈现明显的高程效应；与坡面水平向加速度一样，坡面竖直向PGA放大系数在靠近坡顶位置同样达到最大值，呈现明显的高程效应。同时与第3章堆积型滑坡的试验结果进行对比，无论是坡面水平向加速度响应还是竖直向加速度响应方

面,采用抗滑桩加固的方式可以在一定程度上减小坡面的加速度响应。

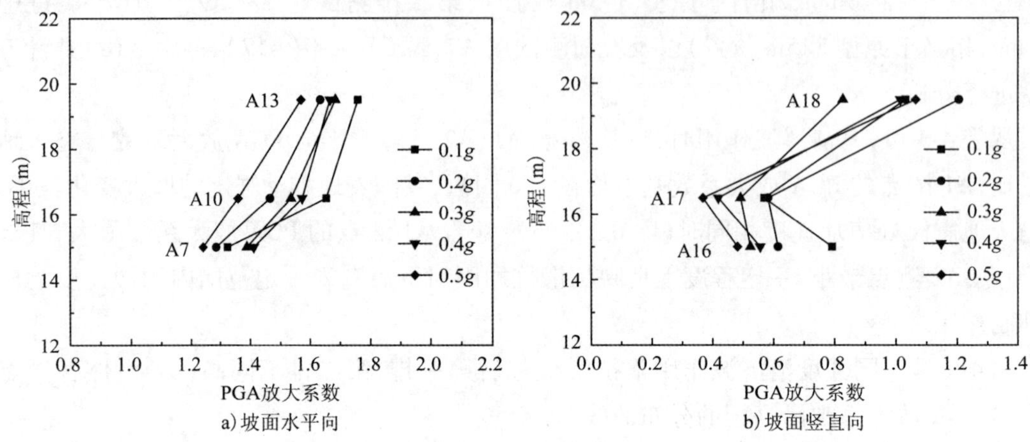

图 4-10 坡面各测点 PGA 放大系数沿高程的分布曲线

(2)加速度时程分析

为分析超出抗滑桩桩顶高程滑体中的土体加速度响应,选取处于同一高程,从坡面向坡内的一排测试点 A10、A12 和 A14 进行研究。选择输入峰值加速度为 $0.4g$ 清溪波 QX-4 的工况为例进行阐述。

图 4-11 是输入峰值加速度为 $0.4g$ 时 QX-4 工况下滑体中不同测点处加速度时程曲线。

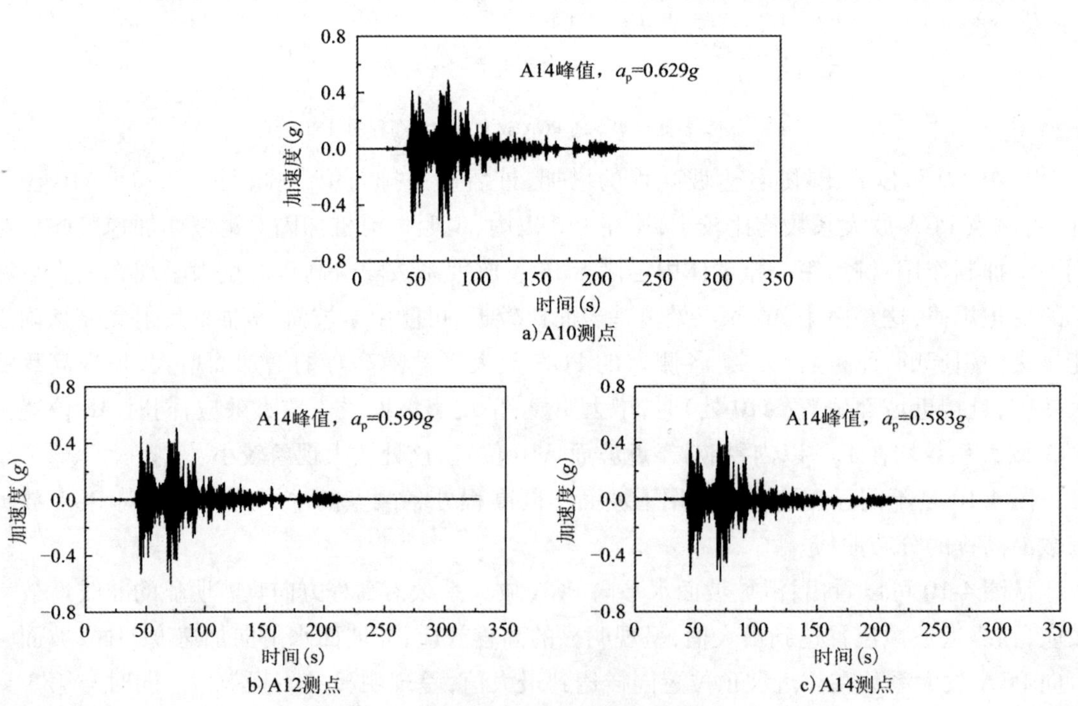

图 4-11 QX-4 工况下不同测点加速度时程曲线

从图 4-11 可以看出：在最大峰值加速度为 0.4g 的清溪波作用下，抗滑桩加固堆积型滑坡的滑体中不同测点处的加速度时程曲线形式基本相同，均存在 2 个峰值；当超出抗滑桩的桩顶位置高程后，滑体中各测点的加速度峰值由坡面向坡内，呈逐渐减小的趋势变化，由坡面 A10 处加速度峰值 $a_p = 0.629g$ 向坡内减小到 A14 处加速度峰值 $a_p = 0.583g$。

(3)地震波类型对加速度响应的影响

滑坡土体的加速度响应与其所受地震波的地震动参数密切相关。选取处于同一竖直面、由低到高的滑体第一排测试点 A4、A5、A6(距离桩中心 70mm，相当于原型 3.5 m 位置)、第二排测试点 A8、A9、A10(距离桩中心 170 mm，相当于原型 8.5 m 位置)以及坡面测试点 A7(A16)、A10(A17)、A13(A18)共计 4 组数据进行地震波类型影响的分析。以输入地震波峰值加速度为 0.4g 的 QX-4、EL-4 和 TF-4 工况为例，探讨分析地震波类型对加速度响应的影响。

图 4-12 是地震波类型对抗滑桩桩后第一排、第二排不同高程处各测点的水平向 PGA 放大系数沿高程分布的影响。

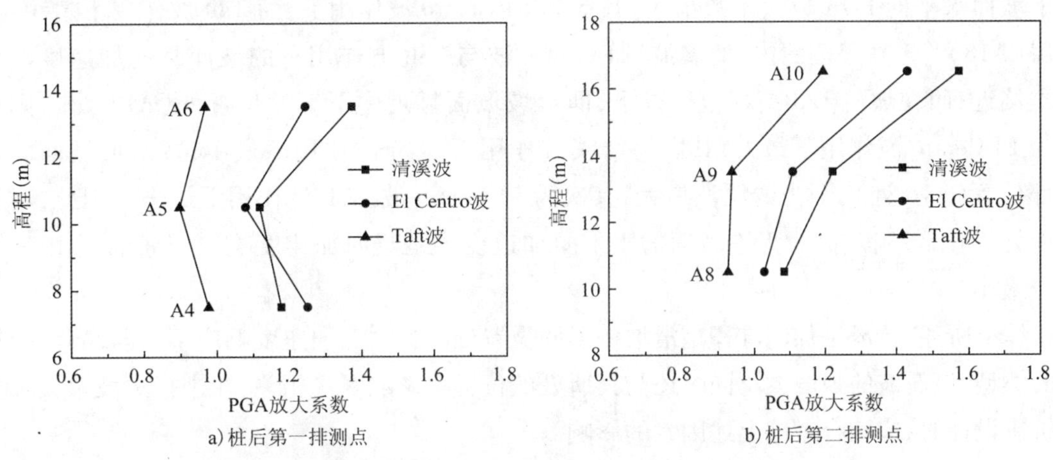

图 4-12　地震波类型对桩后各测点水平向 PGA 放大系数沿高程分布的影响

从图 4-12 可以看出：不同类型的地震波作用下，滑体桩后第一排的各测点水平向 PGA 放大系数沿高程分布规律大致相同，均随着高程的增加呈先减小后增大变化规律；当高程在 9m 以下范围时，El Centro 波作用下，各测点的水平向 PGA 放大系数最大，其次为清溪波作用下，而 Taft 波作用下最小；当超过此高程时，PGA 放大系数从大到小分别为清溪波、El Centro 波与 Taft 波作用下。滑体桩后第二排的各测点水平向 PGA 放大系数沿高程分布规律相同，均随着高程的增加而不断增大，且均为清溪波作用下最大，其次为 El Centro 波作用下，Taft 波作用下最小。因此，在不同的类型的地震波作用下，抗滑桩加固堆积型滑坡体的桩后各测点不同位置处的加速度响应也存在明显差异，这是由于各种地震波的频谱特性存在较大差异所引起的。

图 4-13 是地震波类型对坡面不同高程处各测点的水平向和竖直向 PGA 放大系数沿高

程分布的影响。

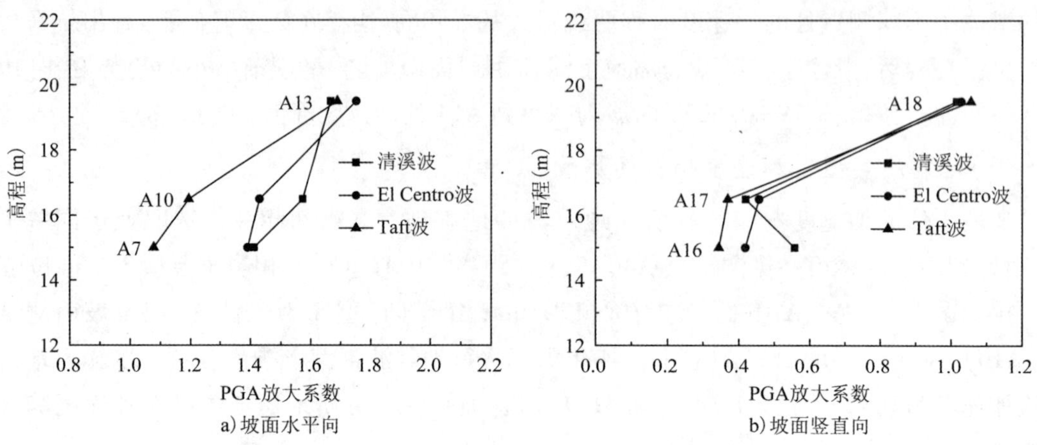

图4-13 地震波类型对坡面各测点PGA放大系数沿高程分布的影响

从图4-13可以看出:坡面水平向的加速度响应方面,除坡顶附近位置外,在清溪波作用下坡面水平向PGA放大系数最大,其次为El Centro波作用下,而Taft波作用下最小;在坡肩(A18)1/3高程范围内,清溪波、El Centro波与Taft波作用下的坡面竖向加速度响应基本接近;而在坡肩1/3高程范围以下,即滑坡坡面靠近中下部的位置处(A17处),则表现为El Centro波作用下最大,其次为清溪波作用下,Taft波作用下最小;在滑坡坡面的最下部位置(A16处),则为清溪波最大,其次为El Centro波,Taft波作用下最小。因此,不管坡面处于什么高程、同时无论坡面的水平向加速度还是竖向加速度响应,Taft波作用下其响应最小。

综上所述,抗滑桩加固堆积型滑坡中不同位置处的各测点加速度响应不仅与高程、地震波的类型、地震波的强度大小同时还与其所处的位置等影响因素相关,在进行边坡及其加固的抗震设计时,应综合考虑上述因素的影响。

4.2.5 小结

①滑坡对坡面水平向和竖直向加速度都具有明显的非线性浅表放大效应,均在靠近坡顶位置达到最大值,均呈现出明显的高程效应;采用抗滑桩加固的滑坡可以在一定程度上减小坡面的加速度放大效应;超出抗滑桩桩顶高程时,由坡面向坡内,滑坡土体加速度峰值由大到小变化;在清溪波作用下,桩后第一排与第二排各测点的水平向PGA放大系数数值基本均最大,其次为El Centro波,Taft波作用下最小。因此,在不同的类型的地震波作用下,抗滑桩加固堆积型滑坡的桩后各测点不同位置处的加速度响应存在明显的差异,这是由于各种地震波的频谱特性存在较大差异所引起的。

②抗滑桩对附近土体具有一定的加固和阻滞作用,使得靠近基岩处测试点的桩侧动土压力最小;不同峰值加速度地震波作用下,桩侧动土压力沿高程分布呈现“两头小、中间大”

的变化规律；桩侧动土压力随着地震波强度的增大而增大；其值随着清溪波的输入先后快速增大并达到第一个和第二个峰值，经过最大峰值后则快速下降并维持在某一数值附近，形成残余土压力作用于悬臂抗滑桩上；不同类型的地震波作用下桩侧动土压力大小完全不同，在清溪波作用下其值最大，其次为 El Centro 波作用下，而 Taft 波作用下最小。

③静力和动力荷载作用下的桩侧土压力分布规律是不相同的；静力荷载作用下桩侧土压力最大点为靠近桩身中部的 T2 测试点处，而动力荷载作用下最大点位于桩身中下部的 T3 测试点处；动力荷载引起的动土压力比静力荷载作用下的静土压力要小，清溪波 0.5g 的 QX-5 工况引起的动土压力只有离心加速度为 50g 时桩侧静土压力的 61.1%。因此，在进行边坡及抗滑桩的设计时应注意静力和动力荷载作用下的受力不同之处。

④同一峰值加速度的地震波作用下，靠近抗滑桩顶部与坡面交接附近测试点的桩身动弯矩最小；不同峰值加速度的地震波作用下，桩身动弯矩沿高程分布均呈现非线性“凸”形分布规律，自桩顶向桩底，先不断增大并至基岩附近处达到最大，之后则减小；桩身各测点的动弯矩均随着地震波强度的增大而增大，但增加的幅值不相同；同一类型地震波作用下，桩身动弯矩随着输入地震波强度的增大而增大；不同类型的地震波作用下桩身动弯矩大小完全不同，桩身动弯矩在清溪波作用下其值最大，其次为 El Centro 波作用下，而在 Taft 波作用下桩身动弯矩最小，说明不同地震波作用下，抗滑桩与岩土体之间的动力相互作用是不相同的。抗滑桩抗震设计时应考虑输入多种地震波的影响。

⑤静力和动力荷载作用下的桩身弯矩分布规律是不相同的；静力荷载作用下桩身弯矩最大点为基岩处之上的 Y4 测试点处，而动力荷载作用下最大点位于基岩处之下的 Y5 测试点处；动力荷载引起的动弯矩比静力荷载作用下的静弯矩要大得多，清溪波峰值加速度为 0.5g 的 QX-5 工况引起的最大动弯矩是离心加速度 50g 时桩身最大静弯矩的 5.41 倍。因此，在进行抗滑桩加固边坡的抗震设计时，应特别注意地震荷载所引起的桩身内力的变化。

4.3　工况三和工况四的模型试验结果分析

4.3.1　地震响应表观特征

抗滑桩加固堆积型滑坡体试验模型在依次按照台面峰值加速度从小到大输入过程中，两种工况下滑坡体表面均产生了较小的裂缝，尤其在坡顶处产生的裂缝最多，同时需要说明的是，工况四模型试验产生的裂缝宽度要比工况三模型试验产生的裂缝要大，且当切开滑坡体进一步观测裂缝走势时发现，工况四的裂缝向下发展较深，而工况三的裂缝则主要在滑坡体表面处，由此可见，含水率对地震过程中滑坡体产生的裂缝影响较大。然而，两组试验均没有产生大的滑移，体现了“大震不倒”的抗震设计理念。图4-14为输入所有地震波后的试验模型地震响应表观特征图。

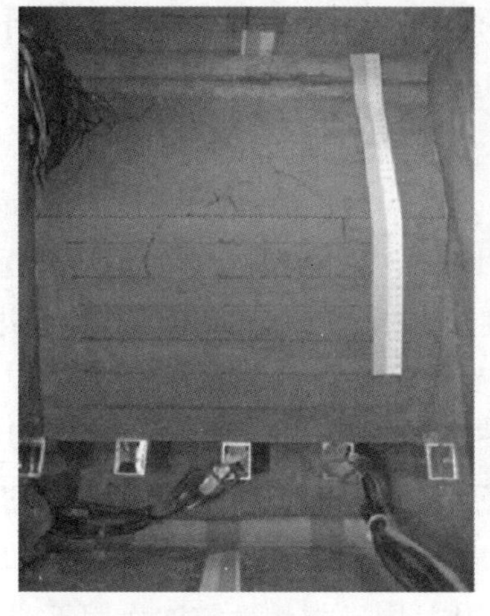

a）工况三

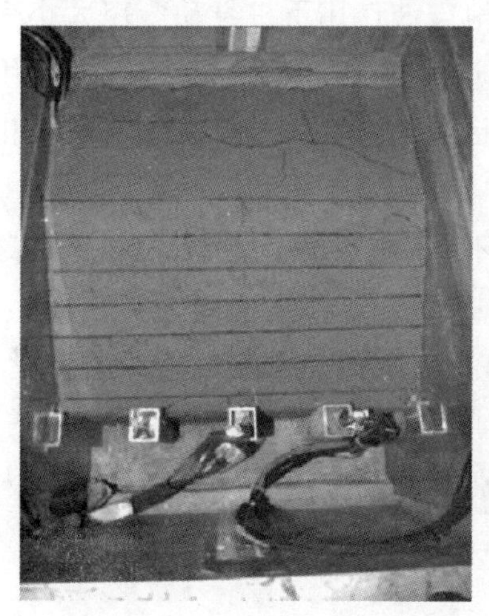

b）工况四

图4-14　模型试验表观特征

4.3.2　动土压力响应分析

两个模型试验中的土压力传感器布设位置以及编号见图2-9和图2-10。通过镶嵌在抗滑桩桩侧表面的4个微型土压力传感器所测得的数据进行分析，同时只考虑施加地震后引起增加的桩侧动土压力，不考虑静力作用下的土压力。按照地震波加速度峰值从小到大（$0.1g$～$0.5g$）依次输入，根据嵌入抗滑桩桩侧的4个微型土压力传感器获得工况三（低含水率）各地震波工况下动土压力最大峰值见表4-5。同理，获得工况四（高含水率）各地震波工况下动土压力最大峰值见表4-6。

工况三的动土压力　　表 4-5

工　况	动土压力(kPa)			
	T1	T2	T3	T4
QX-1(0.1*g*)	4.34	9.02	4.23	0.46
QX-2(0.2*g*)	12.27	23.72	13.86	0.74
QX-3(0.3*g*)	10.25	55.41	31.62	1.45
QX-4(0.4*g*)	16.82	93.03	63.67	3.36
QX-5(0.5*g*)	27.80	96.32	66.37	3.59
EL-1(0.1*g*)	3.15	5.71	2.67	0.32
EL-2(0.2*g*)	3.47	22.39	5.54	0.71
EL-3(0.3*g*)	8.79	65.11	14.76	1.18
EL-4(0.4*g*)	15.58	85.56	30.40	2.79
TF-1(0.1*g*)	1.67	5.13	2.79	0.34
TF-2(0.2*g*)	3.48	16.44	5.22	0.80
TF-3(0.3*g*)	4.31	50.17	9.92	1.16
TF-4(0.4*g*)	8.54	80.28	21.68	2.73

工况四的动土压力　　表 4-6

工　况	动土压力(kPa)			
	T1	T2	T3	T4
QX-1(0.1*g*)	5.71	31.99	8.81	3.01
QX-2(0.2*g*)	16.72	103.03	31.06	12.37
QX-3(0.3*g*)	56.24	210.59	65.75	27.17
QX-4(0.4*g*)	75.57	332.42	109.92	35.92
QX-5(0.5*g*)	81.46	372.37	109.77	42.71
EL-1(0.1*g*)	4.01	17.08	4.61	2.00
EL-2(0.2*g*)	22.76	90.34	13.49	9.48
EL-3(0.3*g*)	69.92	236.43	34.17	19.91
EL-4(0.4*g*)	70.70	300.95	58.71	31.90
TF-1(0.1*g*)	5.29	24.00	6.67	2.91
TF-2(0.2*g*)	17.70	67.79	13.28	7.24
TF-3(0.3*g*)	22.19	158.42	22.93	13.74
TF-4(0.4*g*)	44.11	273.39	39.27	20.45

(1)地震波峰值的影响

为研究地震波峰值对桩侧动土压力响应的影响,对清溪波、El Centro 波以及 Taft 波均进行了不同强度的模型试验。为了节省篇幅,主要以输入清溪波为例进行阐述。

图 4-15 是不同强度的清溪波作用下桩侧动土压力沿高程的分布曲线,其中图 4-15a)为工况三(滑体低含水率)、图 4-15b)为工况四(滑体高含水率)时的分布曲线。

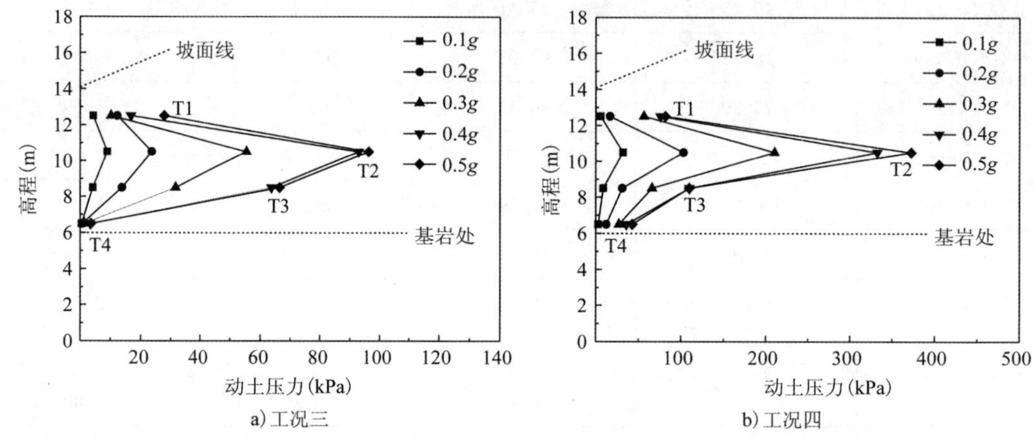

图 4-15　各清溪波工况下动土压力沿高程的分布曲线

从图 4-15 可以看出:两种工况下,输入地震波的强度对桩侧动土压力的影响均很大,各测点的动土压力均随着输入地震波强度的增大而增大,当地震波最大峰值加速度增大到 0.4g时,动土压力随地震波强度的增大幅度变小,两种工况下均为 0.4g 增大到 0.5g 时动土压力增幅相对最小;同一峰值加速度的地震波作用下,滑体低含水率(工况三)相对高含水率(工况四)时其土体较硬,使得工况三时各测点的动土压力要比工况四时的要小得多;两种工况下均为近基岩处 T4 测试点的动土压力最小,说明地震波作用下靠近基岩处的周围土体变化不大;不同峰值加速度的地震波作用下,动土压力沿高程分布的变化规律相同,即“两头小、中间大”,均在 T2 测点处达到最大,说明其附近处地震所引起的滑坡推力最大;输入峰值加速度为 0.5g 的清溪波作用下,工况三 T2 测点处动土压力只有 96.32kPa,而工况四 T2 测点达到 372.37kPa,相当于工况三的 3.86 倍,可见滑体不同含水率对桩侧动土压力的影响特别大。

对比工况二(S/B = 6.67,w = 18%)图 4-3b)与工况三(S/B = 3.33,w = 18%)图 4-15a)桩侧动土压力沿高程的分布曲线可以看出,桩间距对动土压力沿高程的分布规律具有一定的影响。当桩间距较大时,桩侧动土压力峰值最大发生在测点 T3 位置,而当桩间距较小时,其最大位置则为 T2 测点处,这是由于桩间距的改变,使得抗滑桩所受的滑坡推力分布形式受到了改变所引起的。

(2)地震波类型的影响

不同类型的地震波其频谱特性等不同,为研究地震波类型对动土压力响应特征的影响，对振动台台面进行了不同峰值加速度的清溪波、El Centro 波以及 Taft 波三种波型的激振试验。为节省篇幅，以输入最大峰值加速度 0.4g 时的 QX-4、EL-4 和 TF-4 工况为例进行阐述。

图 4-16 是不同类型地震波作用下动土压力沿高程的分布曲线，其中图 4-16a）为工况三（滑体低含水率）、图 4-16b）为工况四（滑体高含水率）时的分布曲线。

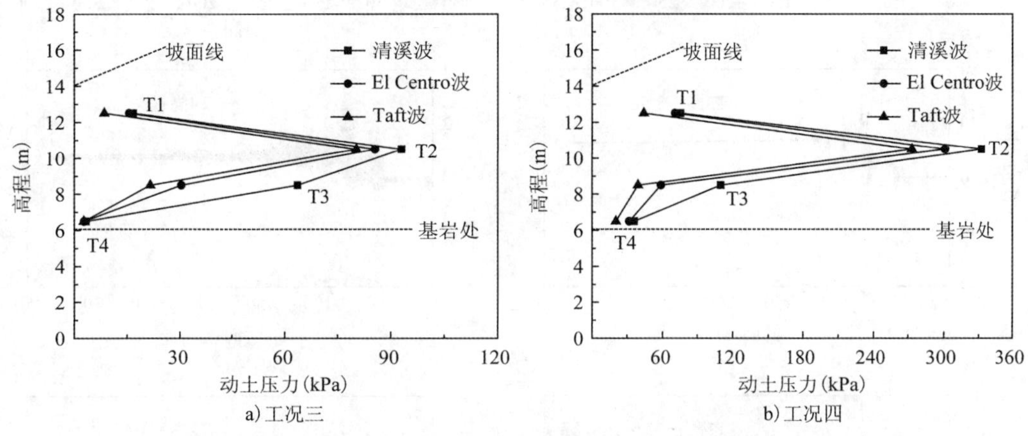

图 4-16　不同类型地震波作用下动土压力沿高程的分布曲线

从图 4-16 可以看出：不同类型的地震波作用下桩侧动土压力沿高程的分布规律大致相同，沿抗滑桩的桩顶往下，动土压力均不断增大而后则不断减小；3 种类型的地震波作用下桩侧动土压力分布均类似于抛物线形，但抛物线顶点的高度随着输入地震波类型变化而改变；不同类型的地震波作用下引起的动土压明显不相同，动土压力在清溪波作用下其值最大，其次为 El Centro 波作用下，而 Taft 波作用下动土压力最小，这也说明不同类型的地震波作用下，因地震波频谱特性致使抗滑桩与土体动力相互作用也有所不同。例如，在动土压力峰值最大的 T2 测点处，工况三（工况四）在清溪波、El Centro 波与 Taft 波作用下桩侧动土压力分别为 93.03kPa（332.42kPa）、85.56kPa（300.95kPa）及 80.28kPa（273.39kPa）。因此，在进行抗滑桩的抗震设计时，建议考虑多种地震波的影响进行分析。

综上所述，地震引起的动土压力的大小与测点的位置、地震波的强度、地震波的类型、滑体不同含水率、桩间距等因素相关，因此，在进行抗滑桩加固滑坡的实际工程中应综合考虑这些因素的影响，起到优化设计的作用。

（3）时程分析

为节省文章篇幅，以输入最大峰值加速度 0.4g 时 QX-4 工况下各测点的动土压力时程曲线为例进行阐述。图 4-17 是输入最大峰值加速度 0.4g 时清溪波 QX-4 工况下各测点动土压力时程曲线，图 4-17 中也标明了各测点处的高程。其中图 4-17a）为工况三（低含水率）、图 4-17b）为工况四（高含水率）时的时程曲线。

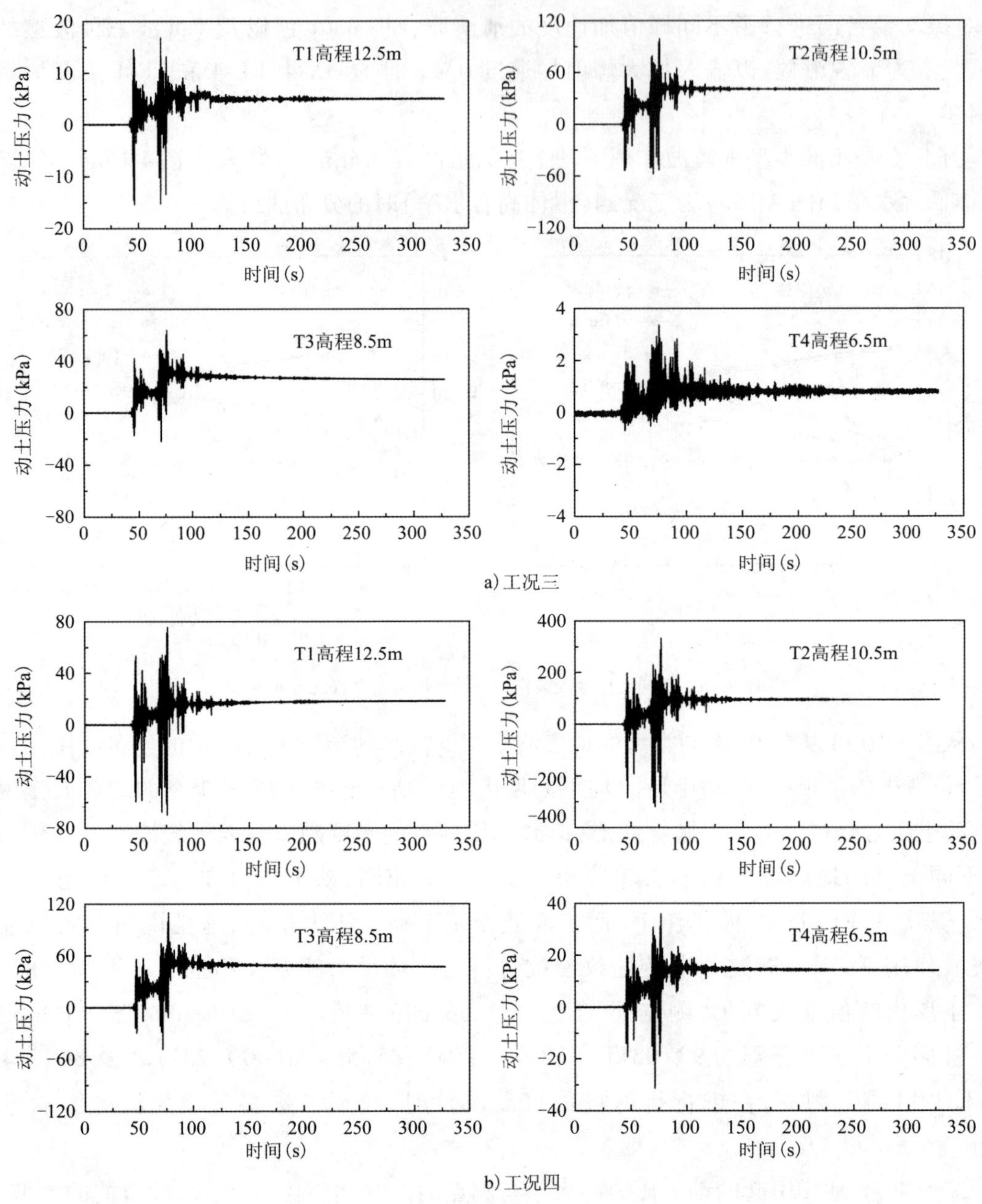

a) 工况三

b) 工况四

图 4-17　QX-4 工况下动土压力时程曲线

从图 4-17 的时程曲线可以看出:不同高程处桩后动土压力时程曲线的形式大致相同;两种工况下,均在高程 6.5m(T4 测点)处动土压力变化相对较小,表明靠近基岩的部位土压力变化不大;各测点处的动土压力都随着地震波的输入而迅速达到第一个峰值,然后经过很小一段平稳过渡期后迅速达到第二个峰值,即最大峰值;桩侧动土压力经过最大峰值后,快速下降并维持在某一数值附近,形成残余土压力作用于悬臂抗滑桩上,从图 4-17 可以看出其形成的残余土压力并不大,输入清溪波后,工况三、工况四时的 T2 测点处形成的残余土压力分别为 40.59kPa 和 92.98kPa,分别只为该处最大动土压力峰值的 43.63% 和 27.97%。

4.3.3 动弯矩响应分析

两个离心振动台模型试验中的桩身弯矩应变计的布设位置以及编号可见图 2-9 和图 2-10。与前面分析相同,只考虑施加地震后引起增加的桩身动弯矩,不考虑静力作用下的桩身弯矩。表 4-7 是工况三(低含水率)各地震波工况下桩身动弯矩峰值,而工况四(高含水率)各地震波工况下桩身动弯矩峰值见表 4-8。

工况三的桩身动弯矩　　表 4-7

工　况	桩身动弯矩(MN·m)					
	Y1	Y2	Y3	Y4	Y5	Y6
QX-1(0.1g)	0.037	0.053	0.181	0.425	0.439	0.110
QX-2(0.2g)	0.059	0.066	0.388	0.899	0.995	0.244
QX-3(0.3g)	0.107	0.129	0.931	2.059	2.483	0.563
QX-4(0.4g)	0.148	0.262	1.761	3.893	4.814	1.119
QX-5(0.5g)	0.174	0.325	2.072	4.533	5.439	1.323
EL-1(0.1g)	0.029	0.054	0.133	0.351	0.360	0.085
EL-2(0.2g)	0.044	0.056	0.518	1.110	1.215	0.291
EL-3(0.3g)	0.089	0.214	0.864	1.774	2.155	0.527
EL-4(0.4g)	0.137	0.243	1.197	2.648	3.819	1.008
TF-1(0.1g)	0.035	0.047	0.163	0.411	0.430	0.108
TF-2(0.2g)	0.043	0.057	0.404	0.882	0.964	0.224
TF-3(0.3g)	0.058	0.163	0.674	1.357	1.636	0.401
TF-4(0.4g)	0.099	0.195	0.897	2.128	2.452	0.579

工况四的桩身动弯矩　　表 4-8

工　况	桩身动弯矩(MN·m)					
	Y1	Y2	Y3	Y4	Y5	Y6
QX-1(0.1g)	0.019	0.034	0.212	0.459	0.680	0.155
QX-2(0.2g)	0.039	0.129	0.634	1.244	1.745	0.387
QX-3(0.3g)	0.067	0.397	1.511	2.941	3.902	0.890
QX-4(0.4g)	0.085	0.821	2.379	4.608	6.015	1.406
QX-5(0.5g)	0.127	0.795	3.000	5.377	6.800	1.621
EL-1(0.1g)	0.013	0.030	0.186	0.458	0.720	0.150
EL-2(0.2g)	0.068	0.070	0.513	1.231	2.015	0.442
EL-3(0.3g)	0.093	0.213	1.510	1.915	3.160	0.798

续上表

工　况	桩身动弯矩(MN·m)					
	Y1	Y2	Y3	Y4	Y5	Y6
EL-4(0.4g)	0.106	0.552	1.510	2.992	3.989	0.971
TF-1(0.1g)	0.018	0.039	0.220	0.512	0.827	0.178
TF-2(0.2g)	0.054	0.067	0.464	1.094	1.812	0.404
TF-3(0.3g)	0.088	0.142	0.740	1.715	2.826	0.695
TF-4(0.4g)	0.104	0.431	1.121	2.277	3.385	0.877

(1)地震波峰值的影响

为研究地震波峰值对桩身动弯矩地震响应的影响,进行了不同峰值加速度的清溪波、El Centro 波以及 Taft 波的激振试验。为了节省文章篇幅,主要以输入清溪波为例进行阐述。

图 4-18 为不同强度的清溪波作用下桩身动弯矩沿高程的分布曲线,图 4-18a)为工况三(低含水率)、图 4-18b)为工况四(高含水率)时的分布曲线。

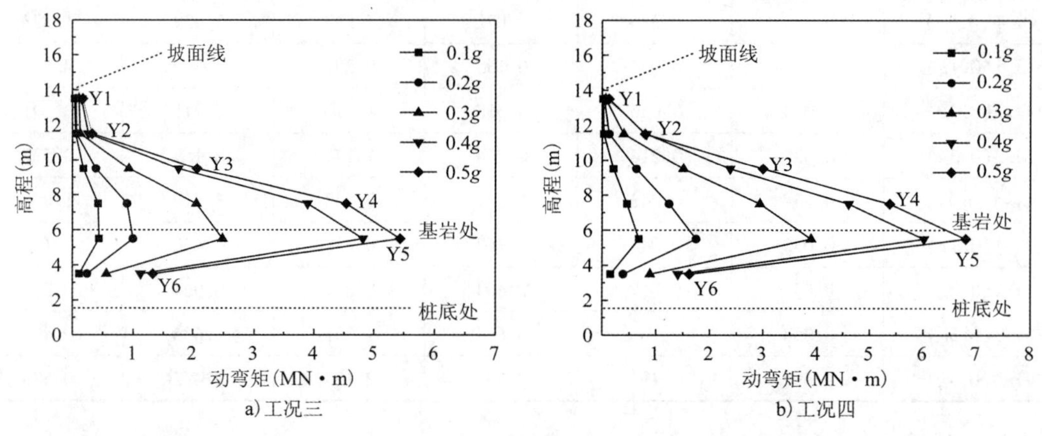

图 4-18　各清溪波工况下桩身动弯矩沿高程的分布曲线

从图 4-18 可以看出两种工况下,输入地震波的强度对桩身动弯矩的影响均很大,桩身各测点的动弯矩均随着输入地震波强度的增大而不断增大;同一最大峰值加速度的地震波作用下,滑体低含水率(工况三)相对高含水率(工况四)时其土体较硬,抗滑桩加固后,在地震过程中,工况三时桩身各测点的动弯矩要比工况四时的要小;两种工况下均为靠近桩顶部与坡面交接附近 Y1 测试点的桩身动弯矩最小,说明地震波作用下抗滑桩在桩顶部与坡面交接处受力最小;不同强度的地震波作用下,桩身动弯矩沿高程分布的变化规律相同,均呈现非线性"凸"形分布规律,自桩顶向桩底,先不断增大并至基岩附近处达到最大,之后则减小;桩身动弯矩最大位置发生在基岩面往下的 Y5 测点处,输入最大峰值加速度为 0.5g 的清溪波作用下,工况三 Y5 测点处桩身动弯矩为 5.439MN·m,而工况四 Y5 测点达到 6.8MN·m,相当于工况三的 1.25 倍,可见滑体不同含水率对桩身动弯矩的影响较大。

对比工况二($S/B=6.67, w=18\%$)的图4-6b)以及工况三($S/B=3.33, w=18\%$)的图4-18b)中桩身动弯矩沿高程的分布曲线可以看出,桩间距对桩身动弯矩沿高程的分布规律影响不大,均呈现非线性"凸"形分布规律,沿着抗滑桩的桩顶往桩底向下,先不断增大并至基岩附近处达到最大,之后则减小,但对抗滑桩受到的桩身最大动弯矩数值影响较大,工况二的Y5测点处桩身动弯矩为6.425MN·m,而工况三的Y5测点处桩身动弯矩为5.439MN·m,工况三的桩身最大动弯矩为工况二的桩身最大动弯矩的84.65%,可见桩间距对桩身动弯矩的影响较大。

(2)地震波类型的影响

不同类型的地震波其频谱特性等不同,为研究地震波类型对桩身动弯矩响应的影响,对振动台台面进行了不同强度的清溪波、El Centro波以及Taft波3种波型的激振试验。为了节省篇幅,以输入最大峰值加速度0.4g时的QX-4、EL-4和TF-4工况为例进行阐述。

图4-19是不同类型的地震波作用下桩身动弯矩沿高程的分布曲线,其中图4-19a)为工况三(低含水率)、图4-19b)为工况四(高含水率)时的分布曲线。

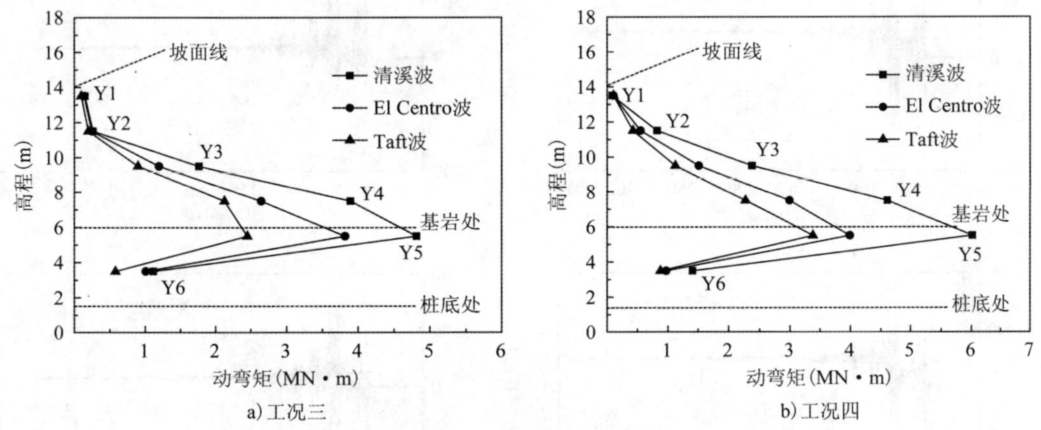

图4-19　不同类型地震波作用下桩身动弯矩沿高程的分布曲线

从图4-19可以看出清溪波、El Centro波与Taft波作用下桩身动弯矩沿高程的分布规律大致相同,均自桩顶向桩底,先不断增大并至基岩附近处达到最大,之后则减小;三种类型地震波作用下桩身动弯矩呈现均非线性"凸"形分布规律,但不同类型的地震波作用下引起的桩身动弯矩明显不同,桩身动弯矩在清溪波作用下其值最大,其次为El Centro波作用下,而Taft波作用下最小,这从一定程度上也可以表明桩—土动力相互作用极其复杂。例如,在桩身动弯矩峰值最大的Y5测点处,工况三(工况四)在清溪波、El Centro波与Taft波作用下桩身动弯矩分别为5.439MN·m(6.800MN·m)、3.819MN·m(3.989MN·m)及2.452MN·m(3.385MN·m)。因此,在抗滑桩的抗震设计时,应考虑进行不同种类地震波的影响分析。

综上所述,与桩侧动土压力一样,地震引起的桩身动弯矩的大小与测点的位置、地震波的强度、地震波的类型、滑体不同含水率、桩间距等因素相关。因此,在实际工程中应综合考虑这些因素对桩身弯矩的影响,从而对抗滑桩进行更为合理的设计。

(3)时程分析

为了节省篇幅,图4-20为输入最大峰值加速度0.4g时的QX-4工况下桩身各测点动弯矩时程曲线,图4-20中标明了各测点处的高程。其中图4-20a)为工况三(低含水率)、图4-20b)为工况四(高含水率)时的时程曲线。

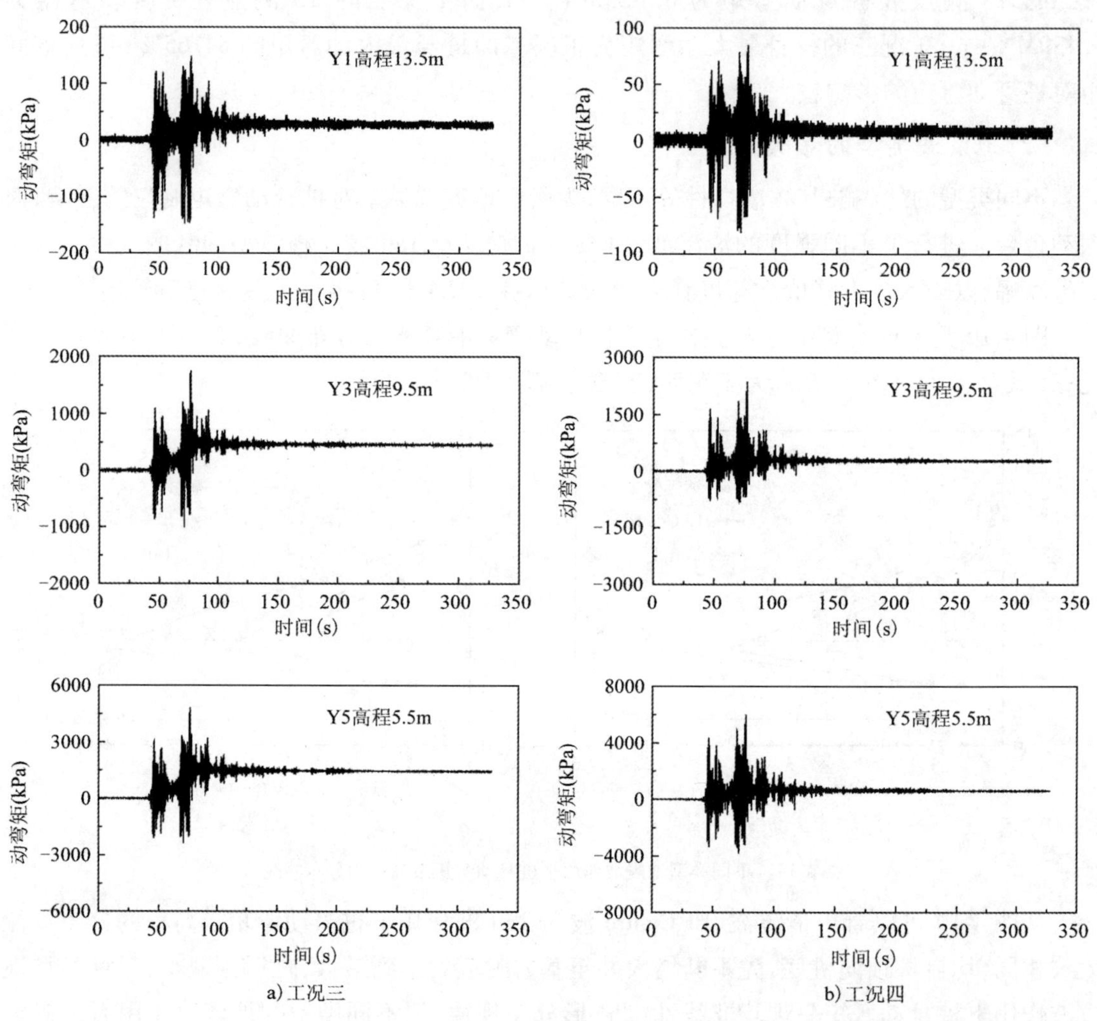

图4-20　QX-4工况下动弯矩时程曲线

从图4-20的时程曲线可以看出:不同高程处桩身动弯矩时程曲线形式大致相同。两种工况均在高程13.5m(Y1测点)处动弯矩变化相对较小,表明桩顶与坡面相交的附近测点的动弯矩变化不大。桩后各测点处的动弯矩都随着地震波的输入而迅速达到第一个峰值,然后经过很小一段平稳过渡期后迅速达到第二个峰值,即最大峰值。桩身动弯矩经过最大峰值后,快速下降并维持在某一数值附近,形成残余弯矩作用于抗滑桩上,从图中看出形成的残余弯矩并不大,工况三、工况四时的Y5测点处输入清溪波后形成的残余弯矩分别为1.461MN·m和0.617MN·m,分别只为该测点处最大动弯矩峰值的26.86%和9.07%。

4.3.4　加速度响应分析

加速度响应特征是解释滑坡震害、合理确定地震影响系数的基础。同时,加速度响应特征属于滑坡地震响应的关键因素,是揭示地震滑坡产生机理的基础,因此有必要对抗滑桩加固的堆积型滑坡加速度响应特征进行相应研究,其具有重要的理论价值和科学意义。

为了研究不同类型、不同强度的地震波作用下抗滑桩加固的堆积型滑坡加速度响应特征与规律,同时对比分析滑体不同含水率时其对加速度动力响应特征的影响。和前面研究相同,本章统一采用无量纲化方式处理的峰值加速度(PGA)放大系数这一指标来进行分析,这里将 PGA 放大系数定义为模型滑坡各测点地震响应峰值加速度与模型箱底振动台面 A0 处(输入地震动)实测峰值加速度的比值。

工况三(滑体低含水率)在各地震波作用下各测点 PGA 放大系数汇总见表 4-9。工况四(滑体高含水率)在各地震波作用下各测点 PGA 放大系数汇总见表 4-10。

工况三各测点实测 PGA 放大系数　　表 4-9

位置	QX-1	QX-2	QX-3	QX-4	QX-5	EL-1	EL-2	EL-3	EL-4	TF-1	TF-2	TF-3	TF-4
	0.1g	0.2g	0.3g	0.4g	0.5g	0.1g	0.2g	0.3g	0.4g	0.1g	0.2g	0.3g	0.4g
A0	1.00	1.00	1.00	1.00	1.00	1.00	1.00	1.00	1.00	1.00	1.00	1.00	1.00
A1	1.01	1.11	1.10	0.99	0.91	1.10	1.11	1.17	1.10	1.10	1.11	0.99	1.03
A2	0.94	1.09	0.99	0.94	0.90	1.02	1.06	1.14	0.99	1.04	1.01	0.93	0.85
A3	0.94	1.10	1.01	0.95	0.92	1.07	1.09	1.13	0.98	1.08	0.99	0.92	0.87
A4	1.02	1.34	1.30	1.32	1.25	1.08	1.37	1.51	1.39	1.18	1.09	1.14	1.11
A5	0.93	0.95	0.86	0.83	0.75	0.91	0.93	0.86	0.87	1.00	0.88	0.81	0.68
A6	1.26	1.40	1.33	1.52	1.67	1.06	1.35	1.48	1.33	1.18	1.14	1.14	1.05
A7	1.08	1.32	1.29	1.42	1.33	1.01	1.21	1.35	1.26	1.15	1.11	1.08	0.99
A8	0.98	1.07	1.03	1.04	0.97	0.97	1.11	1.18	1.04	1.09	0.96	0.95	0.95
A9	1.01	1.27	1.41	1.45	1.46	1.11	1.14	1.21	1.22	1.16	1.24	1.24	1.20
A10	1.23	1.46	1.74	1.86	1.79	1.36	1.39	1.49	1.55	1.43	1.51	1.49	1.45
A11	1.14	1.14	1.08	1.11	1.02	0.97	1.19	1.23	1.10	1.14	0.98	0.97	0.93
A12	1.73	1.51	1.58	1.67	1.55	1.38	1.60	1.67	1.47	1.43	1.44	1.43	1.24
A13	1.59	1.67	1.90	1.97	1.99	1.49	1.70	1.72	1.70	1.63	1.72	1.77	1.66
A14	1.51	1.36	1.50	1.52	1.39	1.14	1.51	1.51	1.40	1.21	1.28	1.28	1.15
A15	1.51	1.55	1.68	1.54	1.64	1.42	1.51	1.35	1.15	1.52	1.43	1.31	1.21
A16	0.49	0.44	0.42	0.58	0.56	0.36	0.36	0.34	0.35	0.44	0.38	0.35	0.31
A17	0.55	0.59	0.43	0.64	0.57	0.59	0.63	0.47	0.59	0.79	0.48	0.37	0.47
A18	0.79	0.83	0.89	0.96	0.99	0.82	0.92	0.95	1.01	0.83	0.86	0.92	0.96

工况四各测点实测 PGA 放大系数　　表 4-10

位置	QX-1	QX-2	QX-3	QX-4	QX-5	EL-1	EL-2	EL-3	EL-4	TF-1	TF-2	TF-3	TF-4
	0.1g	0.2g	0.3g	0.4g	0.5g	0.1g	0.2g	0.3g	0.4g	0.1g	0.2g	0.3g	0.4g
A0	1.00	1.00	1.00	1.00	1.00	1.00	1.00	1.00	1.00	1.00	1.00	1.00	1.00
A1	0.97	0.96	1.09	1.02	0.92	0.95	0.98	1.02	0.97	1.04	1.02	0.95	0.95
A2	0.97	0.93	1.08	1.01	0.90	0.95	0.95	0.96	0.91	1.02	0.95	0.90	0.87
A3	0.99	0.96	1.11	1.03	0.92	1.00	0.98	0.97	0.91	1.04	1.02	0.97	0.89
A4	0.90	0.82	0.83	0.84	0.80	0.88	0.80	0.74	0.70	1.01	0.97	0.92	0.76
A5	1.02	1.01	1.16	1.17	1.20	1.16	1.14	1.06	0.96	1.37	1.18	1.12	1.04
A6	1.17	1.35	1.59	1.90	1.90	1.23	1.42	1.47	1.43	1.37	1.29	1.36	1.29
A7	0.90	1.11	1.34	1.34	1.25	0.99	1.14	1.19	1.19	1.12	1.10	1.12	1.08
A8	1.04	1.01	1.15	1.13	1.10	1.13	1.15	1.15	1.10	1.24	1.08	1.06	1.03
A9	1.06	1.34	1.43	1.48	1.47	1.14	1.39	1.43	1.47	1.23	1.33	1.32	1.27
A10	1.23	1.51	1.85	1.92	1.84	1.40	1.52	1.55	1.62	1.47	1.55	1.51	1.48
A11	0.78	0.73	0.83	0.85	0.87	0.81	0.87	0.82	0.76	1.00	0.84	0.85	0.78
A12	1.26	1.24	1.44	1.52	1.54	1.24	1.28	1.29	1.43	1.19	1.26	1.13	1.17
A13	1.58	1.75	1.96	2.26	2.43	1.45	1.70	1.83	1.86	1.53	1.67	1.75	1.65
A14	1.02	1.17	1.29	1.31	1.39	1.20	1.27	1.23	1.23	1.20	1.20	1.19	1.13
A15	1.29	1.54	1.92	2.21	2.39	1.38	1.68	1.82	1.79	1.42	1.57	1.72	1.56
A16	0.42	0.41	0.33	0.39	0.43	0.48	0.38	0.32	0.32	0.55	0.33	0.30	0.30
A17	0.51	0.63	0.67	0.87	0.90	0.53	0.39	0.51	0.67	0.53	0.33	0.52	0.56
A18	0.55	0.69	0.90	1.10	1.11	0.59	0.69	0.95	1.01	0.56	0.63	0.89	0.94

(1)地震波峰值的影响

选取埋设在抗滑桩加固堆积型滑坡离心模型中基岩位置的 A1、A2、A3 测试点，加固滑坡模型中滑坡体中处于同一竖直面、由低到高的第一排测试点 A4、A5、A6（距离桩中心 70mm，相当于原型 3.5m 位置）、第二排测试点 A8、A9、A10（距离桩中心 170mm，相当于原型 8.5m 位置）以及坡面测试点 A7（A16）、A10（A17）、A13（A18）共计 5 组数据进行分析不同强度地震波作用下基岩处水平向加速度响应、滑体桩后各测点水平向加速度响应、坡面水平向加速度响应及坡面竖直向加速度响应特征。同时为了节省篇幅，主要以输入清溪波为例进行阐述。

①基岩处水平向加速度响应。

图 4-21 是清溪波作用下滑床基岩中各测点的水平向 PGA 放大系数随输入地震波峰值的变化曲线。

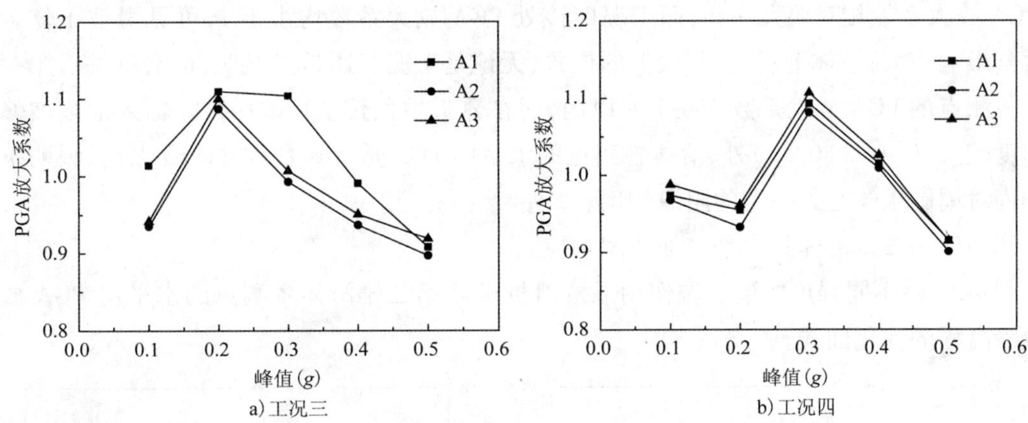

图4-21 基岩处各测点水平向PGA放大系数随地震波峰值的变化曲线

从图4-21可以看出：当输入地震波最大峰值加速度从0.1g增大到0.3g时，滑体含水率不同对基岩处各测点的水平向PGA放大系数影响较大，滑体低含水率随着地震波峰值加速度的增大呈先增大后减小的变化规律，而滑体高含水率时呈先减小后增大的变化规律；当输入地震波最大峰值加速度从0.3g增大到0.5g时，滑体含水率不同对基岩处各测点的水平向PGA放大系数影响较小，两种工况下各测点的水平向PGA放大系数均随着地震波峰值加速度的增大而不断减小，这种现象可能与土的剪应变增大，刚度降低和阻尼增大有关。

②桩后第一排滑体的水平向加速度响应。

图4-22是不同强度的清溪波作用下抗滑桩桩后第一排滑体各测点的水平向PGA放大系数沿高程的变化曲线。

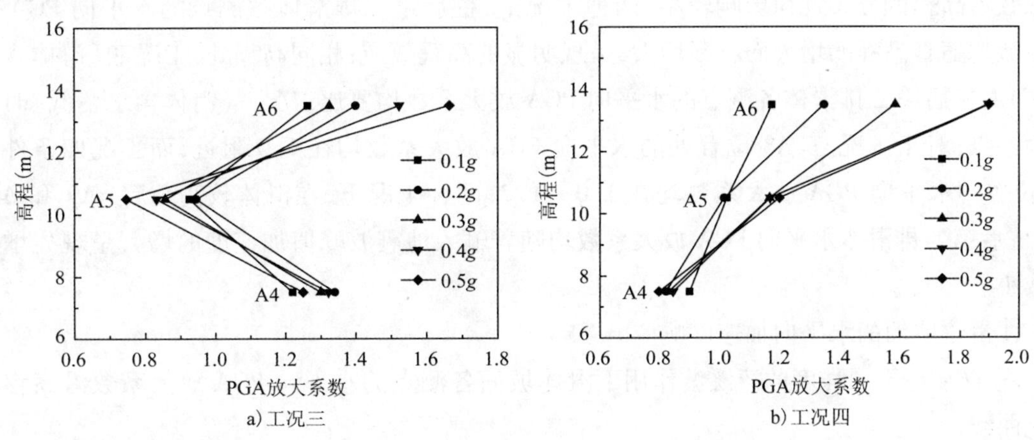

图4-22 桩后第一排滑体各测点水平向PGA放大系数沿高程的变化曲线

从图4-22可以看出：滑体含水率不同对抗滑桩桩后第一排滑体各测点的水平向PGA放大系数沿高程的分布规律影响较大；当滑体含水率较低时（工况三），各测点的水平向PGA放大系数随着高程的增加呈先减小后增大的趋势变化，而当滑体含水率较高时（工况四），各测点的水平向PGA放大系数随着高程的增加而不断增加；A4位置处，工况三相对于工况四其 PGA 放大系数相对要大一些，而工况四该处 PGA 放大系数均小于 1，可见滑坡土体含水率对其影响较大；总体上看，高程较低的位置，无论是工况三还是工况四，抗滑桩桩后第一排滑体各测点的 PGA 放大系数均在 1.4 以内，而在靠近坡面位置（A6）时，除输入地震波峰值加速度较大（0.4g 和 0.5g）外，滑体各测点的水平向 PGA 放大系数均在 1.6 以内，说明抗滑桩加固对周围土体起到一定的阻滞作用。

③桩后第二排滑体的水平向加速度响应。

图 4-23 是不同强度的清溪波作用下抗滑桩桩后第二排滑体各测点的水平向 PGA 放大系数沿高程的变化曲线。

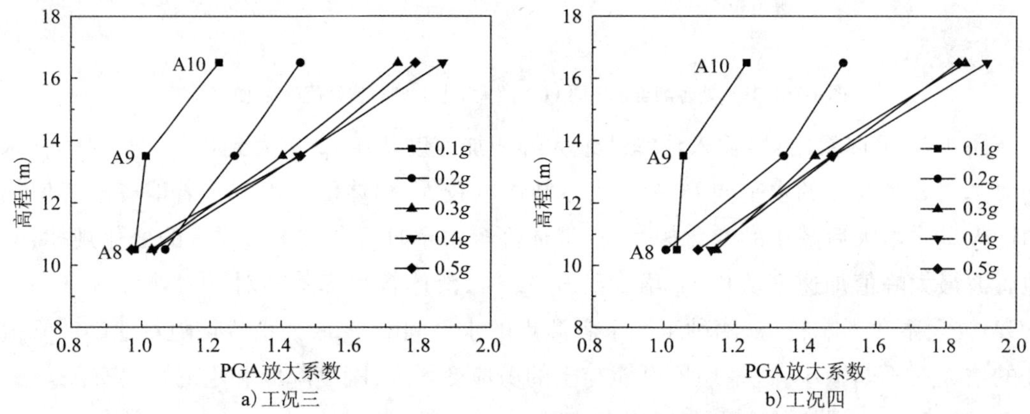

图 4-23　桩后第二排滑体各测点水平向 PGA 放大系数沿高程的变化曲线

从图 4-23 可以看出：滑体含水率不同对抗滑桩桩后第二排滑体各测点的水平向 PGA 放大系数沿高程的分布规律影响较小，两种工况下，桩后第二排滑体各测点的水平向 PGA 放大系数均随着高程的增大而不断增大，呈现明显的高程效应；相同高程处，工况四（滑体含水率高）时桩后第二排滑体各测点的水平向 PGA 放大系数均要比工况三（滑体含水率低）时的要大一点；对于工况三，A8 位置处的水平向 PGA 放大系数均在 1.0 附近，而工况四条件下 A8 位置的水平向 PGA 放大系数均在 1.0 ~ 1.2；两种工况下，在滑体较高位置（A9 和 A10 处）桩后第二排滑体水平向 PGA 放大系数均随着输入地震波峰值加速度的增大呈现先增大后减小。

④滑体坡面的水平向加速度响应。

图 4-24 是不同强度的清溪波作用下滑体坡面各测点的水平向 PGA 放大系数沿高程的变化曲线。

从图 4-24 可以看出：滑体含水率不同对滑坡坡面各测点的水平向 PGA 放大系数沿高程的分布规律影响较小；两种工况下，滑坡坡面水平向 PGA 放大系数均随着高程的增大而不断增大，具有明显的非线性放大效应，同时均在坡肩（A13 处）达到最大，呈现明显的高程效应；在高程较低时（A7 和 A10 处），输入地震波峰值加速度对坡面水平向 PGA 放大系数影响相对较小，此后随着高程的增加（A13 处），坡面水平向 PGA 放大系数随着输入地震波强度

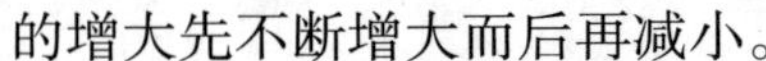
的增大先不断增大而后再减小。

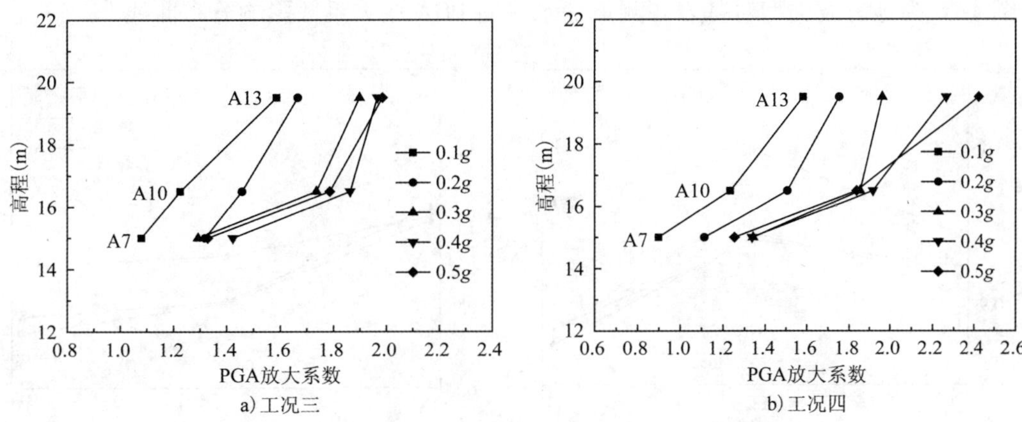

图 4-24　坡面各测点水平向 PGA 放大系数沿高程的变化曲线

⑤滑体坡面的竖直向加速度响应。

图 4-25 是不同强度的清溪波作用下滑体坡面各测点的竖直向 PGA 放大系数沿高程的变化曲线。

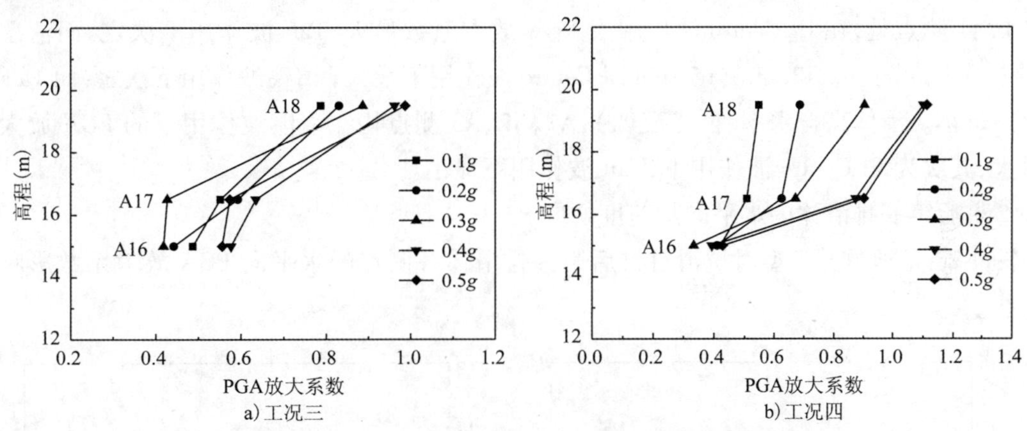

图 4-25　坡面各测点竖直向 PGA 放大系数沿高程的变化曲线

从图 4-25 可以看出:滑体含水率不同对滑坡坡面各测点的竖直向 PGA 放大系数沿高程的分布规律影响较大;两种工况下,滑坡坡面竖直向 PGA 放大系数范围为 0.2 ~ 1.2,同时与水平向 PGA 放大系数相比,坡面竖直向的律动性没有坡面水平向的强;两种工况下,坡面竖直向 PGA 放大系数均随着高程的增加而不断增大,同时均在坡肩(A18 处)达到最大,呈现明显的高程效应;坡肩(A18 处)竖直向 PGA 放大系数随输入地震波强度的增大而不断增大。

(2)地震波类型的影响

为研究地震波类型对抗滑桩加固滑坡中加速度响应方面的影响,对不同地震波强度的振动台台面地震动输入均进行了清溪波、El Centro 波、Taft 波 3 种波型的试验。以输入地震波峰值加速度为 0.4g 时 QX-4、EL-4 和 TF-4 工况为例,探讨分析地震波类型对各测点加速度响应的影响。

①基岩处水平向加速度响应。

图 4-26 为地震波类型对基岩各测点的水平向 PGA 放大系数影响分布曲线。

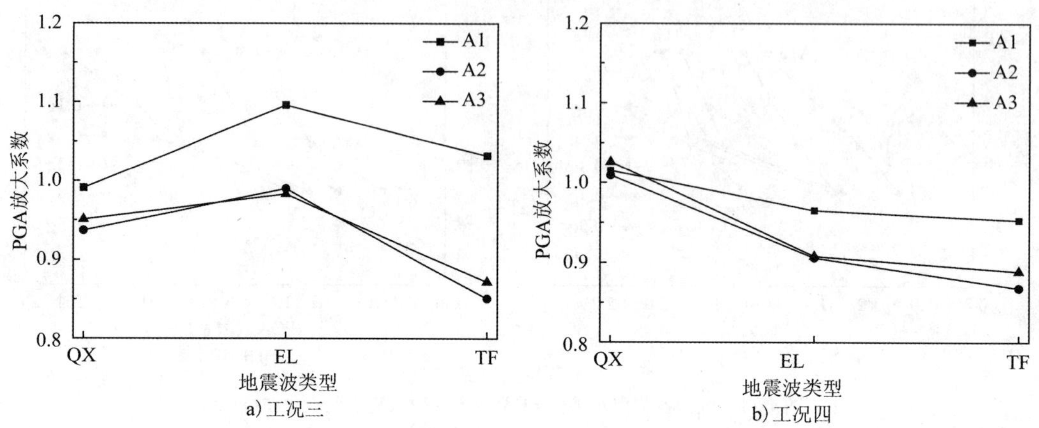

图 4-26 地震波类型对基岩处水平向 PGA 放大系数的影响

从图 4-26 可以看出:两种工况下,地震波的类型对基岩处各测点的水平向 PGA 放大系数影响较大,同时滑体不同含水率对基岩处加速度响应影响也不相同。滑体低含水率时(工况三),A1 测点处,在 El Centro 波作用下 PGA 放大系数最大,Taft 波作用下次之,而清溪波作用下最小;对于 A2 和 A3 测点则为 El Centro 波作用下最大, 清溪波作用下次之,而 Taft 波作用下最小。滑体高含水率时(工况四),A1、A2、A3 测点均在清溪波作用下的 PGA 放大系数最大,其次为 El Centro 波作用下,Taft 波作用下最小。

②桩后第一排滑体的水平向加速度响应。

图 4-27 是地震波类型对抗滑桩桩后第一排滑体各测点的水平向 PGA 放大系数影响分布曲线。

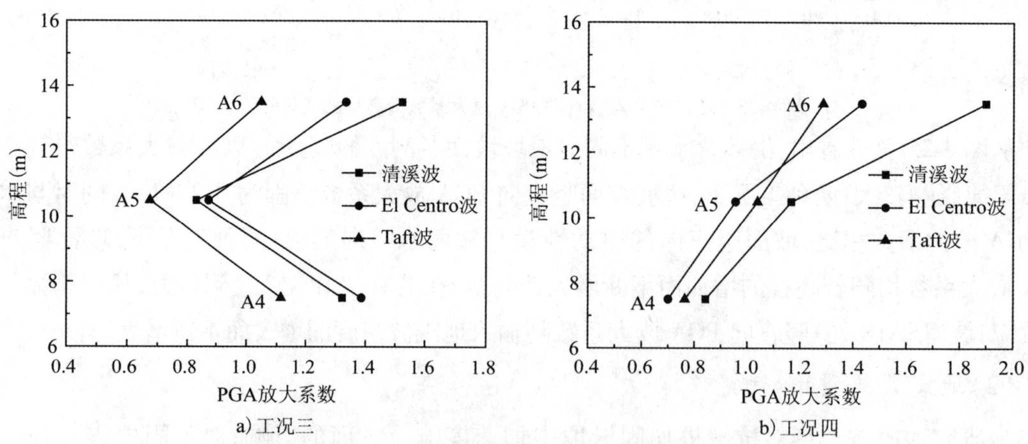

图 4-27 地震波类型对桩后第一排滑体各测点水平向 PGA 放大系数沿高程变化的影响

从图 4-27 可以看出:两种工况下,地震波的类型对抗滑桩桩后第一排各测点的水平向 PGA 放大系数影响较大,同时滑体不同含水率对该处各测点加速度响应影响也不相同。滑体低含水率时(工况三),在坡脚1/2范围内的PGA放大系数,依次为El Centro波作用下最大,清溪波作用下次之,而Taft波作用下最小;而在坡面以下1/2范围从大到小则分别为:清溪波 > El Centro波 > Taft波作用下。滑体高含水率时(工况四),在坡脚1/2范围内的PGA放大系数,从大到小则分别为:清溪波 > Taft波 > El Centro波作用下;坡面以下1/2范围从大到小则分别为:清溪波 > El Centro波 > Taft波作用下。

③桩后第二排滑体的水平向加速度响应。

图4-28是地震波类型对抗滑桩桩后第二排滑体各测点的水平向PGA放大系数影响分布曲线。

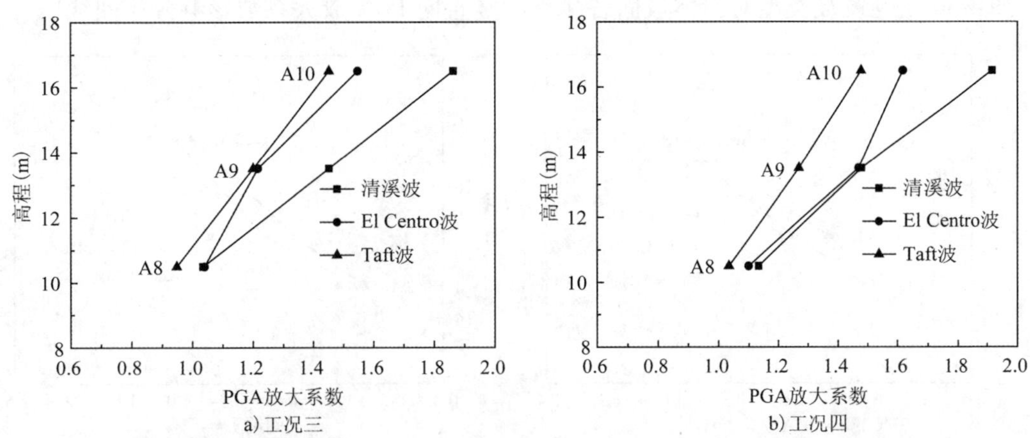

图4-28　地震波类型对桩后第二排滑体各测点水平向PGA放大系数沿高程变化的影响

从图4-28可以看出:地震波的类型对抗滑桩桩后第二排各测点的水平向PGA放大系数影响较大。同时两种工况下,抗滑桩桩后第二排各测点水平向PGA放大系数均为清溪波作用下最大,其次为El Centro波作用下,而Taft波作用下最小。

④滑体坡面的水平向加速度响应。

图4-29是地震波类型对滑体坡面各测点的水平向PGA放大系数影响分布曲线。

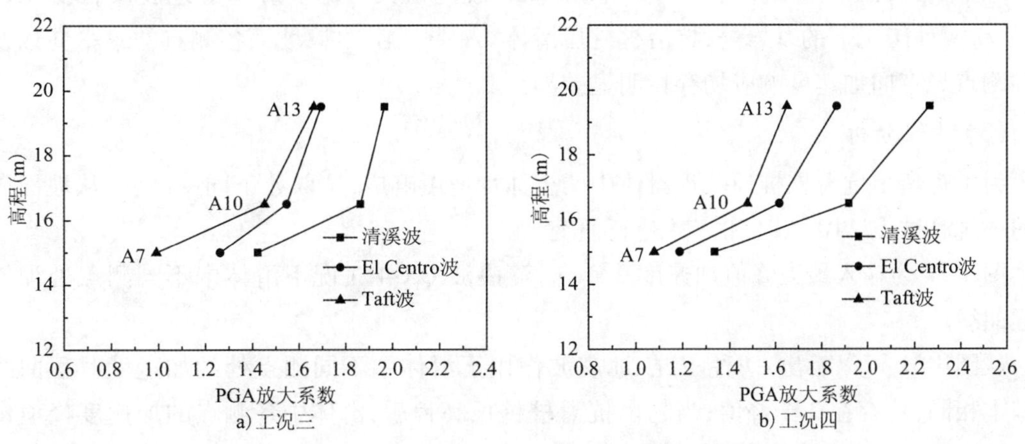

图4-29　地震波类型对坡面各测点水平向PGA放大系数沿高程分布的影响

从图 4-29 可以看出:地震波类型对坡面各测点的水平向 PGA 放大系数影响较大;两种工况下,滑坡坡面水平向 PGA 放大系数均在清溪波作用下最大,其次为 El Centro 波作用下,而 Taft 波作用下最小;同时不同类型地震波作用下坡面各测点的水平向 PGA 放大系数均随高程的增大而不断增大,呈明显的非线性放大效应,同时均在坡肩(A13 处)达到最大,呈现明显的高程效应;需要指出的是,滑体含水率高的工况四要比滑体含水率低的工况三时 PGA 放大系数增大幅度要大,尤其在坡肩(A13 处)最为明显,清溪波作用下,工况四时 PGA 放大系数最大可达 2.264,而工况三时其值最大为 1.967。

⑤滑体坡面的竖直向加速度响应。

图 4-30 是地震波类型对滑体坡面各测点的竖直向 PGA 放大系数影响分布曲线。

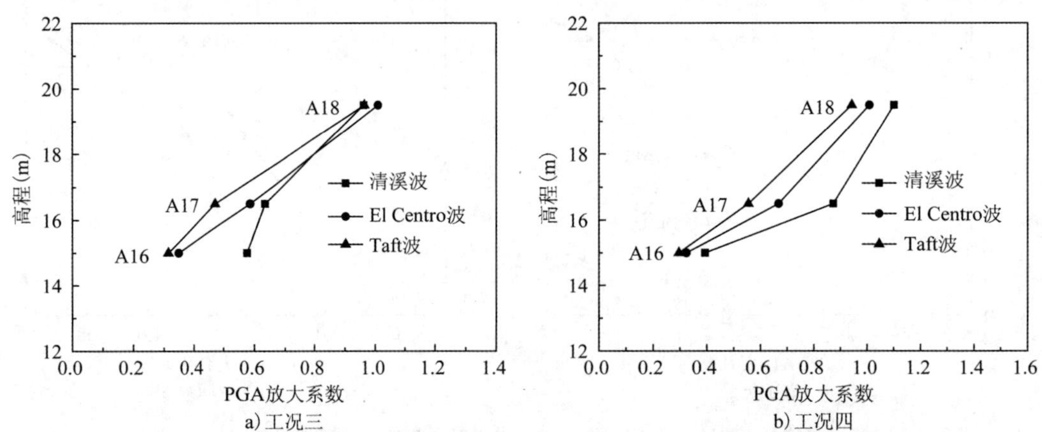

图 4-30　地震波类型对坡面各测点竖直向 PGA 放大系数沿高程分布的影响

从图 4-30 可以看出:地震波类型对坡面各测点的竖直向 PGA 放大系数影响较大;工况三(坡肩 1/3 范围外)与工况四时,滑坡坡面竖直向 PGA 放大系数均在清溪波作用下最大,其次为 El Centro 波作用下,而 Taft 波作用下最小;工况三(坡肩 1/3 范围内)则为 El Centro 波 > 清溪波 > Taft 波激励。

综上所述,由于清溪波、El Centro 波及 Taft 波的傅氏谱和反应谱等地震波自身特性不同,使得两种工况下的基岩处、抗滑桩桩后滑体第一排、第二排、坡面各测点的水平向以及坡面各测点竖直向加速度响应均存在明显差异。

(3)时程分析

为了解超出抗滑桩桩顶高程滑体中的土体加速度响应,选取处于同一高程,从坡面向坡内的一排测试点 A10、A12 和 A14 进行研究。

图 4-31 为输入最大峰值加速度 0.4g 时清溪波 QX-4 工况下滑体中不同测点处加速度时程曲线。

从图 4-31 可以看出:两种工况,地震波作用下滑体中不同测点处的加速度时程曲线形式基本相同,均存在 2 个峰值;当超出抗滑桩桩顶高程后,滑体中各测点的加速度峰值由坡面向坡内,呈逐渐减趋势变化,工况三(工况四)由坡面 A10 处加速度峰值 $a_p=0.745g$

(0.771g)向坡内减小到A14处加速度峰值 $a_p = 0.609g(0.523g)$，靠近坡面处的加速度响应要大于滑坡体内部的加速度响应，这从一方面也反映出坡面浅表放大效应。

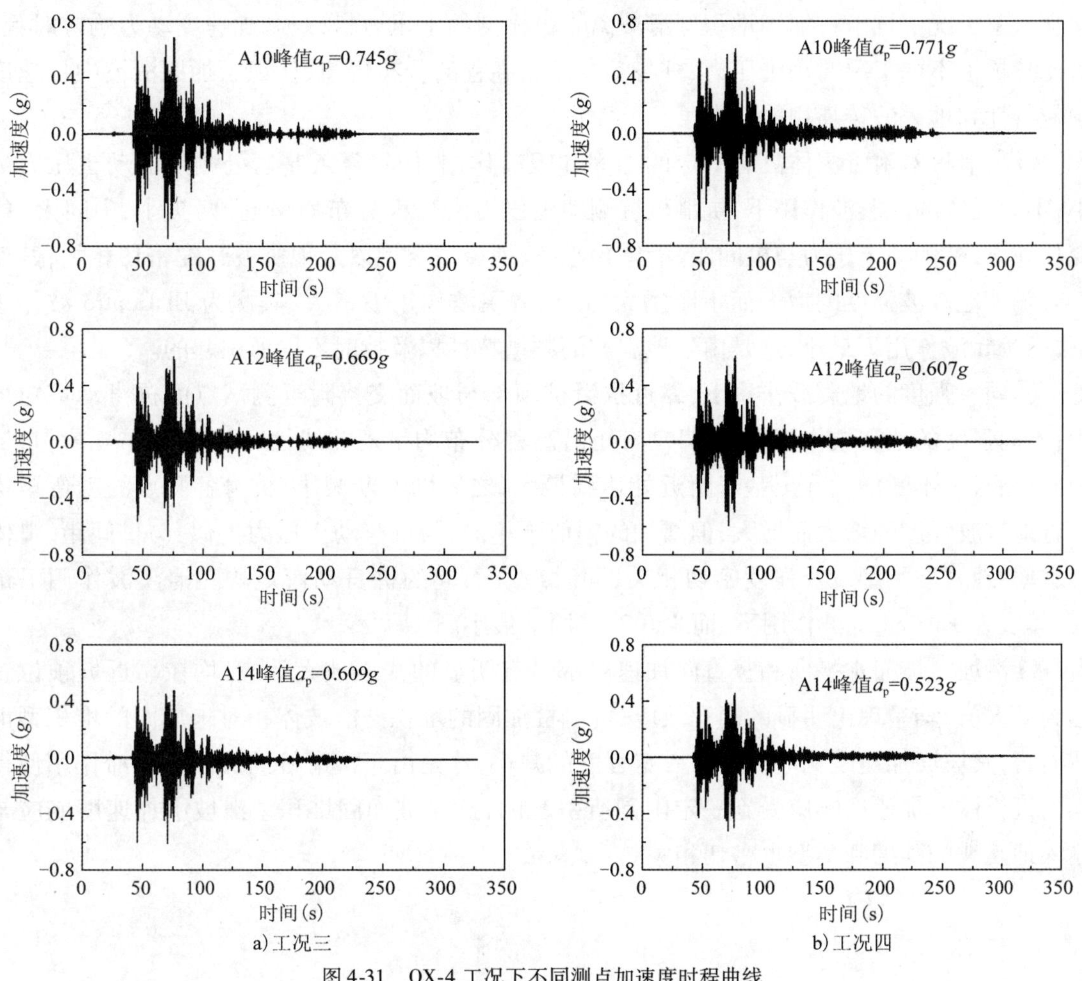

图4-31　QX-4工况下不同测点加速度时程曲线

4.4　本章小结

本章设计完成了3组在50倍重力加速度条件下的抗滑桩加固堆积型滑坡体地震响应的离心机振动台模型试验。其主要研究结论如下：

①对比分析了堆积型滑坡中悬臂抗滑桩在静力和动力加载条件下，桩侧土压力以及桩身弯矩沿高程分布规律的异同点。当桩间距较大时，桩侧静土压力和桩侧动土压力的最大值不在同一位置，静土压力最大值在T2测点处，而动土压力最大值在T3测点处，这是由于地震作用下引起滑坡土体的运动，使得抗滑桩所受滑坡推力向下传递所致；桩身静弯矩与动弯矩的实测最大值也不在同一位置，在离心加速度为50g时，地震作用下产生的动弯矩相对

静弯矩要大得多,建议抗滑桩设计时应注意静动力加载条件下的桩身受力性能变化。

②通过输入不同类型、不同强度的地震波,实测了地震作用下考虑不同桩间距、滑体不同含水率工况下抗滑桩加固堆积型滑坡离心机模型的土压力、弯矩和加速度动力响应时程,对比分析了不同工况时动土压力、桩身动弯矩沿高程的分布规律,认识了加固滑坡中加速度响应特性和地震波传播规律。

③抗滑桩对附近土体具有一定的加固和阻滞作用,使得靠近基岩处测点的动土压力最小;不同强度的地震波作用下,抗滑桩桩侧动土压力沿高程分布均呈现“两头小、中间大”的变化规律;桩侧动土压力与桩间距、滑体含水率、地震波类型以及地震波强度密切相关;其值随着输入地震波强度的增大而不断增大,且在清溪波作用下最大,其次为 El Centro 波作用下,而 Taft 波作用下最小,这是由于地震波的频谱特性以及持时不同所引起的。

④同一强度的地震波作用下,靠近抗滑桩顶部与坡面交接附近测试点的桩身动弯矩最小;不同强度的地震波作用下,桩身动弯矩沿高程分布均呈现非线性“凸”形分布规律,自桩顶向桩底,先不断增大并至基岩附近处达到最大,之后则不断减小;桩身各测点的动弯矩均随着地震波强度的增大而增大,但增加的幅值不相同;与桩侧动土压力类似,与桩间距、滑体含水率、地震波类型以及强度密切相关,同时地震引起的桩身动弯矩均在清溪波作用下最大,其次为 El Centro 波作用下,而 Taft 波作用下最小。

⑤滑坡对坡面水平向和竖直向加速度都具有明显的浅表放大效应,均在靠近坡顶位置达到最大值,均呈现出明显的高程效应;抗滑桩加固的堆积型滑坡体相对未加固的堆积型滑坡而言,其坡面加速度响应产生了一定程度的减小,这是由于抗滑桩的加固和阻滞作用使得其附近土体的加速度响应受到一定限制所引起的;抗滑桩加固堆积型滑坡中加速度响应与输入地震波的强度和类型也密切相关。

第5章 抗滑桩加固滑坡体地震响应的数值模拟分析

5.1 引言

抗滑桩作为滑坡治理工程的一种有效手段,因其具有抗滑能力强、施工简便等诸多优点,得到越来越广泛的应用[176-178]。采用抗滑桩对边坡(滑坡)进行加固可提高地震作用下边坡动力稳定性,然而四川汶川大地震中造成抗滑桩倾斜倾覆等失效最为严重[8],严重威胁着公路、铁路、水利工程以及山区边坡的稳定性。因此,有必要对地震动作用下加固边坡中桩—土动力相互作用、抗滑桩的受力性能等方面进行进一步的研究。

数值模拟和模型试验作为研究地震作用下抗滑桩加固边坡动力响应的两种主要手段。目前,离心模型试验被公认为在岩土工程领域中的一种相似性最好的物理模型试验方法[165],其可较为真实地模拟抗滑桩加固边坡等动力问题,再现边坡原型及抗滑桩等支护结构的变形和受力情况,为进行地震作用下抗滑桩加固机制研究提供一种有力的手段,其已被广泛应用于岩土工程的各个领域[179]。随着计算机性能的不断进步与大型商业软件的完善,数值分析方法也已逐渐成为一种进行岩土动力响应研究的有效手段。由于堆积型滑坡中抗滑桩的存在,使得加固边坡的土体变形特性较未加固时发生了变化,同时抗滑桩与滑坡土体之间的相互作用具有明显的空间效应,事实上离心机振动台模型试验中也表现出一定的三维几何特征,将其简化为二维问题进行分析时无疑会产生一定误差,因此,进行三维有限元数值分析显得更为合理。

第4章进行了3组不同工况条件下抗滑桩加固堆积型滑坡的离心机振动台模型试验,然而,在离心振动台模型试验的过程中,因动态离心模型试验对测试仪器以及监测设备等要求较高、模型试验耗时长、费用较高,且受到动态数据采集通道及某些测试仪器无法满足测试目的等限制使所获得的信息仍不够充分,能够考虑的影响因素比较有限。但数值模拟由于可以很好地考虑多种因素影响,已被广泛用于研究地震作用下桩—土动力相互作用的分析问题中[180]。离心振动台模型试验与有限元分析技术相结合不失为研究抗滑桩加固堆积型滑坡体地震响应的一种有效途径。本章利用大型有限元软件,直接针对第4章中抗滑桩加固堆积型滑坡体离心振动台模型试验所对应的原型建立相应数值分析模型,并将其结果和试验结果进行对比,验证离心振动台模型试验结果的可靠性以及有限元模型和计算方法的合理性。在此基础之上,从抗滑桩的桩间距、桩嵌固深度、桩截面尺寸、桩弹性模量等方面拓展堆积型滑坡中抗滑桩的抗震受力性能。最后,结合离心振动台模型试验以及有限元数值模拟结果,采用灰色关联分析方法对影响抗滑桩桩身最大动弯矩的因素进行分析。综合分析加固堆积型滑坡中抗滑桩的抗震受力性能,为实际工程中抗滑桩的抗震设计提供参考作用。

5.2 黏弹性人工边界的有限元实现

在有限元数值模拟中,应该选用合理的有边界限制的有限空间域,以使数值模拟分析更加符合实际情况。通常进行静力分析时只需截取较大范围并将其边界固定即可,然而动力分析时地震动能量要向远域地基逸散,因此必须设置合理边界条件以及进行合理的网络划分,一方面为了达到求解精度其网络尺寸不能划分太大,另一方面网络划分太小将导致巨大计算量。实际工程中,黏性边界[181]、透射边界[182]和黏弹性边界[183]等局部人工边界由于其时空解耦性和较好的适用性得到广泛的应用。其中,黏弹性边界克服了黏性边界的低频漂移、稳定性差问题同时也不需要和透射边界那样增加大量边界节点和单元且克服透射边界计算可能发生高频失稳的问题[184],因此,此处选用黏弹性人工边界进行有限元数值模拟。

5.2.1 连续弹性体动力学波动控制方程

在笛卡尔坐标系中假设有一线弹性物体 Ω,其不存在初始应力状态,同时其内部含有一个封闭区域 V,表面积为 S, P 点代表该封闭区域 V 中某一质点,设 $P=u(x_i,y_i,z_i,t)$,考虑到该封闭区域在诸如面积力、体积力和惯性力等外界作用力下的动力平衡关系,可建立如下方程式[185]:

$$\int_S \sigma_{ji} l_j \mathrm{d}S + \int_V \Gamma_i \mathrm{d}V - \int_V \rho \ddot{u}_i \mathrm{d}V = 0 \tag{5-1}$$

根据散度定理将面积力的积分表达式进行转化后如式(5-2)所示:

$$\int_S \sigma_{ji} l_j \mathrm{d}S = \int_V \sigma_{ji,j} \mathrm{d}V \tag{5-2}$$

则动力学平衡方程如式(5-3)所示:

$$\int_V (\sigma_{ji,j} + \Gamma_i - \rho \ddot{u}_i) \mathrm{d}V = 0 \tag{5-3}$$

进一步推导可计算得出连续固体介质的应力平衡方程为:

$$\sigma_{ji,j} + \Gamma_i = \rho \ddot{u}_i \ (i,j=1,2,3) \tag{5-4}$$

根据动力方程,线弹性本构关系的物理方程和应变—位移关系的几何方程则分别如式

(5-5)和式(5-6)所示：

$$\sigma_{i,j} = \lambda \varepsilon_{kk}\delta_{ij} + 2\mu\varepsilon_{ij} \tag{5-5}$$

$$\varepsilon_{ij} = \frac{1}{2}\left(\frac{\partial u_i}{\partial x_i} + \frac{\partial u_j}{\partial x_i}\right) \tag{5-6}$$

经推导求解可得到相应的位移平衡方程，即 Navier 方程：

$$(\lambda + \mu)\frac{\partial^2 u_j}{\partial x_j \partial x_i} + \mu\frac{\partial^2 u_i}{\partial x_j \partial x_j} + \Gamma_i = \rho\ddot{u}_i \tag{5-7}$$

用一般矢量形式可将其表示为：

$$(\lambda + \mu)\nabla(\nabla \cdot \boldsymbol{u}) + \mu\nabla^2\boldsymbol{u} + \boldsymbol{\Gamma} = \rho\ddot{\boldsymbol{u}} \tag{5-8}$$

式中：λ、μ——介质的拉梅常数；

ρ——介质的密度。

令 $\Gamma = 0$，即不考虑体积力的影响，通过矢量分析理论的 Helmholtz 矢量分解定理可以将位移场进行相应的分解，如式(5-9)表示：

$$\boldsymbol{u} = \boldsymbol{u}_{(1)} + \boldsymbol{u}_{(2)}, \nabla \times \boldsymbol{u}_{(1)} = \boldsymbol{0}, \nabla \cdot \boldsymbol{u}_{(2)} = \boldsymbol{0} \tag{5-9}$$

式中：$\boldsymbol{u}_{(1)}$——无旋位移场；

$\boldsymbol{u}_{(2)}$——无散位移场。

无旋位移场与无散位移场在非稳定条件下通常都是以波的形式在介质中进行传播，因此将它们分别称为无旋波和无散波，或者也可以称为胀缩波和切变波，通常一般也常称作纵波(P 波)和横波(S 波)。

根据位移运动方程，令质点位移的散度以及旋度均等于 0，则可分别用式(5-10)以及式(5-11)进行纵波和横波波动方程的表达：

$$\nabla^2\boldsymbol{u} = \frac{\ddot{\boldsymbol{u}}}{c_S^2}, c_S^2 = \frac{\mu}{\rho} \tag{5-10}$$

$$\nabla^2\boldsymbol{u} = \frac{\ddot{\boldsymbol{u}}}{c_P^2}, c_P^2 = \frac{\lambda + 2\mu}{\rho} \tag{5-11}$$

式中：c_S——纵波的传播波速；

c_P——横波的传播波速。

应力边界条件在应力边界面 S_σ 上需满足：

$$\sigma_{ij}n_j = T_i \tag{5-12}$$

位移边界条件在位移边界面 S_u 上需满足：

$$u_i = \bar{u}_i \tag{5-13}$$

以下则为单元结点运动方程的求解，首先将连续均匀线弹性体 Ω 进行相应的分解，其可分解成若干个单元 V^e；其次将这些单元上的每个结点均通过局部编码处理，同时求解得出相应的单元结点形函数矩阵 $N = [N_1^e, N_2^e, \cdots, N_n^e]$，$n$ 表示结点的总数；然后应用求解微分方程边值问题近似解方法——Galerkin 法对式(5-8)的平衡方程以及式(5-12)的应力边界条件方程进行相应求解并将单元结点编号采用 h,p 进行表示，$h,p=[1,2,\cdots,n]$；i,j 表示三维坐标的张量形式，$i,j=[1,2,3]$；最后有限元单元结点的运动方程可表示成：

$$\sum_{p} m_{hp}^{e}\ddot{u}_{pi}^{e} + \sum_{p}\sum_{j} k_{hipj}^{e}u_{pj}^{e} = f_{hi}^{e} \tag{5-14}$$

同时，单元节点的质量矩阵 m_{hp}^{e}、刚度矩阵 k_{hipj}^{e} 以及等效外力荷载 f_{hi}^{e} 分别可用式(5-15)~式(5-17)进行表示：

$$m_{hp}^{e} = \int_{V_e} N_h^e \rho N_p^e dV^e \tag{5-15}$$

$$k_{hipj}^{e} = \int_{V^e} [N_{h,i}^{e}\lambda N_{p,j}^{e} + N_{h,j}^{e}\mu N_{p,j}^{e} + \delta_{ij}\sum_{k} N_{h,k}^{e}\mu N_{p,k}^{e}]\mathrm{d}V^e \tag{5-16}$$

$$f_{hi}^{e} = \int_{S_\sigma^e}\sum_{p} N_h^e \overline{T}_{pi}^{e} N_p^e \mathrm{d}S^e \tag{5-17}$$

将求解域内中所有单元结点的运动方程式(5-14)进行相应叠加，即可推导得出整个线弹性体系统的动力有限元方程，这一过程也是有限元法中分别将单元质量矩阵、单元刚度矩阵进行相应整合，通过整合完成后即可以得到整体的总质量矩阵和总刚度矩阵。

为了减少数值计算的工程量、降低计算机存储空间并达到节省计算成本的目的，采用对质量矩阵以及刚度矩阵分别进行空间解耦的方式，避开隐式有限元法求解的复杂性，采用显示有限元法进行[186]。

首先，将每个结点的相邻单元进行相应叠加，同时局部结点 h 以及局部结点 p 对应的结点总数可以分别采用 l 以及 n 进行表示。图 5-1 给出的是局部单元组合的二维示意图。

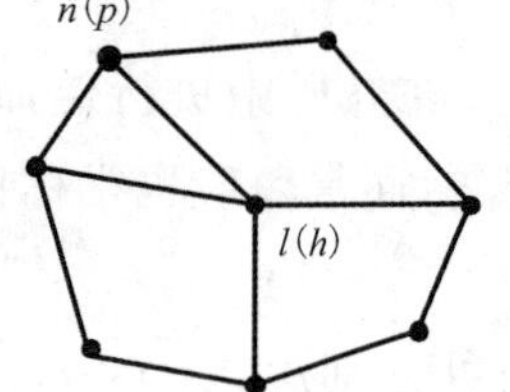

图 5-1　局部单元组合二维示意图

将全部与结点 l 相关的单元，将式(5-14)进行相应的叠加便可获得如式(5-18)所示关于结点 l 的动力有限元方程：

$$\sum_{n} m_{ln}\ddot{u}_{ni} + \sum_{n}\sum_{j} k_{linj}u_{nj} = f_{li} \tag{5-18}$$

则质量系数 m_{ln}、刚度系数 k_{linj} 以及等效外力 f_{li} 分别为：

$$m_{ln} = \sum_{e} m_{hp}^{e} \tag{5-19}$$

$$k_{linj} = \sum_{e} k_{hipj}^{e} \tag{5-20}$$

$$f_{li} = \sum_{e} f_{hi}^{e} \tag{5-21}$$

这里需要说明的是，式(5-19)和式(5-20)中的 e 代表的是与结点 l 相关单元中结点 n 所属单元数；而式(5-21)中的 e 代表的是与结点 l 全部相关单元。

然后，不考虑单元内部惯性力的变化，假定所有单元内结点的惯性力为常量，即每结点的加速度为某一定值，即 $\ddot{u}_{ni}=\ddot{u}_{li}$，则式(5-18)可以转化成集中质量无阻尼体系的有限元动力方程，如式(5-22)所示：

$$m_l\ddot{u}_{li} + \sum_{n}\sum_{j} k_{linj}u_{nj} = f_{li} \tag{5-22}$$

引入阻尼系数 c_{linj}，同时采用简化为 Rayleigh 阻尼进行表达，所以式(5-22)则可以用来表示集中质量有阻尼体系的动力显示有限元方程，如式(5-23)所示：

$$m_l \ddot{u}_{li} + \sum_n \sum_j c_{linj} \dot{u}_{nj} + \sum_n \sum_j k_{linj} u_{nj} = f_{li} \tag{5-23}$$

经过采用上述的空间解耦技术处理后，这使得质量矩阵以及刚度矩阵的自由度数目得到大大降低，因此这不但可以满足计算的一定精度，同时也减少了数值计算的工作量与计算机的存储空间，大大节约了数值计算的成本。

5.2.2　黏弹性人工边界在软件中的实现

黏弹性人工边界作为应力边界条件的一种，是根据无限域介质的本构方程和有限计算域内单侧外行波的表达式进行建立所得[186]，同时边界结点应力通常可采用其位移与速度的函数进行表达，如式(5-24)所示：

$$\sigma_{li}(t) = -K_{li} u_{li}(t) - C_{li} \dot{u}_{li}(t) \tag{5-24}$$

式(5-24)中，黏弹性人工边界的结点号用 l 进行表示；坐标轴的方向则用 i 进行表示，$i=1,2,3$；l 结点在 i 方向的弹簧刚度系数以及阻尼系数分别用 K_{li} 和 C_{li} 表示。通过选取不同的 K_{li} 和 C_{li} 数值，就可以相应地得到不同的黏弹性人工边界，当弹簧刚度系数 K_{li} 数值为 0 时，黏弹性人工边界则相应地简化为黏性边界。

有限体积域内的有限元结点运动方程可以采用式(5-23)进行表达，而对于无限域问题研究时，则可以采用引入黏弹性人工边界的方式进行处理，从而将无限域问题转化成有限域问题进行求解。所以黏弹性人工边界上结点 l 的运动方程可用式(5-25)表示：

$$m_l \ddot{u}_{li} + \sum_n \sum_j c_{linj} \dot{u}_{nj} + \sum_n \sum_j k_{linj} u_{nj} = f_{li} + A_l \sigma_{li} \tag{5-25}$$

式中：A_l——结点 l 的应力作用范围。

黏弹性人工边界结点 l 的运动方程结合式(5-24)可进一步转化为：

$$m_l \ddot{u}_{li} + \sum_n \sum_j (c_{linj} + \delta_{ln}\delta_{lj} A_l C_{li}) \dot{u}_{nj} + \sum_n \sum_j (k_{linj} + \delta_{ln}\delta_{lj} A_l K_{li}) u_{nj} = f_{li} \tag{5-26}$$

需要说明的是，当 $i=j$ 时，$\delta_{lj}=1$；当 $i \neq j$ 时 $\delta_{lj}=0$。

从黏弹性人工边界的通用表达式(5-24)可知，三维黏弹性人工边界相当于在人工边界结点的每个方向均施加一个一端固定的弹簧—阻尼元件，其三维示意则如图 5-2 所示。

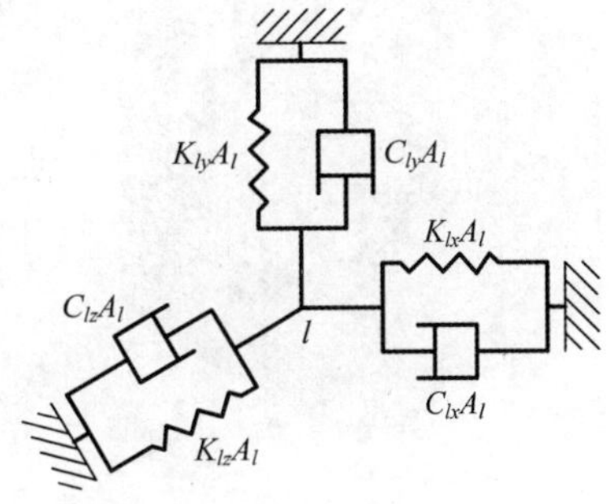

图 5-2　弹簧—阻尼元件示意图

黏弹性人工边界通过设置如图 5-2 所示弹簧—阻尼元件的方式进行处理，这样处理的物理意义在于既可以利用弹簧的弹性恢复作用，又可以利用阻尼的耗能作用，将两者进行结合的方式可实现两者的优点，从而可进一步用来模拟无限域对近场介质的影响。同时从式(5-26)中可知，将黏弹性人工边界以及动力有限元方程结合在一起进行相应求解，其只不过是把原来整个系统的总刚度矩阵、总阻尼矩阵中结点的对角线系数值进行相应的叠加，由于这样并没有单独形成边界条件，所以并不存在自身稳定性的问题。

黏弹性人工边界因其具备良好的计算稳定性，已广泛运用于大型有限元软件中，其施加方法简单便捷，通常只需要将边界结点在每一方向均施加一个一端固定的弹簧—阻尼单元，K_{li}和C_{li}的数值则可以通过给定的求解方式进行实现，K_{li}和C_{li}的数值可从参考文献[187]中推荐的取值进行选用。在法向边界、切向边界刚度系数以及阻尼系数则可分别通过式(5-27)和式(5-28)计算得到。

$$K_{\mathrm{BN}} = \alpha_{\mathrm{N}} \frac{G}{R} A_l, C_{\mathrm{BN}} = \rho c_{\mathrm{P}} A_l \tag{5-27}$$

$$K_{\mathrm{BT}} = \alpha_{\mathrm{T}} \frac{G}{R} A_l, C_{\mathrm{BT}} = \rho c_{\mathrm{S}} A_l \tag{5-28}$$

式中：G——拉梅第二常数；

R——人工边界结点到波源之间的距离。

进行三维模型计算时，人工边界参数 α_{N} 和 α_{T} 取值范围分别为[1.0, 2.0]和[0.5, 1.0][187]。需要说明的是，对于众多人工边界结点中任意一点坐标为(x,y,z)，而波源中心坐标用(x_0,y_0,z_0)表示，则 $R=\sqrt{(x-x_0)^2+(y-y_0)^2+(z-z_0)^2}$；同时本章计算时采用的人工边界参数 $\alpha_{\mathrm{N}}=1.3$，$\alpha_{\mathrm{T}}=0.75$。

5.2.3 算例验证

采用参考文献[184]的土体物理力学参数，见表5-1。

计算模型土体参数 表5-1

介　质	弹性模量（MPa）	泊松比	密度（kg/m³）	剪切波速（m/s）	压缩波速（m/s）
土体	13.23	0.25	2700	1400	2425

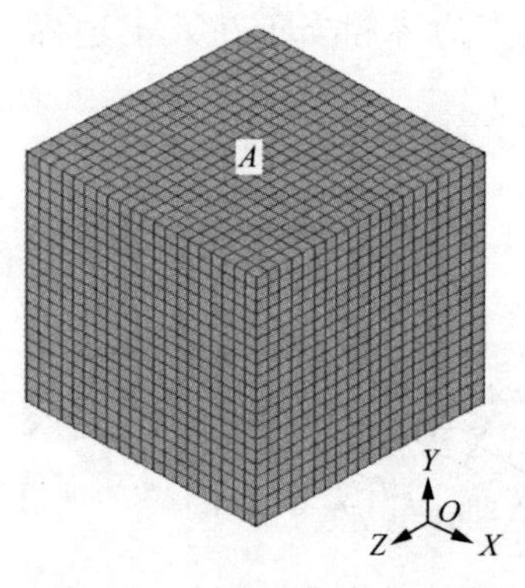

图5-3　三维有限元计算模型

建立如图5-3所示的三维有限元计算模型，其计算区域尺寸为：100m×100m×100m（长×宽×高），土体单元采用soild45实体单元进行模拟，同时采用单元尺寸为5m的立方体网络进行剖分，在有限元计算模型除顶部自由面外的所有人工边界节点上施加黏弹性边界单元，总结点数和总单元数分别为15636和14375，时间步长取0.005s，计算总时间为2s。

有限元计算模型以底部垂直入射的SV波作为地震动输入，其相应的位移方程表达式采用式(5-29)表示：

$$u(t)=\begin{cases}\sin 4\pi t-0.5\sin 8\pi t, & 0\leqslant t\leqslant 0.5\mathrm{s}\\ 0, & t>0.5\mathrm{s}\end{cases} \tag{5-29}$$

三维有限元数值验证模型以底部正中心为坐标原点，同时以顶部自由面的中间点 $A(0,0,100)$ 以及底部中间点 $B(0,0,0)$ 作为监测点，考察垂直入射地震波作用下该 2 个监测点的 Y 向位移时程，如图 5-4 所示。

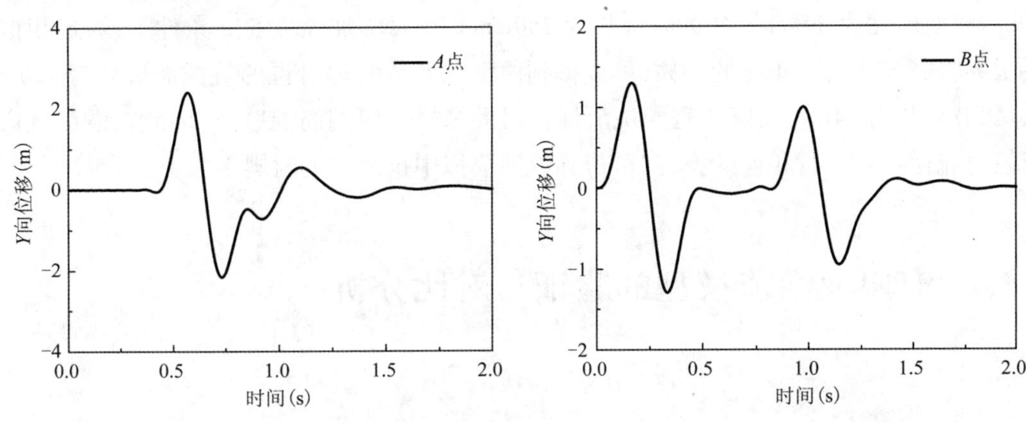

图 5-4　三维模型各监测点 Y 向位移时程曲线

从图 5-4 中可以看出，地表中心（A 点）位移反应最大值为 2.411m，根据波动理论，利用弹性动力学解答得出该点的解析解为 2.596m，其相对误差为 7.13%，总体上有限元数值解和理论解析解吻合较好。对比地表（A 点）的反应最大值，发现其数值接近入射波幅值的 2 倍；同时对比底部（B 点）Y 向位移反应的最大值与入射波的幅值，两者相差较小，B 点 Y 向位移时程前半段为入射波引起的位移时程响应，后半段则为反射波引起的位移时程响应。

综上来看，该方法及有限元输入程序可满足计算精度要求，同时也证明黏弹性边界单元及输入程序在三维有限元计算模型中具有一定的可靠性。

5.3　模型参数的确定

离心振动台模型试验所用土体为一种重塑的粉质黏土，基岩则为一定配比的水泥土，其物理力学特性参数均需要重新测定。将抗滑桩加固堆积型滑坡体离心机试验模型中滑体所用的粉质黏土以及基岩的水泥土采用与模型制样相同的方法（详见第 2.4.4 节的试验模型制备）夯入环刀中，然后进行直剪试验，并将同期养护好的水泥土试块进行单轴抗压强度试验，获得的各材料物理力学特性参数见表 5-2。

模型材料力学特性参数　　表 5-2

介　质	重度 (kN/m³)	弹性模量 (MPa)	泊松比	黏聚力 (kPa)	内摩擦角 (°)
滑体	17.9	26	0.30 *	48	22
基岩	18.6	836 *	0.25 *	257	40.5
抗滑桩	25.0	30000	0.20 *	—	—

注：带 * 数值为经验值。

试验模型桩相似主要以抗弯刚度相似为主且为了便于分析抗滑桩内力变化以及模型试验弯矩应变片的粘贴等原因，选用铝合金矩形截面薄壁管桩作为模型抗滑桩。模型抗滑桩采用6061铝合金材料，并作为弹性材料处理，其弹性模量为68.9GPa，模型桩壁厚平均约为2.5mm，截面尺寸为30mm×40mm，桩长为280mm。在离心加速度50g条件下，通过相似比尺的关系将其尺寸进行相应的还原，可以得到原型矩形截面抗滑桩的桩截面尺寸为1.5m×2.0m以及桩长为14m。实际工程中抗滑桩材料大多数采用钢筋混凝土，因此抗滑桩抗弯刚度可通过相似定律进行相应的换算，可得到数值模拟中抗滑桩的材料参数，见表5-2。

5.4 有限元数值模型的验证与对比分析

5.4.1 有限元数值模型的建立

抗滑桩加固堆积型滑坡体地震响应分析所采用的抗滑桩和岩土体的力学参数见表5-2，模拟岩体、土体以及抗滑桩均采用soild45实体单元，抗滑桩与岩体、抗滑桩与土体之间的相互作用采用设置接触面的方式进行处理，岩土体相对于抗滑桩而言为柔性体将其设为接触面，采用CONTA171单元进行模拟；则抗滑桩为刚性体，其采用TARGE169单元进行模拟并作为目标面存在。法向接触刚度因子设为1，土体摩擦系数取值为0.32，桩体摩擦系数为0.24，岩土体分别采用理想弹塑性本构模型及Drucker-Prager屈服准则，同时与离心机振动台模型试验相一致，将抗滑桩作为弹性材料进行考虑。根据前面离心振动台模型试验可知，为减小刚性模型箱边壁的反射采用了装防爆油泥的减震层的方式进行处理，因此数值模型在其左右两侧采用黏弹性人工边界来模拟，底部则为固定边界，前后两面则约束其法向位移。按照离心振动台模型试验的尺寸（工况三），根据相似定律还原为原型，然后按照原型尺寸1∶1比例进行建模，建模尺寸为27.5m×19.5m×20.0m（长×高×宽）。抗滑桩截面形式采用矩形，其截面尺寸为1.5m×2.0m，桩长为14.0m，抗滑桩嵌入基岩深度为4.5m，悬臂段长度为9.5m。抗滑桩加固堆积型滑坡的三维动力计算模型如图5-5所示。综合考虑到计算精度和计算效率，整个计算模型共划分形成了47895个节点，43108个单元。

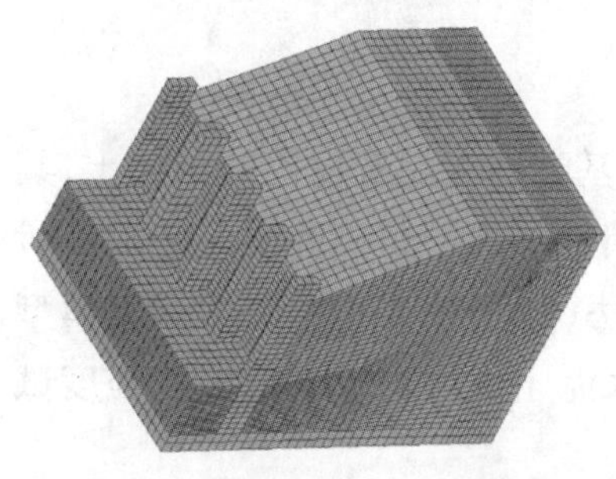

图5-5　三维动力计算模型

根据相似定律将抗滑桩加固堆积型滑坡的离心振动台模型试验（工况三）还原为原型所建立的1∶1的计算模型，因清溪波的持时327.6s，因此，为了节省计算成本，此处选择El Centro波作为地震动的输入，同时选取地震波最大峰值加速度为0.4g时的计算结果与试验结果进行对比。

5.4.2　加速度响应

对于数值模型，因数据采集较多，为了与离心振动台模型试验的工况进行对比，选取抗滑桩桩后第一排关键点 A4、A5 和 A6；第二排关键点 A8、A9 和 A10；坡面关键点 A7、A10 和 A13；以及处于同一高程的 A10、A12 和 A14 共计 4 组测试点的加速度响应为例进行对比分析。

图 5-6 给出的是前 3 组的各测点 PGA 放大系数沿高程分布的试验值与计算值的对比结果。

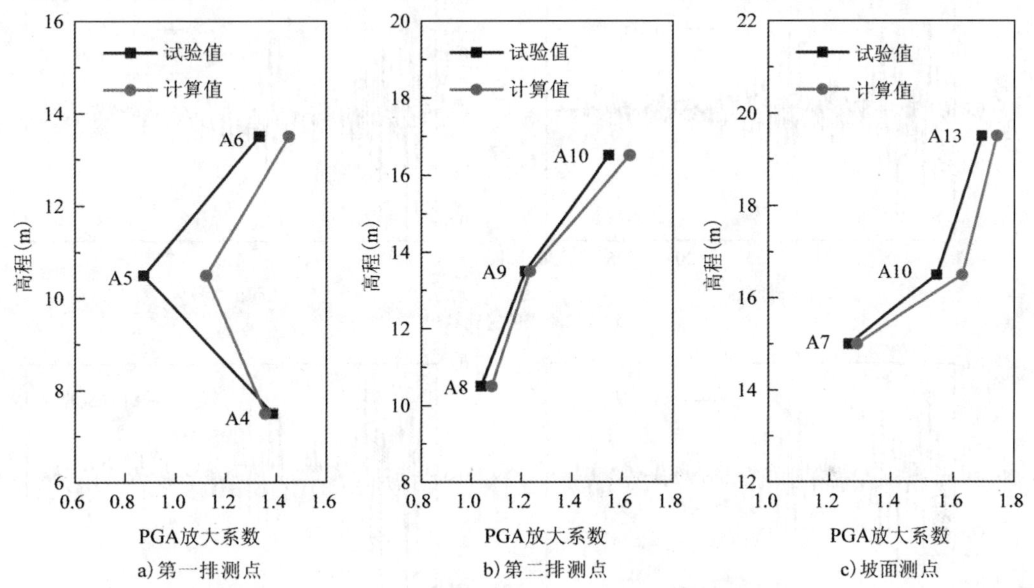

图 5-6　各测点 PGA 放大系数沿高程分布的试验值与计算值对比

从图 5-6 对比结果可以看出，除 A4 测点外，在最大峰值加速度为 0.4g 的 El Centro 波作用下，各测点的水平向 PGA 放大系数计算值均大于试验值，但各测点的 PGA 放大系数沿高程分布的变化趋势基本一致。同时需要说明的是，离心振动台模型试验过程中，无法保证各测点位置的土体完全均匀，因此各测点的 PGA 放大系数计算值与试验值的差值也并不相同。

为了便于将模拟结果和试验结果进一步的对比，选择离心振动台模型试验中位于同一高程的 A10、A12 和 A14 测点。图 5-7 给出了各测点加速度时程曲线试验值与计算值的对比结果。

从图 5-7 中可以看出，计算模拟与离心振动台试验实测加速度时程曲线吻合较好，计算模拟值与试验值相比除了在其数值相位有一定差别外，其峰值加速度以及地震波作用下随时间的变化趋势基本一致，通过对比发现峰值加速度的模拟值均要大于试验值，但两者相差不太大，最大误差为 7.31%。

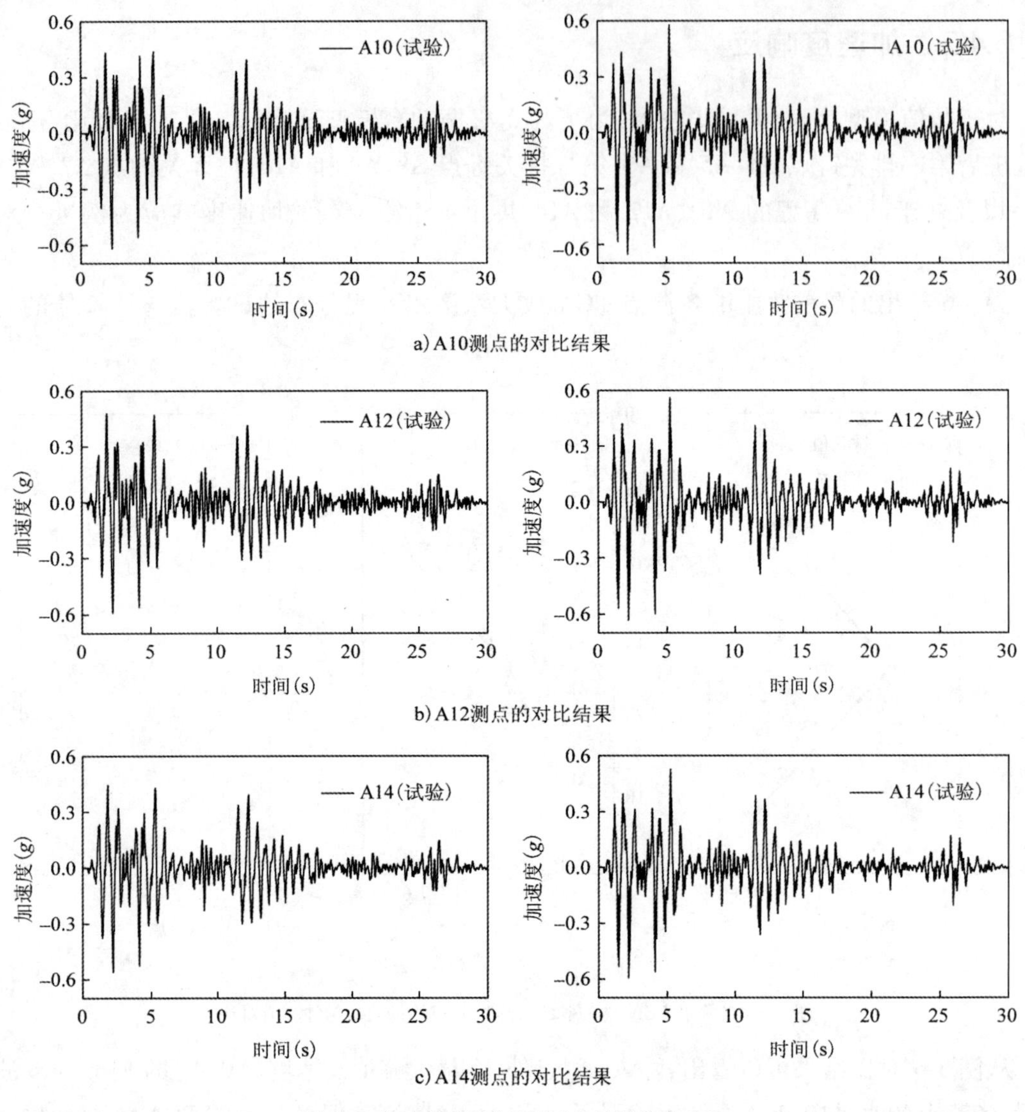

a)A10测点的对比结果

b)A12测点的对比结果

c)A14测点的对比结果

图5-7　加速度时程曲线试验与计算结果对比

5.4.3　动土压力

图5-8给出的是在输入最大峰值加速度为$0.4g$的El Centro波作用下动土压力峰值的试验值与计算值对比结果。

从图5-8中可以看出,计算模拟的结果与试验得到的动土压力的分布规律大致相同,其分布规律均表现为“两头小、中间大”的变化趋势,同时数值计算的结果普遍大于试验结果。需要说明的是,因模型试验过程受到试验条件及传感器等限制,试验过程中只布置了4个土压力传感器,而数值模拟则可以较好地弥补这一点,可获得多个测点的动土压力计算值。总体上看,桩侧动土压力峰值的计算值与试验值吻合较好。

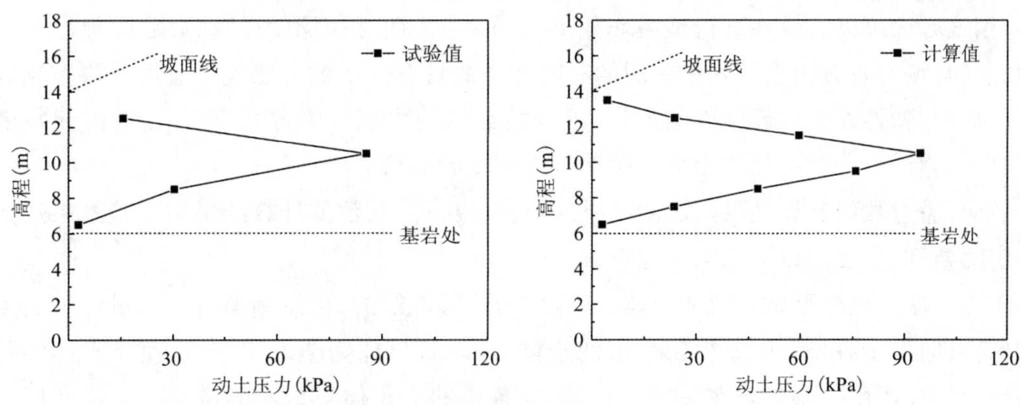

图 5-8　动土压力峰值的试验值与计算值对比

5.4.4　桩身动弯矩

图 5-9 给出的是在输入最大峰值加速度为 0.4*g* 的 El Centro 波作用下桩身动弯矩峰值的试验值与计算值对比结果。

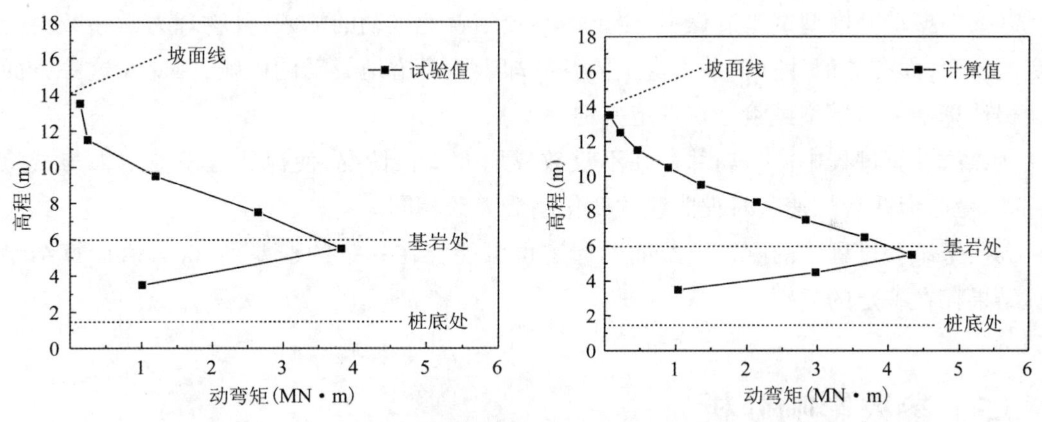

图 5-9　桩身动弯矩峰值的试验值与计算值对比

从图 5-9 中可以看出:计算模拟的结果与试验得到的桩身动弯矩的分布规律大致相同,其分布规律均表现为"凸"形的变化趋势,均在基岩处以下部位达到最大值,同时数值计算的结果普遍大于试验结果,桩身最大动弯矩的计算值比试验值大 0.518 MN·m,约为试验值的 13.58%。但从总体上看,桩身动弯矩峰值的计算值与试验值吻合较好,同时由于计算值的测点数较多,使得桩身动弯矩的变化规律相对试验值变化规律更加光滑。

5.4.5　计算与试验结果对比分析

通过上述加速度响应、动土压力、桩身动弯矩等多个方面的数值模拟计算与离心振动台模型试验结果的分析比较可知:总体上数值模拟结果与试验结果吻合较好,其变化趋势大致相同,这说明采用有限元分析模型所采用的参数、边界条件以及所建立的数值模型是合理的，采用该方法可以有效地进行地震作用下抗滑桩加固堆积型滑坡的动力响应规律方面的模拟。同时在另一方面也反映出采用的有限元方法具有一定的可靠性。通过严格控制岩土体的参数，黏弹性人工边界条件的施加，以及精细的网络划分等方式，可使得有限元数值模拟计算正确有效，同时也反映出离心振动台模型试验的可靠性。

然而，通过数值计算结果与试验结果的对比分析可知，数值计算结果与试验结果还是存在一定的差别，主要由以下原因引起。

①离心振动台模型试验时的土体、基岩均为分层填筑的，虽然制模时已尽量保证岩土体的均匀性，但由于各种原因使得每一层的土体、基岩不可能完全的均匀，这使得土体实际参数与数值计算所用的参数均在一定差异，因此各层的岩土体对地震能量的吸收以及反射等均会存在一定差别。

②离心振动台模型试验两侧装有减小刚性箱反射的减震层在试验过程中其或多或少会产生一定的变形，并不能保证整个试验过程中完全一致，因此数值计算的黏弹性边界与模型试验的边界不完全一致，数值计算虽然通过调整参数进行大量的试算，仍会使得计算结果与模型试验存在一定差别。

③离心振动台模型试验过程中，岩土体参数随着地震动的输入，其物理力学参数会受到一定的改变，而在数值计算中采用岩土体参数却未能考虑地震动的影响，因此在这一方面也会使得计算结果与模型试验存在一定差别。

④数值计算过程中由于局部存在不收敛或加大步长情况，使得数值模拟结果与试验结果存在差别，但两者加速度时程曲线的变化趋势大致相同。

⑤模型试验过程中的测量以及前期标定也可能存在一定的误差，使得数值计算结果与试验结果存在一定的差别。

5.5 参数影响分析

抗滑桩对滑坡体的作用时利用抗滑桩插入滑动面以下稳定地层对抗滑桩的抗力平衡滑坡体的推力，增加其稳定性。当滑坡体下滑时受到抗滑桩的阻抗，使桩前滑体达到稳定状态。而抗滑桩的受力性能与抗滑桩的桩间距、嵌固深度、桩截面尺寸以及桩体材料等参数密切相关，因此，有必要对地震波作用下不同参数对抗滑桩受力性能的影响进行相应分析。

5.5.1 桩间距的影响

桩间距作为抗滑桩设计的一个关键参数，其受多种因素的影响，目前尚无比较成熟的计算方法，在工程中大多数采用经验确定，因此有必要研究地震波作用下抗滑桩桩间距对抗滑桩内力的影响。现分别取抗滑桩桩间距 $S = 2B$、$3B$、$4B$、$5B$、$6B$ 以及 $7B$ 时，即抗滑桩桩间距为不同长度(3m、4.5m、6m、7.5m、9m 以及 10.5m)的 6 种工况进行数值建模，计算模型的参数主要改变桩间距长度，其他参数与验证模型工况的参数相同。图 5-10 为输入最大峰值加速度为 0.4g 的 El Centro 波作用下不同桩间距时桩身动弯矩的高程分布曲线。需要说明的是当桩间距 $S=7B$ 时，静力作用下桩间土体就产生巨大变形而产生失效，故没有将桩间距 $S=7B$ 的工况进行对比。

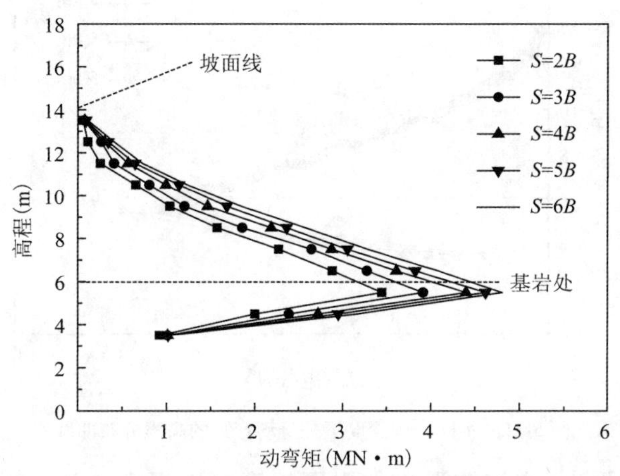

图 5-10　不同桩间距下桩身动弯矩的高程分布曲线

从图 5-10 可以看出：当桩长为 14m 时，随着桩间距的增大，抗滑桩承受的动弯矩也随之增大；桩间距从 $S=2B$ 增加到 $S=6B$ 时，抗滑桩的最大动弯矩由 3.447MN·m 增大到 4.805MN·m，增幅达到 39.39%；桩间距从 $S=2B$ 增加到 $S=4B$ 时相对桩间距从 $S=4B$ 增加到 $S=6B$ 时的动弯矩增加幅度相对要大；对于桩间距 $S=2B$ 以及 $S=3B$ 的情况，地震作用下抗滑桩虽然得到有效加固，但每根抗滑桩受力较小，其抗滑性能并没有得到充分的发挥，在实际工程中将造成较大的浪费。因此，进行抗滑桩桩间距的抗震设计时，不仅要保证抗滑桩在静力和动力条件下稳定，使得桩间距不能设置太大，同时也要兼顾经济要求，从而找出一个最为适合的桩间距使得桩体间的滑坡体具有足够稳定性，在地震等多因素引起的下滑力作用下不会从抗滑桩桩体之间挤出且保证抗滑桩的内力能够得到充分的发挥。

5.5.2　桩嵌固深度的影响

在抗滑桩的设计计算中，选取合适的嵌固深度十分关键，其不仅涉及抗滑桩自身稳定性，而且还直接与工程经济和工程量等相关。同时嵌固深度是抗滑桩发挥抵抗滑坡推力的赖以生存的前提和条件，嵌固过浅易造成抗滑桩失效，反之过深则会增加抗滑桩工程费用和难度，因此合适的抗滑桩嵌固深度既能保证坡体的稳定，又能减小治理费用的浪费。为了研究地震作用下抗滑桩嵌固深度对抗滑桩内力的影响，现分别取抗滑桩的嵌固深度为 3.5m、4m、4.5m、5m、5.5m 时的 5 种工况进行数值建模，悬臂长度不变，计算模型的参数与验证模型工况的参数一样。图 5-11 为输入最大峰值加速度为 0.4g 的 El Centro 波作用下不同嵌固深度时桩身动弯矩的高程分布曲线。需要说明的是,嵌固深度为 3.5m 时,桩顶位移太大已经达到破坏,故没有放入图 5-11 中进行对比。

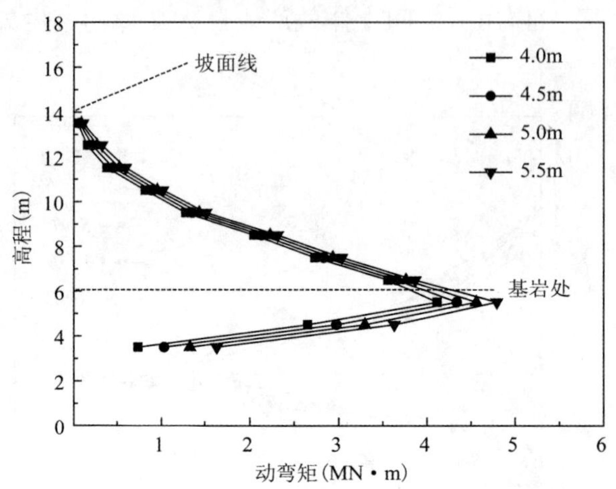

图 5-11　不同嵌固深度下桩身动弯矩的高程分布曲线

从图 5-11 中可以看出:增加抗滑桩的嵌固深度可以提高抗滑桩的抗滑能力,改善其受力情况。抗滑桩悬臂段的动弯矩随着嵌固深度的增加而发生较小变化,而锚固段桩身动弯矩随着嵌固深度的增加而增大。抗滑桩嵌固深度从 4.0m 增大到 5.5m 时,抗滑桩的最大动弯矩由 4.115MN·m 增大到 4.793MN·m,增大幅度为 16.48%。抗滑桩的嵌固深度作为抗滑桩设计中的重要因素之一,抗滑桩埋入地层以下深度,按一般经验,软质岩层中锚固深度为设计桩长的 1/3;硬质岩中为设计桩长的 1/4;土质滑床中为设计桩长的 1/2。当土层沿基岩面滑动时,嵌固深度也有采用桩径的 2～5 倍[188]。当嵌固深度较小时,抗滑桩变形太大,起不到加固的作用。在一定范围内随着嵌固深度的增大,抗滑桩的最大内力值随之逐渐增大,同时一定程度上提高了滑坡的稳定性。然而,当嵌固深度超出一定范围时,桩身内力不再增加,滑坡加固效果提高也不明显。因此,对抗滑桩进行抗震设计时,避免造成工程浪费,应该选择一个合理的抗滑桩嵌固深度,使其既能满足抗滑能力,同时兼顾经济合理要求。

5.5.3　桩截面尺寸的影响

抗滑桩的截面作为抗滑桩设计要素之一,其主要通过抗滑桩的截面形式以及抗滑桩的截面尺寸来反映。实际工程中的抗滑桩桩截面形式一般采用圆形、矩形以及其他形式,当滑坡体滑动方向难以确定或预加固潜在滑移坡体的情况下,可采用圆形截面,而一般情况下矩形截面的抗滑桩因其受力较好在工程中应用较广。

因此,本章结合离心振动台模型试验,以矩形截面的抗滑桩作为研究对象。为了研究地震作用下抗滑桩截面尺寸对抗滑桩内力的影响,分别从桩截面宽 B(垂直于滑坡推力方向)、

桩截面长 H(平行于滑坡推力方向)两个方面进行讨论。

(1)桩截面宽 B 的影响

设置抗滑桩截面长 $H=2.0\text{m}$,分别取抗滑桩截面宽 $B=0.9\text{m}$、1.2m、1.5m、1.8m 和 2.1m时的5种工况进行数值建模,计算模型的其他参数与验证模型工况的参数一样。图5-12为输入最大峰值加速度为 $0.4g$ 的 El Centro 波作用下不同桩截面长度时桩身动弯矩的高程分布曲线。

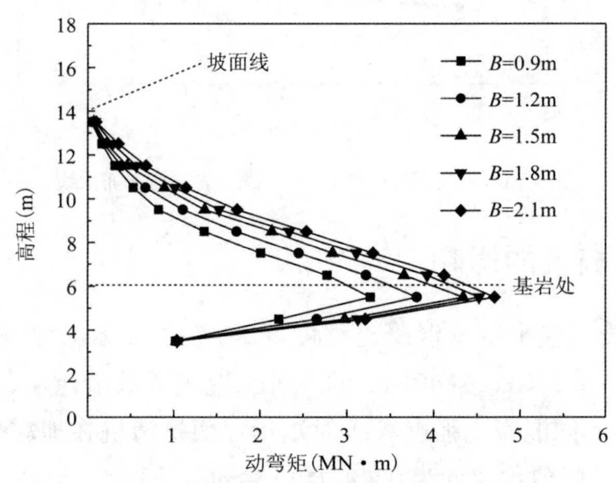

图5-12 不同截面宽度下桩身动弯矩的高程分布曲线

从图5-12可以看出:当桩长为14m,抗滑桩截面长 $H=2.0\text{m}$ 时,抗滑桩承受的动弯矩随着桩截面宽 B 增大而不断增大;桩截面宽度从 $B=0.9\text{m}$ 增加到 $B=2.1\text{m}$ 时,抗滑桩的最大动弯矩由3.269MN·m增大到4.703MN·m,增大的幅值达到43.87%;桩截面宽度从 $B=1.5\text{m}$ 增大到 $B=2.1\text{m}$ 时,抗滑桩动弯矩变化范围较小,而桩截面宽度从 $B=0.9\text{m}$ 增大到 $B=1.5\text{m}$时,动弯矩的增大幅度相对要大得多。由此可见,抗滑桩的桩长以及桩截面长度一定时,抗滑桩的动弯矩随着桩截面宽度增大呈增大的趋势变化,然而桩截面宽度增大一定长度时这种增大趋势将逐渐减小。

(2)桩截面长 H 的影响

设置抗滑桩截面宽 $B=1.5\text{m}$,分别取抗滑桩截面长 $H=1.6\text{m}$、1.8m、2.0m、2.2m 和 2.4m时的5种工况进行数值建模,计算模型的其他参数与验证模型工况的参数一样。图5-13为输入最大峰值加速度为 $0.4g$ 的 El Centro 波作用下不同桩截面长度时桩身动弯矩的高程分布曲线。

从图5-13可以看出:当桩长为14m,抗滑桩截面宽 $B=1.5\text{m}$ 时,抗滑桩承受的动弯矩随着桩截面长 H 增大而不断增大;桩截面长度从 $H=1.6\text{m}$ 增加到 $H=2.4\text{m}$ 时,抗滑桩的最大动弯矩由3.867MN·m增大到5.036MN·m,增大的幅值达到30.23%,同时抗滑桩动弯矩增大的幅值也随着桩截面长 H 的增大而稍微增大。

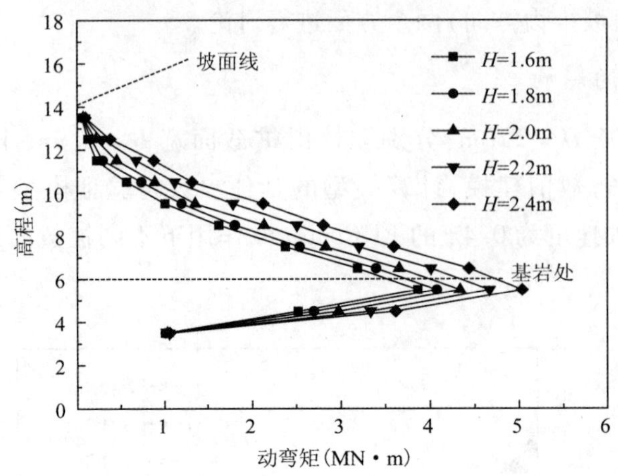

图 5-13　不同截面长度下桩身动弯矩的高程分布曲线

5.5.4　桩弹性模量的影响

桩的弹性模量主要反映出桩身混凝土强度等级,为了实际工程需求,分别取弹性模量 E = 20GPa、25GPa、30GPa、35GPa 和 40GPa 的 5 种工况进行数值建模,其他参数与验证模型工况的参数一样,分析不同混凝土强度等级时矩形截面抗滑桩在地震作用下的动力响应情况。图 5-14 为输入最大峰值加速度为 $0.4g$ 的 El Centro 波作用下不同桩弹性模量时桩身动弯矩的高程分布曲线。

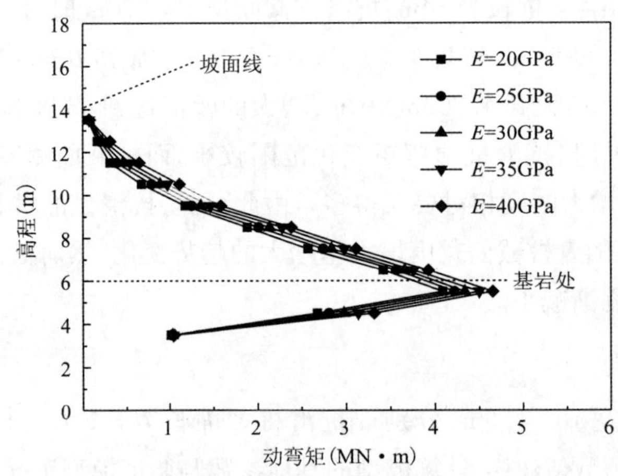

图 5-14　不同弹性模量下桩身动弯矩的高程分布曲线

从图 5-14 可以看出:当桩长为 14m,抗滑桩截面尺寸为 $B \times H = 1.5\text{m} \times 2.0\text{m}$ 时,抗滑桩承受的动弯矩随着桩弹性模量 E 增大而不断增大,弹性模量小的抗滑桩其桩身动弯矩都要比弹性模量大的桩小,这是因为抗滑桩弹性模量的增大,抗滑桩刚度也相应增大,所以在桩—土动力相互作用下,抗滑桩承受的内力也相应增大。然而,桩身动弯矩变化幅度比较有限,桩弹性模量 E 从 20GPa 增大到 40GPa 时,抗滑桩的最大动弯矩相对误差只有 12.08%。

由此可见,提高抗滑桩弹性模量可增大桩身动弯矩,但是提高抗滑桩的弹性模量势必要采用更高强度的混凝土或配置更多的受力钢筋,这也会在一定程度上提高工程的造价,所以,实际工程的抗滑桩抗震设计中,应综合考虑多种因素,合理确定抗滑桩的弹性模量,即选择合理的抗滑桩桩身混凝土强度。

5.6　最大动弯矩灰色关联分析

桩身最大弯矩是科研设计人员进行抗滑桩抗震设计时最为关注的因素之一,同时其也是边坡工程中抗滑桩截面尺寸以及配筋计算的重要依据。从第 4 章抗滑桩加固堆积型滑坡离心振动台模型试验的结果分析可知,地震引起的桩身最大动弯矩要比最大静弯矩大得多,且桩身最大动弯矩受地震波类型以及地震波幅值的影响较大。同时结合本章地震作用下不同参数对抗滑桩受力性能的影响分析,可以得到桩间距、桩嵌固深度、桩截面尺寸以及桩身材料强度等单个参数对桩身最大动弯矩的影响结果。由此可见,桩身最大动弯矩的大小受到来自地震波特性以及抗滑桩自身设计参数两方面多种因素的影响,然而哪些因素对桩身产生最大动弯矩的贡献较大,哪些因素贡献较小,这将对边坡工程中抗滑桩工程量和费用产生一定影响。因此,对影响抗滑桩的桩身最大动弯矩因素进行相应的优势分析显得尤为重要。

灰色关联分析方法是一种以灰色系统理论为基础的方法,其基本思想是通过不同序列曲线的几何形状相似程度分析它们之间的联系是否密切。通过计算得出的关联度可判断出所选因素对分析指标的紧密程度,因素与分析目标越密切时其计算得出的关联度越大,反之则越小。同时,该方法有效地弥补了传统数理统计方法(如回归分析、主成分分析等方法)中计算工程量大、需要数据样本多且服从某典型概率分布等缺点[189]。灰色关联分析方法对数据样本多少、数据样本有无规律等均没有要求,且该方法计算工程量小,简单方便,易被工程科研设计人员所掌握。所以,本章采用灰色关联分析方法对堆积型滑坡中抗滑桩在地震作用下产生的桩身最大动弯矩的相关影响因素进行优势分析,得到对该典型堆积型滑坡工程中抗滑桩最大动弯矩影响较大的因素,从而为抗滑桩的抗震优化设计提供参考。

在离心振动台模型试验以及有限元数值分析基础上,选取地震波类型、地震波峰值、抗滑桩的桩间距、桩截面宽度、桩截面长度、桩嵌固深度以及桩身材料强度(即桩弹性模量)等影响因素,以桩身最大动弯矩作为分析指标。将离心振动台模型试验以及有限元数值分析得到的桩身最大动弯矩数据整理如图 5-15 所示,其中模型试验结果 26 组,有限元数值模拟结果 21 组。

灰色关联分析方法的计算步骤主要包括数据初值化处理、计算求差序列、计算两极最大值和最小值、求解关联系数和关联度等[189],具体如下。

由于原始数据的物理意义及量纲有时并不相同,为消除其影响,有必要对离心模型试验以及有限元计算所得原始数据进行初值化处理(即无量纲化)。对于选取桩身最大动弯矩作

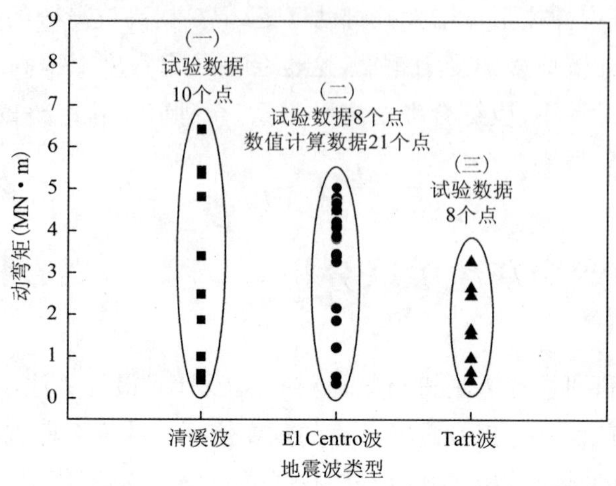

图 5-15　试验和有限元计算的桩身最大动弯矩

为分析指标,考虑地震波类型、地震波峰值、抗滑桩的桩间距、桩截面宽度、桩截面长度、桩嵌固深度以及桩弹性模量 7 个因素影响,则可采用式(5-30)进行初值化处理。

$$X_i' = X_i / x_i(1) = [x_i'(1), x_i'(2), \cdots, x_i'(n)], i = 0,1,2,\cdots,7 \tag{5-30}$$

式中:X_i——$i=1,2,\cdots,7$ 时,影响桩身最大动弯矩的各个因素原始序列;$i=0$ 时,所选分析指标桩身最大动弯矩的原始特征序列。

利用式(5-31)计算得出各影响因素初值化序列与所选分析指标初值化序列之间的绝对误差 $\Delta_i(k)$,因本节挑选 47 组数据,所以 $k=1,2,\cdots,47$。

$$\Delta_i(k) = |x_0'(k) - x_i'(k)|, \Delta_i = [\Delta_i(1), \Delta_i(2), \cdots, \Delta_i(47)], i = 1,2,\cdots,7 \tag{5-31}$$

利用式(5-32)计算得出两极最大值(M)和最小值(m)。

$$M = \max_i \max_k \Delta_i(k), m = \min_i \min_k \Delta_i(k) \tag{5-32}$$

最后可分别采用式(5-33)和式(5-34)求出关联系数 $\gamma_{0i}(k)$ 以及各影响因素与桩身最大动弯矩的关联度 γ_{0i}。

$$\gamma_{0i}(k) = \frac{m + \xi M}{\Delta_i(k) + \xi M} \tag{5-33}$$

$$\gamma_{0i} = \frac{1}{47}\sum_{k=1}^{47} \gamma_{0i}(k) \tag{5-34}$$

式中:ξ——分辨系数,其取值为 0.5。

为了节省篇幅,此处没有给出原始数据初值化以及关联度系数计算等表格,通过以上关联度的计算步骤与公式可得出各个影响因素与桩身最大动弯矩的关联度排序结果,见表 5-3。

关联度排序结果　　表 5-3

影响因素	地震波峰值	地震波类型	桩截面宽度	桩弹性模量	桩截面长度	桩嵌固深度	桩间距
关联度	0.713229	0.628423	0.573763	0.573597	0.573596	0.573671	0.557694
排序	1	2	3	4	5	6	7

从表 5-3 可知,输入地震波本身特性(地震波峰值和类型)相对抗滑桩的设计参数(桩截面尺寸、桩嵌固深度、桩间距以及桩弹性模量)而言,其对桩身最大动弯矩的关联程度相对更大。其中地震波的峰值与桩身最大动弯矩关系最为密切,其次为地震波类型,而桩截面宽度、弹性模量、截面长度、嵌固深度以及桩间距这 5 种因素与桩身最大动弯矩的关联程度相差不大,其关联度数值均在 0.557 ~ 0.574 之间。因此,经灰色关联分析可知,地震作用下该典型堆积型滑坡中抗滑桩的抗震设计应以地震波峰值以及地震波类型为主,抗滑桩设计参数为辅,这也从一定意义上反映出目前抗震设计规范中采用“拟静力”方法进行抗震设计时,地震综合影响系数按照不同烈度区进行不同取值具有合理性。这也表明灰色关联分析方法为抗滑桩的抗震设计提供了一条新的研究途径。

5.7　本章小结

本章采用有限元软件以及灰色关联分析方法对地震作用下堆积型滑坡中抗滑桩的受力性能进行了相应的数值模拟分析,主要得到以下的结论。

①利用有限元软件成功完成了黏弹性人工边界的施加,建立三维典型算例计算模型,对比分析了垂直入射条件下监测点的位移峰值的数值解与理论解析解之间的误差,结果表明黏弹性边界施加的有效性以及稳定性。

②结合室内土工试验确定了有限元计算模型的参数,基于离心振动台模型试验的相似关系建立了相应原型的三维有限元计算模型,从加速度放大系数、加速度时程、动土压力以及桩身动弯矩沿高程分布规律等方面将数值模拟结果与试验结果进行了对比分析。总体来说,有限元计算模拟结果与离心振动台试验结果比较吻合,其变化趋势大致相同,验证了有限元模型的合理性以及离心机振动台试验结果的可靠性。

③随着桩间距、嵌固深度的增大,抗滑桩承受的动弯矩均随之增大,抗滑桩悬臂段的动弯矩随着嵌固深度的增加而发生较小变化,而嵌固段桩身动弯矩随着嵌固深度的增加而增大;抗滑桩的桩长以及桩截面长度(桩截面宽度)一定时,抗滑桩的动弯矩随着桩截面宽度(桩截面长度)增大呈逐渐增大的趋势变化;桩弹性模量对抗滑桩承受的动弯矩具有一定的影响,随着桩弹性模量增大,抗滑桩的动弯矩也将增大,然而其增大幅度十分有限。

④基于离心振动台模型试验和有限元数值分析的结果,采用灰色关联分析方法对堆积型滑坡中抗滑桩在地震作用下产生的最大动弯矩相关影响因素进行优势分析。结果表明,该堆积型滑坡中抗滑桩的抗震设计应以地震波峰值以及地震波类型为主,抗滑桩设计参数为辅。该方法为抗滑桩抗震设计提供了一条新的研究途径,并为今后边坡加固工程相关问题分析提供一定的借鉴。

第6章 堆积型滑坡动力稳定性分析方法

6.1 引言

自然界中堆积型滑坡数量较多且分布范围较广,致使堆积型滑坡产生破坏的原因有很多,不但与堆积型滑坡自身岩土性质以及地质构造等内在条件密切相关,同时还与堆积型滑坡所受到的地下水作用、坡顶超载、张拉裂缝以及地震荷载等外在条件相关[190]。

地下水作用和地震均是诱发边坡失稳产生滑坡破坏的主要因素,它们对堆积型滑坡稳定性的影响是岩土工程界的关注重点之一。国内外相关学者就地下水以及地震条件下对边坡稳定性方面进行了较为全面的计算与分析。其中,在地下水作用方面,计算表明饱水状态下的边坡比干燥的边坡其稳定安全系数要减少70%左右[191];刘才华[192]以岩质顺层边坡平面破坏为例进行了考虑地下水渗流力因素对边坡稳定性的影响分析,结果表明水力作用下边坡的稳定安全系数产生了较大程度的减小;李邵军等[193]以三峡库区典型滑坡作为原型,进行了库水位升降条件下边坡失稳离心模型试验研究,结果表明边坡土体黏聚力及内摩擦角等力学特性在水位升降条件下发生了较大变化,从而使得边坡的稳定性受到一定影响。在考虑地震作用方面,目前大多数研究仅仅只考虑水平向地震荷载作用的影响[190],另外在大部分地震中,最大竖向峰值加速度通常小于水平向峰值加速度的40% ~50%[194],但在1994 年 Northridge 的6.7 级地震[195]、1995 年 Kobe 的7.2 级地震[196]所采集的加速度时程记录发现,位于震中部位的竖向峰值加速度可超过水平向峰值加速度的50%,所以有必要进行水平和竖向双向地震荷载作用下的边坡稳定性分析。综上可知,以上研究大多数针对单一的地下水作用或水平地震作用的因素进行边坡稳定性的影响分析,而综合考虑地下水力条件、地震荷载等其他多种因素的影响研究有待进一步的完善。

地震永久变形和稳定性安全系数是进行评定地震作用下边坡动力稳定性的两大主要指标。以地震永久变形作为边坡动力稳定性评价指标是由 Newmark 最早提出[41],其在理论上比单一采用安全系数进行评价更为合理。目前国内外学者就地震永久变形计算方法方面进行了大量卓有成效的研究,然而实际中抗震经验仍然比较缺乏,尚不能得出地震永久变形安全范围的规范化定值,所以稳定安全系数仍被作为评价边坡动力稳定性及其抗震加固的有效手段。目前，在一定程度上拟静力方法虽然具有一些缺点，如没有考虑地震动频谱及持时特性等，然而在实际工程中该方法简单实用，深受广大科研及设计人员的青睐，已得到越来越广泛的应用[197]。

综上所述，本章采用拟静力方法，综合考虑水力条件、坡顶超载、坡顶张拉裂缝、水平地震荷载和竖向地震荷载等参数，建立考虑多种因素的边坡动力稳定性安全系数的表达式，分析各参数对堆积型滑坡的动力稳定性的影响；同时，在分析灰色预测方法和支持向量机各自的优缺点基础上，提出将两者相结合的灰色支持向量机的边坡位移预测模型，并将该模型应用于工程实例的边坡位移预测中，并与灰色模型、支持向量机模型的预测精度对比，为边坡位移的预测提供一条新的途径；最后，结合第 3 章的堆积型滑坡地震响应的离心振动台模型试验，利用正交设计方法建立堆积型滑坡地震响应影响因素的正交试验预测模型，研究堆积型滑坡地震响应的主要影响因子。

6.2　堆积型滑坡动力稳定性分析

6.2.1　计算公式建立

近几年来，全球范围内发生了较多的地震，同时地震过程中由于地震原因等诱发产生了大量的滑坡[198-201]。边坡失稳产生的滑坡破坏的形式主要包括圆弧形失效、平面失效和楔形体失效等[202-204]。本节综合考虑堆积型滑坡的破坏形式以及其他因素等条件，选取 Hoek 等[191]提出的以平面失效破坏形式为主的典型边坡失效为例进行阐述。

图 6-1 为典型边坡（或滑坡）失效几何要素图。其中包括：边坡高度为 H、边坡的坡角为 β、滑面的倾角 α、坡肩顶部作用宽度为 B 的超载 q（单位：kPa）、坡顶处的张裂缝深度 z、张裂缝积水深度为 z_w。滑块 $EFMN$（重力为 W）由深度为 z 的竖向张裂缝 FN 和平面失效块体 EF 所组成，超载宽度 B 为 MN 的长度。作用于滑坡体上的荷载主要有：水平地震荷载 k_hW、竖向地震荷载 k_vW、水平超载 k_hq、竖向超载 k_vq、张裂缝处的水压力 U_1（单位：kN）以及平面失效块体 EF 处水压力 U_2（单位：kN）。其中 k_h、k_v 分别为水平和竖向地震影响系数。需要说明的是，本书滑坡动力稳定性分析考虑二维平面应变的问题，只选取了滑坡单位厚度（1m）下的条块进行研究[203]。同时，滑坡的动力稳定性分析只考虑力的平衡，没有考虑滑坡的侧向边界的抵抗力进行分析。实际中边坡（或滑坡）并非完全如此规则，为了便于分析计算，做了以下一些假定[190-192]：

①滑动面假设为一平面，同时滑动面走向与坡面平行或者接近平行；

②滑动面在坡面处出露，且其倾角小于滑坡坡面的倾角，即 $\alpha < \beta$；

③位于坡顶处的竖向张拉裂缝直立。

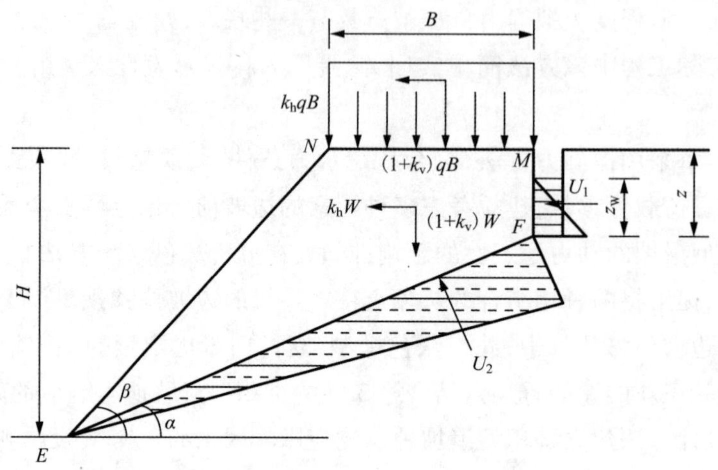

图 6-1 典型边坡失效几何要素图

根据边坡稳定性的定义可知,其为沿假定滑动面的抗滑力与下滑力的比值,则其稳定性安全系数 F_s 的计算公式为:

$$F_s = \frac{F_r}{F_i} \tag{6-1}$$

式中:F_r——抵抗滑块滑动总的抗滑力(kN);

F_i——引起滑块滑动总的下滑力(kN)。

抵抗力 F_r 的计算公式为:

$$F_r = sA \tag{6-2}$$

式中:s——滑动面上的抗剪强度(kPa);

A——滑动面 EF 的面积(m^2)。

面积 A 的计算公式为:

$$A = H\left(1 - \frac{z}{H}\right)\frac{1}{\sin\alpha} \cdot 1 \tag{6-3}$$

坡顶超载宽度 B 的计算公式为:

$$B = H \cdot \left\{\left(1 - \frac{z}{H}\right)\frac{1}{\tan\alpha} - \frac{1}{\tan\beta}\right\} \tag{6-4}$$

滑动面上的抗剪强度可根据 Mohr-Coulomb 强度破坏准则进行定义:

$$s = c + \sigma_n \tan\varphi \tag{6-5}$$

式中:σ_n——作用于滑动面上的正应力(kPa);

c——滑块中土体的黏聚力(kPa);

φ——滑块中土体的内摩擦角(°)。

将式(6-5)代入式(6-2)可以得到:

$$F_r = cA + F_n \tan\varphi \tag{6-6}$$

而 $F_n = \sigma_n A$ 表示作用于滑动面上的正方向的作用力(单位:kN)。

根据极限平衡理论,可以求得 F_n 如式(6-7)所示:

$$F_n = (W + qB \cdot 1)[(1 + k_v)\cos\alpha - k_h\sin\alpha] - U_1\sin\alpha - U_2 \tag{6-7}$$

则滑块 $EFMN$ 的重力为:

$$W = \frac{1}{2}\gamma H^2\left[\left(1 - \frac{z}{H}\right)^2\frac{1}{\sin\alpha} - \frac{1}{\sin\beta}\right] \cdot 1 \tag{6-8}$$

位于坡顶处的竖向张裂缝 A_2A_3 处受到的水压力 U_1 为:

$$U_1 = \frac{1}{2}\gamma_w z_w \cdot z_w \cdot 1 = \frac{1}{2}\gamma_w z_w^2 \cdot 1 \tag{6-9}$$

式中:γ_w——水的重度(kN/m^3)。

滑动面 A_1A_2 处受到的水压力 U_2 为:

$$U_2 = \frac{1}{2}\gamma_w z_w H\left(1 - \frac{z}{H}\right)\frac{1}{\sin\alpha} \cdot 1 \tag{6-10}$$

将式(6-3)、式(6-4)、式(6-7)和式(6-10)代入式(6-6)可以得到:

$$F_r = cH\left(1 - \frac{z}{H}\right)\frac{1}{\sin\alpha} \cdot 1 + 1 \cdot \left\{(1 + k_v)\left[\frac{1}{2}\gamma H^2\left\{\left[1 - \left(\frac{z}{H}\right)^2\right] \cdot \frac{1}{\tan\alpha} - \frac{1}{\tan\beta}\right\} + qH \cdot \left\{\left(1 - \frac{z}{H}\right)\frac{1}{\tan\alpha} - \frac{1}{\tan\beta}\right\}\right]\frac{\cos(\theta + \alpha)}{\cos\theta} - \frac{1}{2}\gamma_w z_w^2\sin\alpha - \frac{1}{2}\gamma_w z_w H\left(1 - \frac{z}{H}\right)\frac{1}{\sin\alpha}\right\} \cdot \tan\varphi \tag{6-11}$$

θ 可用式(6-12)进行表示:

$$\theta = \tan^{-1}\left(\frac{k_h}{1 + k_v}\right) \tag{6-12}$$

从图 6-1 可知,引起滑块滑动的总的下滑力 F_i 为:

$$F_i = 1 \cdot (1 + k_v)\left\{\frac{1}{2}\gamma H^2\left\{\left[1 - \left(\frac{z}{H}\right)^2\right]\frac{1}{\tan\alpha} - \frac{1}{\tan\beta}\right\} + qH\left[\left(1 - \frac{z}{H}\right)\frac{1}{\tan\alpha} - \frac{1}{\tan\beta}\right]\right\} \cdot \frac{\sin(\theta + \alpha)}{\cos\theta} + \frac{1}{2}\gamma_w z_w^2\cos\alpha \cdot 1 \tag{6-13}$$

将式(6-11)和式(6-12)分别代入式(6-1)可以得到:

$$F_s = \frac{2c^*P + \left[(1 + k_v)(Q + 2q^*R)\frac{\cos(\theta + \alpha)}{\cos\theta} - \frac{z_w^{*2}}{\gamma^*}\sin\alpha - \frac{z_w^*}{\gamma^*}P\right] \cdot \tan\varphi}{(1 + k_v)(Q + 2q^*R)\frac{\sin(\theta + \alpha)}{\cos\theta} + \frac{z_w^{*2}}{\gamma^*} \cdot \cos\alpha} \tag{6-14}$$

将式(6-14)中的 c、z、z_w、γ 和 q 分别采用 $c^* = c/\gamma H$、$z^* = z/H$、$z_w^* = z/H$、$\gamma^* = \gamma/H$ 和 $q^* = q/\gamma H$ 进行无量纲化处理,同时 P、Q 和 R 分别如式(6-15)~式(6-17)所示。

$$P = (1 - z^*)\frac{1}{\sin\alpha} \tag{6-15}$$

$$Q = (1 - z^{*2})\frac{1}{\tan\alpha} - \frac{1}{\tan\beta} \tag{6-16}$$

$$R = (1 - z^*)\frac{1}{\tan\alpha} - \frac{1}{\tan\beta} \tag{6-17}$$

式(6-14)为多影响因素条件下的边坡稳定性安全系数的表达式,该表达式综合考虑了坡顶超载、坡顶竖向张裂缝、水力作用、水平地震荷载和竖向地震荷载的影响。

6.2.2 特例分析

根据多影响因素条件下的边坡稳定性安全系数的表达式(6-14)可以得到相应的特殊状态下边坡稳定性安全系数的表达式,如下所述。

①当边坡顶部没有超载作用且滑体的材料黏聚力为零,或者坡顶存在超载,但坡顶张裂缝处没有水且不受地震荷载的作用时,即 $c^*=0,\varphi\neq0,q^*=0$ 或者 $q^*\neq0,k_h=0,k_v=0,\theta=0,z_w^*=0$,则边坡稳定性安全系数的表达式如式(6-18)所示:

$$F_s=\frac{\tan\varphi}{\tan\alpha} \tag{6-18}$$

②当边坡滑体是黏聚力不等于零但其内摩擦角为零的材料,坡顶张裂缝处没有水且不受地震荷载的作用时,即 $c^*\neq0,\varphi=0,q^*\neq0,k_h=0,k_v=0,\theta=0,z_w^*=0$,则边坡稳定性安全系数的表达式为:

$$F_s=\frac{2c^*P}{(Q+2q^*R)\sin\alpha} \tag{6-19}$$

③当边坡滑体为 c-φ 的材料(即黏聚力和内摩擦角均不为零),坡顶张裂缝处没有水且不受地震荷载的作用时,即 $c^*\neq0,\varphi\neq0,q^*\neq0,k_h=0,k_v=0,\theta=0,z_w^*=0$,则边坡稳定性安全系数的表达式为:

$$F_s=\frac{2c^*P+[(Q+2q^*R)\cos\alpha]\cdot\tan\varphi}{(Q+2q^*R)\sin\alpha} \tag{6-20}$$

④当边坡滑体为 c-φ 的材料,不受地震荷载的作用时,即 $c^*\neq0,\varphi\neq0,q^*\neq0,k_h=0,k_v=0,\theta=0,z_w^*\neq0$,则边坡稳定性安全系数的表达式为:

$$F_s=\frac{2c^*P+\left[(Q+2q^*R)\cos\alpha-\dfrac{z_w^{*2}}{\gamma^*}\sin\alpha-\dfrac{z_w^*}{\gamma^*}P\right]\cdot\tan\varphi}{(Q+2q^*R)\sin\alpha+\dfrac{z_w^{*2}}{\gamma^*}\cos\alpha} \tag{6-21}$$

⑤当边坡滑体为 c-φ 的材料,只承受水平地震荷载的作用时,即 $c^*\neq0,\varphi\neq0,q^*\neq0,k_h\neq0,k_v=0,\theta=0,z_w^*\neq0$,则稳定性安全系数的表达式为:

$$F_s=\frac{2c^*P+\left[(Q+2q^*R)\dfrac{\cos(\theta+\alpha)}{\cos\theta}-\dfrac{z_w^{*2}}{\gamma^*}\sin\alpha-\dfrac{z_w^*}{\gamma^*}P\right]\cdot\tan\varphi}{(Q+2q^*R)\dfrac{\sin(\theta+\alpha)}{\cos\theta}+\dfrac{z_w^{*2}}{\gamma^*}\cos\alpha} \tag{6-22}$$

然而,当堆积型滑坡的滑体为 c-φ 的材料,同时,$c^*\neq0,\varphi\neq0,q^*\neq0,k_h\neq0,k_v\neq0,\theta=\tan^{-1}[k_h/(1+k_v)],z_w^*\neq0$,则表达式(6-14)对其适用。需要指出的是,以上几种特例表达式在其他参考文献中也有类似表示[192,203,204]。

6.2.3　边坡动力稳定性参数影响分析

由于涉及的影响参数数量比较多，以下主要针对坡顶张裂缝高度、张裂缝水力作用、水平地震荷载、竖向地震荷载在坡顶超载的作用下对边坡动力稳定性的影响进行相关分析。同时，基本参数为：边坡滑动面倾角 $\alpha = 30°$，边坡坡角 $\beta = 50°$，边坡滑坡土体的黏聚力 $c^* = 0.1$，内摩擦角 $\varphi = 25°$，土体重度 $\gamma^* = 2.5$。变化的基本参数：滑坡坡顶超载 $q^* = 0 \sim 2.0$，坡顶竖向张裂缝高度 $z^* = 0 \sim 0.3$，坡顶张裂缝处水位高度 $z_w^* = 0 \sim 0.2$，水平地震影响系数 $k_h = 0 \sim 0.2$ 和竖向地震影响系数 $k_v = 0 \sim 0.2$。

(1)坡顶竖向张裂缝高度的影响

当边坡滑动面倾角 $\alpha = 30°$，边坡坡角 $\beta = 50°$，边坡滑坡土体的黏聚力 $c^* = 0.1$，内摩擦角 $\varphi = 25°$，土体重度 $\gamma^* = 2.5$，张裂缝水位高度 $z_w^* = 0$，水平地震影响系数 $k_h = 0.1$ 和竖向地震影响系数 $k_v = 0.05$。考虑不同坡顶竖向裂缝高度 $z^* = 0$、$z^* = 0.15$、$z^* = 0.3$ 时在超载作用下边坡动力稳定性的影响。

图6-2为在超载作用下的不同坡顶竖向张裂缝高度对边坡动力稳定性安全系数的影响曲线。

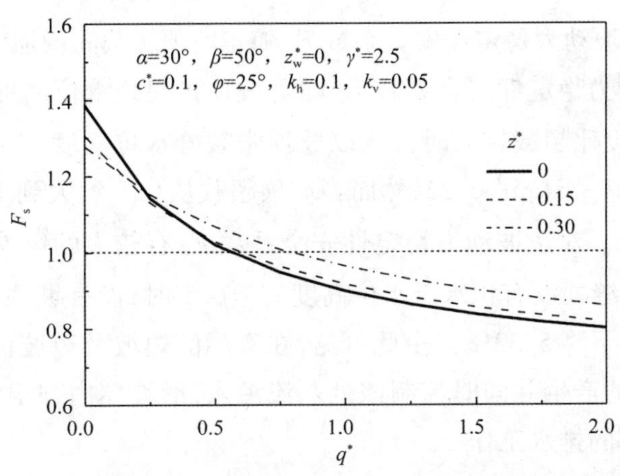

图6-2　超载作用下不同张裂缝高度对边坡动力稳定性的影响

从图6-2可知：边坡动力稳定性安全系数 F_s 随着坡顶超载的增加而降低，其稳定性受超载的影响较大；当坡顶超载较小时，边坡动力稳定性安全系数 F_s 随着坡顶竖向张裂缝高度的增加而减小，且其下降的幅度较大。以坡顶竖向张裂缝高度 $z^* = 0.15$ 为例，当坡顶超载从0增大到0.5时，F_s 下降了0.28，然而当坡顶超载从0.5增大到1时，F_s 下降了0.11。坡顶竖向张裂缝的高度 z^* 对边坡动力稳定性安全系数 F_s 具有一定的影响，当坡顶超载的数值较小时，F_s 随着 z^* 的增加而减小。

(2)张裂缝水位高度的影响

当边坡滑动面倾角 $\alpha = 30°$，边坡坡角 $\beta = 50°$，边坡滑坡土体的黏聚力 $c^* = 0.1$，内摩擦

角 $\varphi=25°$,土体重度 $\gamma^*=2.5$,坡顶竖向裂缝高度 $z^*=0.2$,水平地震影响系数 $k_h=0.1$ 和竖向地震影响系数 $k_v=0.05$。考虑不同张裂缝水位高度 $z_w^*=0$、$z_w^*=0.1$、$z_w^*=0.2$ 时在超载作用下边坡动力稳定性的影响。

图 6-3 为在超载作用下的不同张裂缝水位高度对边坡动力稳定性安全系数的影响曲线。

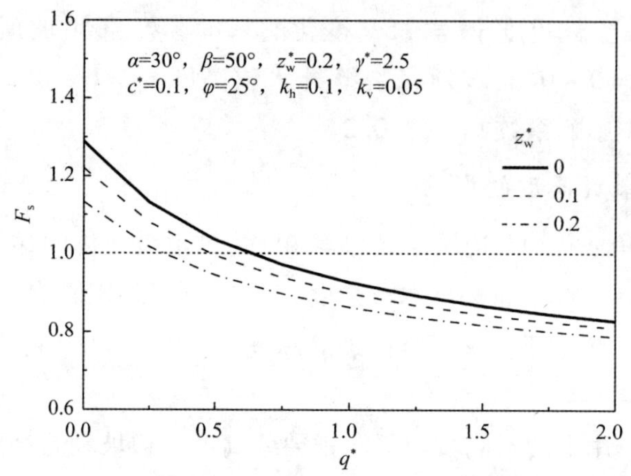

图 6-3　超载作用下不同张裂缝水位高度对边坡动力稳定性的影响

从图 6-3 可知:边坡动力稳定性安全系数 F_s 随着坡顶超载的增加而降低,其稳定性受超载的影响较大;边坡动力稳定性安全系数 F_s 随着坡顶张裂缝水位高度的增加而减小,且在超载较小时下降的幅度比超载较大时大。以坡顶张裂缝水位高度 $z_w^*=0.1$ 为例,当坡顶超载从 0 增大到 0.5 时,F_s 下降了 0.22,然而当坡顶超载从 0.5 增大到 1 时,F_s 下降了 0.10。坡顶张裂缝水位高度 z_w^* 对边坡动力稳定性安全系数 F_s 有较大的影响,坡顶张裂缝处水位高度 $z_w^*=0$ 时,即张裂缝处没有积水至水位高度 $z_w^*=0.1$ 时,没有坡顶超载作用时边坡动力稳定性安全系数 F_s 将下降 5.33%。由此可见,在实际的边坡及边坡抗震加固中,应尽量避免坡顶竖向张拉裂缝的产生并同时控制该处水流渗入,滑坡体内部雨水的排出显得尤其重要,应做好滑坡体内部的排水工作。

(3)水平地震荷载的影响

当边坡滑动面倾角 $\alpha=30°$,边坡坡角 $\beta=50°$,边坡滑坡土体的黏聚力 $c^*=0.1$,内摩擦角 $\varphi=25°$,土体重度 $\gamma^*=2.5$,坡顶竖向裂缝高度 $z_w^*=0.1$,坡顶竖向张裂缝高度 $z^*=0.2$ 和竖向地震影响系数 $k_v=0$。考虑不同水平地震荷载 $k_h=0$、$k_h=0.1$、$k_h=0.2$ 时在超载作用下边坡动力稳定性的影响。

图 6-4 为在超载作用下的不同水平地震荷载对边坡动力稳定性安全系数的影响曲线。

从图 6-4 可知:边坡动力稳定性安全系数 F_s 随着坡顶超载的增加而降低,其稳定性受超载的影响较大;边坡动力稳定性安全系数 F_s 受水平地震荷载的影响十分显著,F_s 随着水平地震荷载的增加而减小;当水平地震荷载 $k_h=0$ 时,即没有地震荷载作用时,F_s 均在 1.0

以上，然而，当水平地震荷载 $k_h=0.2$ 时，边坡的稳定性安全系数 F_s 几乎均在 1.0 以下；超载较小时，F_s 随着超载的增加其下降的幅度比超载较大时更大。以受水平地震荷载 $k_h=0.1$ 为例，当坡顶超载从 0 增大到 0.5 时，F_s 下降了 0.24，然而当坡顶超载从 0.5 增大到 1 时，F_s 下降了 0.10。同时可以发现，当坡顶没有超载作用时，不受地震荷载作用 $k_h=0$ 至 $k_h=0.1$ 时，边坡动力稳定性安全系数 F_s 将下降 17.2%。因此在实际的边坡及其抗震设计中，应特别注意水平地震荷载对边坡动力稳定性的影响。

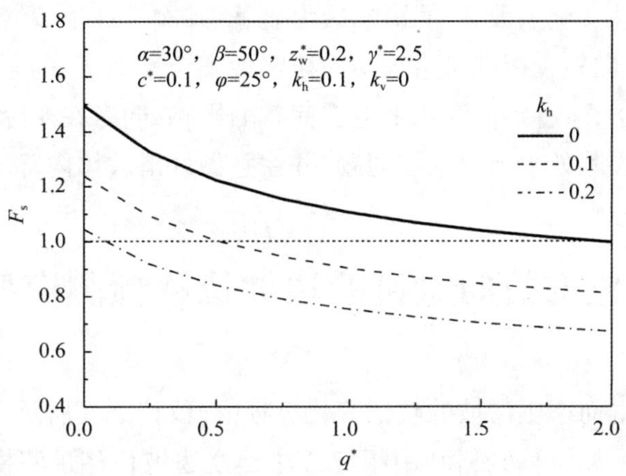

图 6-4　超载作用下不同水平地震荷载对边坡动力稳定性的影响

(4) 竖向地震荷载的影响

当边坡滑动面倾角 $\alpha=30°$，边坡坡角 $\beta=50°$，边坡滑坡土体的黏聚力 $c^*=0.1$，内摩擦角 $\varphi=25°$，土体重度 $\gamma^*=2.5$，坡顶竖向裂缝高度 $z_w^*=0.1$，坡顶竖向张裂缝高度 $z^*=0.2$ 和水平地震影响系数 $k_h=0.1$。考虑不同水平地震荷载 $k_v=0$、$k_v=0.1$、$k_v=0.2$ 时在超载作用下边坡动力稳定性的影响。

图 6-5 为在超载作用下的不同竖向地震荷载对边坡动力稳定性安全系数的影响曲线。

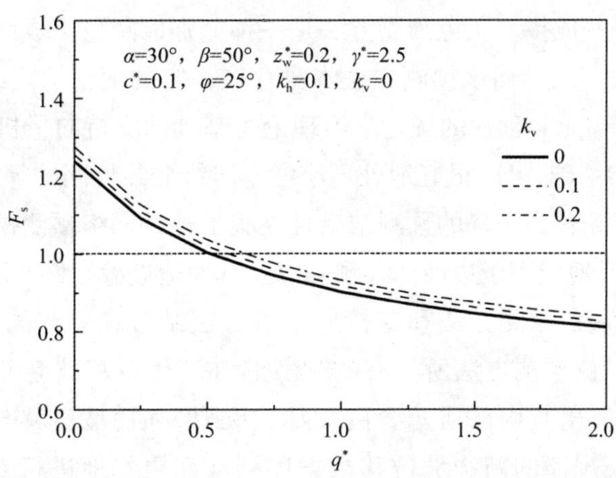

图 6-5　超载作用下不同水平地震荷载对边坡动力稳定性的影响

从图 6-5 可知:边坡动力稳定性安全系数 F_s 随着坡顶超载的增加而降低,其稳定性受超载的影响较大;边坡动力稳定性安全系数 F_s 受竖向地震荷载的影响很小,3 种工况几乎重合在一起。同时对比图 6-4 和图 6-5 可以发现,竖向地震荷载对边坡动力稳定性安全系数的影响相对于水平地震荷载的影响则要小得多。这也从另一方面可反映出,在实际工程的边坡抗震设计中采用水平地震系数控制具有一定的合理性。

从图 6-2 ~ 图 6-5 中可以看出:边坡动力稳定性安全系数的各个影响因素中,水平地震荷载对边坡动力稳定性安全系数 F_s 的影响最为显著,其次是坡顶裂缝处水位高度和坡顶竖向张裂缝的影响,而竖向地震荷载对边坡动力稳定性安全系数 F_s 的影响最小。建议边坡及边坡抗震设计与加固中,应特别注意水平地震荷载的影响,同时在实际工程中应避免坡顶张拉裂缝的产生以及该裂隙处水流渗入等问题,并注意做好滑坡体内部的渗水排出工作。

6.3 基于灰色支持向量机的边坡位移预测模型

在边坡发生变形继而产生滑坡的整个演化过程中,位移是其所反馈出的重要信息之一,通过现场监测的边坡原始位移数据利用相应方法建立边坡位移预测模型,这有助于进行边坡未来演化规律以及发展趋势等方面的研究,同时其可有效地用来评价和判断边坡的稳定性[205]。边坡位移发展受地震、水力条件、地质环境及人类活动等多因素影响,因此在实际中通常很难形成可进行全面描述的边坡位移预测模型。近年来在边坡工程中用于进行边坡位移预测的方法较多,其中主要包括灰色预测模型[206]、神经网络预测模型[207]、支持向量机(Support Vector Machine,SVM)预测模型[208]以及多种方法联合的组合预测模型[209]等。需要说明的是,对边坡位移发展规律及演化进行长期预测往往是不现实的,而对其进行一定的短期预测才真正可行。

目前,国内外一些学者运用基于灰色系统理论的灰色预测方法就边坡位移预测方面进行了相关研究并取得了一些成果。灰色预测方法是一种分别以灰色生成函数概念和微分拟合为基础与核心的建模方法[189],然而该预测方法本身存在一定的理论缺陷,得到的灰色预测结果误差较大。近年来,以 Vapnik 创建的统计学习理论为基础的支持向量机方法[210],由于该方法具有严格的理论和数学基础、可以很好地处理小样本多维非线性问题等优点,同时该方法通过较少的样本量就可以得到较为正确的预测结果且克服了神经网络预测模型收敛速度慢和局部极小点等缺点,已被广泛地应用于边坡位移预测以及其他边坡稳定性问题等诸多领域[211]。

因此,本节提出将灰色预测方法和支持向量机方法结合在一起的灰色支持向量机边坡位移预测模型。基于灰色预测方法所具有的"累加生成"优点基础上可进一步得到新的边坡位移时间序列,从而凸显出其内部所蕴含的规律,达到增强边坡位移数据规律性的目的,因此可得到具有单调增长规律的新边坡位移数据序列从而更好地进行支持向量机学习,最后可建立性能更优的灰色支持向量机边坡位移预测模型。

6.3.1　灰色预测方法

GM(1,1)模型因其原理简单实用,所以其已经成为目前众多灰色预测方法中应用最为广泛的一种预测模型,它是一阶线性的单序列动态模型,通过对原始数据序列做一次“累加生成”处理,同时采用微分方程进行逼近拟合,然后进行一次“累减还原”方式进行处理就可以得到其预测值,该方法用于进行边坡位移预测的基本过程如下所示[189]。

通常情况下,对于边坡位移样本总数为 n 时,可采用式(6-23)对边坡位移时序进行相应的描述:

$$X^{(0)}=\{X^{(0)}(1),X^{(0)}(2),\cdots,X^{(0)}(n)\} \tag{6-23}$$

首先对监测得到的边坡位移原始数据序列做一次累加生成,从而获得规律性更强的新边坡位移数据序列如式(6-24)所示:

$$X^{(1)}=\{X^{(1)}(1),X^{(1)}(2),\cdots,X^{(1)}(n)\} \tag{6-24}$$

同时 $X^{(1)}(k)$ 可以用式(6-25)表示:

$$X^{(1)}(k)=\sum_{i=1}^{k}X^{(0)}(i)\ (k=1,2,3,\cdots,n) \tag{6-25}$$

此边坡位移数据序列微分方程为:

$$\frac{\mathrm{d}X^{(1)}}{\mathrm{d}t}+aX^{(0)}=b \tag{6-26}$$

同时该微分方程的解如式(6-27)所示:

$$\hat{X}^{(1)}(k+1)=[X^{(0)}(1)-\frac{a}{b}]\mathrm{e}^{-ak}+\frac{a}{b} \tag{6-27}$$

然后,对其进行一次“累减还原”处理,进一步便可以得到边坡位移的预测值,如式(6-28)表示:

$$\hat{X}^{(0)}(k+1)=\hat{X}^{(1)}(k+1)-\hat{X}^{(1)}(k)=(1-\mathrm{e}^{a})[X^{(0)}(1)-\frac{a}{b}]\mathrm{e}^{-ak} \tag{6-28}$$

式(6-28)中的 a,b 均可以通过最小二乘法估计得到。

6.3.2　支持向量机预测模型

支持向量机的基本思想[212]是通过采用内积函数(或者称为核函数)所定义的非线性变换,将输入空间的非线性问题转化成一个高维空间的线性问题,然后在这个高维空间中寻找位于输入变量和输出变量之间的一种非线性关系,其基本结构如图6-6所示。

支持向量机的只需要少量的支持向量便可以构成最优分类器,其具有学习速度快、结构简单以及优化求解时具有唯一的极小点等特点。

对于用于进行边坡位移预测的支持向量机模型,根据现场监测得到的边坡位移原始数据,进一步建立相应的训练样本$\{\boldsymbol{x}_i,y_i\}$,然后挑出得出一个合适的函数 $\phi(\cdot)$,并且将它经

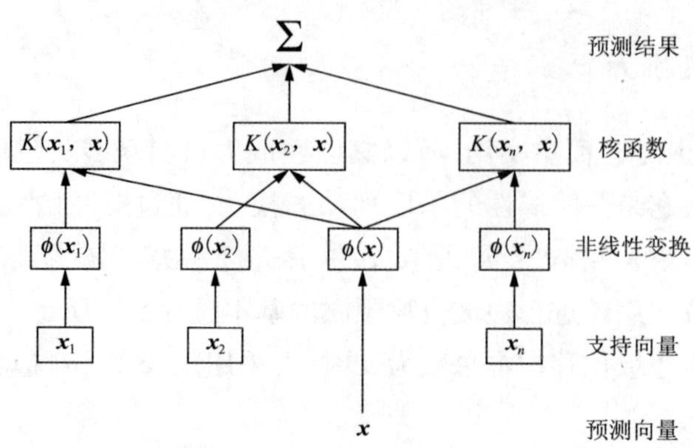

图6-6　支持向量机基本结构图

过相应的训练后,则对于训练样本以外的$\boldsymbol{x}_i$,通过函数$\phi(\cdot)$就可以比较准确地找到相应的y_i。

首先进行样本训练集的构建,边坡原始监测位移数据的样本总数为n,则其时序相应地可用$\{\boldsymbol{x}_t | t=1,2,\cdots,q\}$进行表示。需要说明的是,前$n-\eta$个边坡位移原始数据用来进行数据的训练,通常可称为训练样本数据,剩下的η个现场监测边坡位移原始数据则用来进行相应检验。

边坡位移训练数据样本的拟合函数可用式(6-29)的形式进行表达:

$$\tilde{f}(\boldsymbol{x}) = \boldsymbol{\omega}^{\mathrm{T}}\phi(\boldsymbol{x}_k) + b \ (\boldsymbol{\omega} \in R_{nh}, b \in R) \tag{6-29}$$

表达式(6-29)中$\phi(\cdot):R_n \in R_{nh}$和$b$分别表示线性函数与偏置量。

通过引入惩罚因子C(通常情况下C为正数)以及损失函数参数ε,可以使得式(6-29)的求解最小值问题转化成为一个求解最优化问题,同时最优化问题可以下式进行描述,如式(6-30)所示:

$$\min \frac{1}{2} \|\boldsymbol{\omega}\|^2 + C \cdot \sum_{i=1}^{n} (\xi_i + \xi_i^*) \tag{6-30}$$

$$\text{s.t.}\begin{cases} \boldsymbol{\omega}^{\mathrm{T}}\phi(\boldsymbol{x}_i) + b - y_i \leqslant \varepsilon + \xi_i \\ y_i - \boldsymbol{\omega}^{\mathrm{T}}\phi(\boldsymbol{x}_i) + b \leqslant \varepsilon + \xi_i \ (i=1,2,\cdots,n) \\ \xi_i, \xi_i^* \geqslant 0 \end{cases}$$

式中:$\|\boldsymbol{\omega}\|^2$——描述函数$\tilde{f}(\boldsymbol{x})$复杂度的项。

然而通过采用核函数$K(\boldsymbol{x}_i,\boldsymbol{x}_j)$的方式,在 Lagrange Multipiler Method 和对偶原理的基础上,则可以将式(6-30)的优化问题简化成对偶形式,如式(6-31)所示:

$$\min \frac{1}{2}\sum_{i,j=1}^{n} (\alpha_i^* - \alpha_i)(\alpha_j^* - \alpha_j)K(\boldsymbol{x}_i \cdot \boldsymbol{x}_j) + \varepsilon \sum_{i=1}^{n} (\alpha_i^* + \alpha_i) - \sum_{i=1}^{n} y_i(\alpha_i^* - \alpha_i) \tag{6-31}$$

$$\text{s.t.}\begin{cases}\sum_{i=1}^{n}(\alpha_i-\alpha_i^*)=0\\0\leqslant\alpha_i,\alpha_i^*\leqslant C(i=1,2,\cdots,n)\end{cases}$$

选择合适的 ε、C 以及相应的核函数 $K(\boldsymbol{x}_i,\boldsymbol{x}_j)$，可以得到最优解 $\bar{\alpha}$，最优解的表达式如式(6-32)所示：

$$\bar{\alpha}=(\bar{\alpha}_1,\bar{\alpha}_1^*,\cdots,\cdots,\bar{\alpha}_n,\bar{\alpha}_n^*)^{\mathrm{T}} \tag{6-32}$$

通过 KTT 条件便可以求出相应的偏置 b，其结果如式(6-33)所示：

$$b=y_i-\sum_{i=1}^{n}(\bar{\alpha}_i^*-\bar{\alpha}_i)(\boldsymbol{x}_i\cdot\boldsymbol{x}_j)\pm\varepsilon \tag{6-33}$$

所以边坡位移训练数据样本拟合函数 $\tilde{f}(\boldsymbol{x})$ 经过构造得出如式(6-34)所示，同时它可看成边坡位移的预测函数。

$$\tilde{f}(\boldsymbol{x})=\sum_{i=1}^{n}(\bar{\alpha}_i^*-\bar{\alpha}_i)K(\boldsymbol{x}_n\cdot\boldsymbol{x}_{nt})+\bar{b} \tag{6-34}$$

最后，$t+1$ 时刻以及 $t+p$ 时刻的边坡位移结果可分别通过式(6-35)以及式(6-36)进行相应预测得到。

$$\bar{\boldsymbol{x}}_{t+1}=\sum_{i=1}^{n}(\bar{\alpha}_i^*-\bar{\alpha}_i)K(\boldsymbol{x}_n\cdot\boldsymbol{x}_{nt})+\bar{b} \tag{6-35}$$

$$\bar{\boldsymbol{x}}_{t+p}=\sum_{i=1}^{n}(\bar{\alpha}_i^*-\bar{\alpha}_i)K(\boldsymbol{x}_n\cdot\boldsymbol{x}_{n(t+p-1)})+\bar{b} \tag{6-36}$$

模型参数的不同选取，其将对模型预测精度造成不同的影响，模型参数主要为 C、ε、$K(\boldsymbol{x}_i,\boldsymbol{x}_j)$ 及其参数。

①一般情况下，支持向量越少且损失函数参数 ε 值越大时，则将明显降低边坡位移预测模型的精度，所以该参数大小为 0.0001 ~0.1。

②惩罚因子 C 直接影响着所建立模型的拟合程度，拟合的程度随着其值的增大而不断提高，所以该参数大小为 0.1 ~100。

③在支持向量机方法中，核函数的选取是一个相对较困难的问题，其不同的选取将直接对所形成的最优回归曲线泛化能力造成不同程度的影响。目前研究最多的核函数主要包括以下 3 种类型，它们分别为多项式核函数、径向基核函数(RBF)以及 Sigmoid 核函数，依次如式(6-37) ~式(6-39)所示：

$$K(\boldsymbol{x}_i,\boldsymbol{x})=(\boldsymbol{x}_i\cdot\boldsymbol{x}+1)^d(d=1,2,\cdots,n) \tag{6-37}$$

$$K(\boldsymbol{x}_i,\boldsymbol{x})=\exp(-\|\boldsymbol{x}-\boldsymbol{x}_i\|^2/\sigma^2) \tag{6-38}$$

$$K(\boldsymbol{x}_i,\boldsymbol{x})=\tanh(u\boldsymbol{x}_i\cdot\boldsymbol{x}+v) \tag{6-39}$$

同时，式中的 d、u、v 均为核函数的相关参数。

6.3.3 灰色支持向量机预测模型

在对灰色预测方法和 SVM 预测模型基本原理以及它们各自优缺点分析的基础上，提出了新的灰色 SVM 边坡位移预测模型,利用灰色预测方法的"累加生成"优点得到新的边坡位移时序,并凸显出其内部蕴含的规律,达到增强边坡位移数据规律性的目的,因此可得到具有单调增长规律的新边坡位移数据时间序列从而更好地进行 SVM 学习,最后可建立性能更优的灰色 SVM 边坡位移预测模型。

基于灰色支持向量机的边坡位移预测模型的计算步骤[213]如下:

①将灰色预测方法中的式(6-23)采用式(6-25)的方式进行一次"累加生成"处理并得到式(6-24)。

②选择合适的核函数,本书边坡位移预测模型中采用式(6-38)所示的径向基核函数,即 $K(\boldsymbol{x}_i,\boldsymbol{x}) = \exp(-\|\boldsymbol{x}-\boldsymbol{x}_i\|^2/\sigma^2)$。

③采用支持向量机的预测模型对优化问题中的式(6-31)进行相应求解,找出支持向量 $\boldsymbol{x}_i(i=1,2,\cdots,n)$。

④构造如式(6-34)所示的边坡位移预测的回归函数。

⑤对边坡位移累加序列 $X^{(0)}$ 进行相应的求解,可以进一步得到边坡位移的预测值 $\hat{X}^{(1)}$。

⑥对预测得到的边坡位移结果 $\hat{X}^{(1)}$ 做一次"累减还原"处理,便可以进一步得出边坡位移监测数据时序 $X^{(0)}$ 的真实预测表达式,如式(6-40)所示:

$$\hat{X}^{(0)}(k+1) = \hat{X}^{(1)}(k+1) - \hat{X}^{(1)}(k) \quad (k=n+1,n+2,\cdots) \tag{6-40}$$

6.3.4 灰色支持向量机预测模型的工程应用

选取某一工程实例边坡,然而在其施工期间该边坡却产生了较大位移,为了避免边坡失稳产生滑坡从而给公路交通带来安全隐患,因此沿边坡主滑方向布置了相应的位移监测点,其中某监测点的位移原始数据见表 6-1[205]。

某滑坡位移原始数据 表 6-1

编号	原始位移(mm)	编号	原始位移(mm)	编号	原始位移(mm)	编号	原始位移(mm)	编号	原始位移(mm)
1	1.44	8	4.74	15	6.47	22	7.30	29*	7.43
2	2.54	9	4.83	16	6.71	23	7.32	30*	7.48
3	3.35	10	4.97	17	6.91	24	7.34	31*	7.55
4	3.92	11	5.20	18	7.06	25	7.35	32*	7.64
5	4.29	12	5.50	19	7.16	26	7.36	33*	7.75
6	4.52	13	5.84	20	7.22	27	7.38	—	—
7	4.66	14	6.17	21	7.27	28	7.40	—	—

注:*表示用来预测的对比数据。

需要说明的是，为了方便与参考文献[205]中灰色模型预测结果对比，与参考文献[205]一样，取样本 $n=28$ 个时间序列的数据用于建立模型，带 * 标记的 5 个数据则用来进行检验与对比。表 6-2 给出的是分别采用灰色 SVM 模型、单一 SVM 模型及参考文献[205]中灰色模型 3 种情况下预测得出的对比结果。

不同预测模型下的位移预测结果　　表 6-2

时序	监测位移（mm）	灰色模型		SVM 模型		灰色 SVM 模型	
		预测值（mm）	相对误差（%）	预测值（mm）	相对误差（%）	预测值（mm）	相对误差（%）
29 *	7.43	8.5837	15.53	6.7442	9.23	7.1982	3.12
30 *	7.48	8.8218	17.94	6.6415	11.21	7.0005	6.41
31 *	7.55	9.0665	20.09	6.8139	9.75	7.1438	5.38
32 *	7.64	9.3180	21.96	6.9432	9.12	7.2313	5.35
33 *	7.75	9.5765	23.57	7.0773	8.68	7.5105	3.09
平均相对误差（%）		19.818		9.598		4.670	

从表 6-2 可以看出：用灰色支持向量机模型对边坡位移进行预测，其预测结果与实际监测值吻合很好，其预测精度较高，其精度要远远好于其他两种模型，其最大相对误差只有 6.41%；灰色模型的预测精度最差，最大相对误差达到了 23.57%；单一的支持向量机模型的预测精度相对于灰色预测模型而言，其预测精度有一定的提高，其最大相对误差则为 11.21%；灰色模型、SVM 模型和灰色 SVM 模型的平均相对误差分别为 19.818%、9.598% 和 4.670%。由此可见，灰色支持向量机的边坡位移预测模型精度较高，可以满足边坡工程位移预测要求，该方法为边坡位移的预测提供了一条新的途径。

6.4　堆积型滑坡地震响应影响因素敏感性分析

通过前面第 3 章堆积型滑坡地震响应的离心振动台模型试验分析以及 3.4 节地震动参数对堆积型滑坡地震响应的影响分析可知，堆积型滑坡地震响应不仅与地震动参数有关，同时其还与边坡的高程和位置等其他因素具有密切关系。因此，有必要对堆积型滑坡动力响应的影响因素特征进行进一步分析。

正交设计方法的计算过程简单且分析结果可靠，其通过分析部分试验结果可达到了解整个试验的目的，易被广大科研和工程设计人员所接受，所以本节在第 3 章堆积型滑坡地震响应离心振动台模型试验结果的基础上，采用该方法对堆积型滑坡地震响应的影响因素进行敏感性分析，找出其最大地震响应的发生位置，并将其结果与离心振动台模型试验结果进行相应对比。

6.4.1 正交设计的原理

正交设计的原理就是从全面、大量的试验点中选处具有代表性的部分试验点来进行试验分析。例如,3个因素(设为A、B、C)组成的全面试验通常可采用一个立方体作为代表进行描述,正交设计原理示意图可用图6-7进行表示[214]。

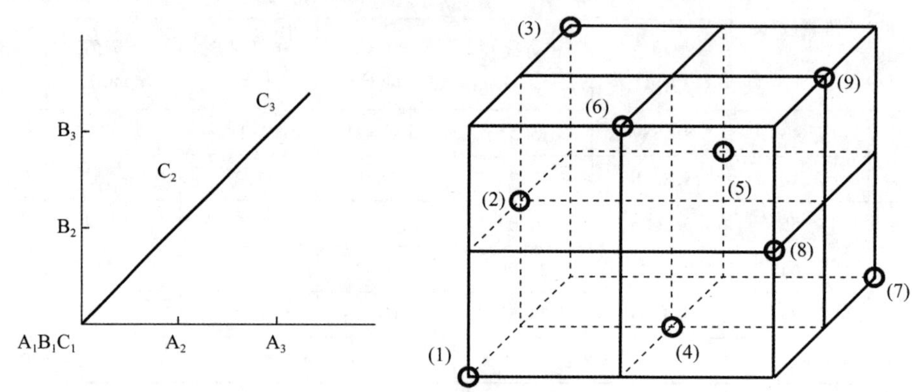

图6-7 正交设计原理示意图

进行试验分析时分别各挑选出3个因素以及3个水平,并可以将图6-7中的立方体分割为27个格点,即图中的各个交点,通常称之为全面试验。而图中采用小圆圈所标记的任意试验点,即为采用$L_9(3^4)$的正交表从全面试验点中(共计27个点)选出的任意9个试验点。所选择的9个试验点均衡地分布在立方体中每个平面上,其具有一定的代表性,同时能够较为全面地反映出选区中的基本情况。

6.4.2 正交设计的方法

正交设计方法是一种基于数理统计与正交设计原理之上的方法,该统计方法可用来分析多个因素、多个水平以及多个指标,同时它也是一种利用已规格化好的正交表进行试验安排的科学方法。通过从全面试验当中选择部分具有代表性的部分试验进行分析,分析所挑选的部分试验数据结果从而可以达到了解并掌握整个试验的基本情况,并从中可以找出最优组合[214]。通常情况下,其可以对下列4种情况进行分析[215]。

①因素的主次关系,就是将影响分析指标比较大的因素称为主要因素,同理,影响分析指标比较小的因素称为次要因素。

②因素与指标之间的关系,即在所选择的各个因素其水平不相同的情况下,而所选择的具体分析指标是如何进行变化的。

③找出较优的水平组合,对所选择的各个因素进行不同组合并找出对分析指标较优的组合。

④粗略估计试验的误差。

正交设计方法作为一种多个因素与所选分析指标进行相应敏感性分析的有效手段,其可以较为简单地从分析结果中找出各个因素对分析指标的影响程度,从而进一步找出所选分析指标的关键因子。同时,正交试验结果通常采用极差分析法进行分析[215],其优点是简单直观、计算量小,因此该方法易被工程设计人员所接受和掌握。

通常分析指标的各个影响因素可分别采用 A、B、C、D 进行描述,它们的水平均用 r 进行表示,所以各个影响因素的第 i 水平分别为 A_i、B_i、C_i、D_i……同时影响因素 j 在第 i 水平的数值及其相对应的分析指标结果可分别采用 X_{ij} 和 Y_{ij} 进行表示($i = 1,2,3,\cdots,r$; $j = A,B,C\cdots$)。所以,在 X_{ij} 条件下进行 n 次试验并可获得 n 个试验分析指标结果时则可用 Y_{ijk}($k = 1,2,3,\cdots,n$)进行表示。影响因素 j 在第 i 水平条件下的参数 K_{ij} 可通过式(6-41)计算得到。

$$K_{ij} = \sum_{i=1}^{n} Y_{ijk} \tag{6-41}$$

通过计算各个因素的极差 R_j 可评价出其对所选分析指标影响的大小程度,其值越大,表明其对分析指标影响越大,反之则越小。同时找出各个因素所对应的最大影响水平,则可相应的找出对所选分析指标关系最为密切的因子。极差的计算公式如式(6-42)所示[215]。

$$R_j = \max\{K_{1j}, K_{2j}, \cdots, K_{ij}\} - \min\{K_{1j}, K_{2j}, \cdots, K_{ij}\} \tag{6-42}$$

6.4.3　正交设计结果分析

采用正交设计方法进行相应分析时,主要包括以下两个方面[215]:

①方案设计:首先根据试验的具体情况,从众多设计好的正交表中挑选出较为合适的一张同时将其记作 $L_a(b^c)$,其具有正交性、代表性及综合可比性;然后,进行相应的表头设计,即把各个影响因素随机列入正交表的列上方,因此确定了因素在不同水平条件下的计算方案。

②结果分析:根据计算方法得出的数据结果进行相应的整理与统计,同时将各个影响因素与所选分析指标之间的关系进行描述并给出相应的结论。正交设计的计算数据常采用极差分析法和方差分析法进行分析。基于先前方法的介绍,可知极差分析法具有计算比较简便且易于掌握等优点,因此本节只选择极差分析法进行结果分析。

结合第 3 章堆积型滑坡地震响应离心振动台模型试验结果及 3.5 节地震动参数对堆积型滑坡地震响应的影响分析可知,影响堆积型滑坡地震响应的因素较多,本节选取地震波的激励峰值(A)、堆积型滑坡的高程(B)、地震波加载类型(C)及堆积型加速度传感器的位置(D)4 个影响因素,并以堆积型滑坡的地震响应(各测点的 PGA 放大系数)作为分析指标。针对这 4 个因素对堆积型滑坡地震响应(加速度响应)的影响进行相应的敏感性分析,设计了 $L_9(3^4)$ 的正交表,表 6-3 给出的是影响堆积型滑坡加速度响应的因素水平表。需要说明的是,因输入峰值加速度为 $0.5g$ 的地震波只有清溪波,所以为了便于比较,将 $0.5g$ 的清溪波工况测得数据剔除,没有将其用来比较。

影响因素水平表 表 6-3

水平	A	B	C	D
	峰值	高程	波型	位置
1	0.1	A4(A10)	El Centro	坡内
2	0.2	A5(A6)	清溪	坡面
3	0.4	A2(A8)	Taft	(坡面)

注:A4(A10)表示坡面(坡内)对应加速度传感器编号。

选择第3章堆积型滑坡地震响应的离心振动台模型试验所得到的各测点PGA放大系数作为分析指标,基于各地震波工况下各测点的加速度峰值放大系数的汇总表(表3-1),则正交设计及加速度峰值放大系数见表6-4。

正交设计及加速度峰值放大系数 表 6-4

编　　号	A	B	C	D	PGA 放大系数
	峰值	高程	波型	位置	
1	1	1	1	1(1)	1.23
2	1	2	2	2(2)	1.97
3	1	3	3	3(2)	0.89
4	2	1	2	3(2)	1.45
5	2	2	3	1(1)	0.96
6	2	3	1	2(2)	0.88
7	3	1	3	2(2)	1.43
8	3	2	1	3(2)	1.56
9	3	3	2	1(1)	1.38

注:3(2)表示选中第2水平重复一次作为第3水平,即虚拟水平。

极差分析法的求解过程大致可以分成三步进行,具体如下:首先可以求出文中所选的4个影响因素(地震波峰值A、堆积型滑坡的高程B、输入地震波的类型C以及各测点的位置D)在其3个水平下的PGA放大系数平均值;其次分别求出同一影响因素在其所选3个水平中PGA放大系数平均值的极差;最后根据极差结果,将其按照从大到小的顺序进行排序,同时找出堆积型滑坡最大地震响应的关键信息,其计算结果见表6-5。

极差法的计算结果 表 6-5

水　平	A	B	C	D
	峰值	高程	波型	位置
K_{1j}	4.09	4.11	3.67	3.57
K_{2j}	3.29	4.49	4.80	8.18
K_{3j}	4.37	3.15	3.28	—
极差	0.36	0.45	0.51	0.17
顺序	C → B → A → D			
最大响应	A_3	B_2	C_2	D_2

由表6-5的极差分析结果可知，本节所选择的4个因素对地震作用下堆积型滑坡加速度响应的影响大小顺序分别为加载波型、边坡高程、激励峰值和坡体位置。同时找出了堆积型滑坡中地震响应最明显的关键点为 A_3、B_2、C_2和 D_2所组成的位置处，即位于输入地震波峰值加速度为0.4g的清溪波作用下坡面靠近坡体顶部位置A5传感器处，从中体现了堆积型滑坡地震响应的坡面浅表放大效应、高程放大效应等。由此可见，正交设计方法分析所得到的结果与堆积型滑坡地震响应的离心振动台模型试验分析结果一致。因此该方法在进行堆积型滑坡地震响应及其影响因素敏感性分析等方面的研究是可靠的，分析结果可为设计及研究人员在边坡工程及抗震加固方面提供一定的参考。

总之，影响堆积型滑坡地震响应的因素众多。由于第3章离心振动台模型试验的试验条件限制，只是在特定的条件下，如特定的峰值、波型、高程及位置，针对堆积型滑坡地震响应影响因素相对大小进行分析，可能存在一定局限性，但分析结果和试验现象及前文分析基本吻合，如堆积型滑坡地震响应具有坡面浅表放大效应、高程放大效应等特点。因此，采用正交设计方法进行堆积型滑坡地震响应影响因素敏感性分析，其分析结果可信，可为地震诱发产生滑坡等地质灾害的防治提供理论参考依据，特别是地震活动频繁、地质灾害频发的地区，从而也可为抗滑桩加固的离心振动台模型试验分析提供参考作用。

6.5　本章小结

本章结合极限平衡理论，运用拟静力法推导了考虑多因素的滑坡动力稳定性安全系数通用表达式并进行了相关参数分析，同时建立了灰色支持向量机的边坡位移预测模型并将其应用于某一滑坡的工程实例，最后基于离心机振动台模型试验以及正交设计法，对堆积型滑坡地震响应的影响因素进行了敏感性分析。本章主要得到以下的结论：

①推导了考虑诸如水力条件、坡顶超载、坡顶竖向张拉裂缝、张拉裂缝处水位高度、水平地震荷载和竖向地震荷载等参数的堆积型滑坡动力稳定性安全系数通用表达式并进一步开展了相应的特例分析，其结果对堆积型滑坡及其抗震加固提供一定的参考价值。

②影响堆积型滑坡动力稳定性安全系数的因素众多，其中，水平地震荷载对边坡动力稳定性安全系数的影响最为显著，其次是坡顶裂缝处水位高度和坡顶竖向张裂缝的影响，而竖向地震荷载对边坡动力稳定性安全系数的影响最小。建议边坡抗震设计及其抗震加固中，应注意水平地震荷载的影响，在实际工程中应避免坡顶张拉裂缝处水流渗入，并注意做好坡体内部的渗水排出工作。

③在对灰色预测方法和支持向量机预测模型各自优缺点分析的基础上，提出了新的灰色支持向量机的边坡位移预测模型，利用灰色预测方法的“累加生成”优点得到新的边坡位移时间序列，削弱其原有数据扰动因素影响，进而凸显出其内部蕴含的规律，达到增强边坡位移数据规律性的目的。对比分析用灰色支持向量机模型、灰色预测方法以及单一支持向

量机预测模型的结果表明，其预测结果与实际监测值吻合很好，其预测精度较高，其精度要远远好于其他两种模型。由此可见，灰色支持向量机的边坡位移预测模型精度较高，为边坡位移的预测提供了一条新的途径。

④利用正交设计方法对堆积型滑坡地震响应的影响因素进行了分析，结果表明，堆积型滑坡地震响应的影响因素大小顺序为加载波型影响最大，其次是边坡高程、激励峰值，影响最小的是坡体位置因素。影响堆积型滑坡地震响应的因素众多，运用正交设计方法对堆积型滑坡地震响应的影响因素分析具有一定的局限性，但分析结果和试验现象以及前文分析基本吻合，如堆积型滑坡地震响应具有坡面浅表放大效应、高程放大效应等特点。因此，运用正交设计方法进行堆积型滑坡地震响应的影响因素分析的结果是正确可靠的，从而也可为抗滑桩加固的离心振动台模型试验和分析提供一定的参考作用。

第7章 结论与展望

本书设计并完成了4组离心机振动台模型试验，借助数值模拟和数值分析手段，分析了不同强度、不同类型地震波作用下堆积型滑坡体及其抗滑桩加固时的地震响应特征。

7.1 结论

本书采用地震模拟的离心振动台试验技术，在50倍离心加速度条件下，以1组堆积型滑坡离心模型以及3组抗滑桩加固堆积型滑坡离心模型为对象，基于试验测得的位移响应、加速度响应、抗滑桩桩后土压力响应以及抗滑桩桩身弯矩响应数据，分别探讨了不同幅值、不同类型地震动作用下堆积型滑坡及其抗滑桩加固地震响应特征，进而揭示了堆积型滑坡地震响应的一般性规律以及抗滑桩桩后土压力、桩身弯矩分布规律等。同时借助数值模拟和理论分析手段对其进行了相应的拓展。本书的研究工作以及研究结论如下：

①完成了堆积型滑坡以及抗滑桩加固堆积型滑坡地震响应的离心振动台模型试验设计。根据离心振动台模型试验技术的基本原理以及试验设备等要求，制定了离心试验相似关系的基本原则，详细介绍了试验模型、传感器布置、传感器标定、试验模型制备过程与注意事项以及地震动输入等内容。本书共计完成4组动力离心模型试验的设计，1组为堆积型滑坡地震响应的离心振动台模型试验，另外3组为考虑不同桩间距以及滑体不同含水率时抗滑桩加固堆积型滑坡地震响应的离心振动台模型试验。堆积型滑坡及抗滑桩加固离心振动台模型试验的方案设计，为同类试验提供了有价值的参考。

②结合离心振动台模型试验，分析了堆积型滑坡地震响应的特征与规律，得到了以下主要结论。

a. 不同强度的地震波作用下滑坡坡面水平向PGA放大系数沿高程变化的分布规律大致相同；沿坡面高程的增加，坡面水平向PGA放大系数呈非线性增大，在靠近坡顶位置达到最大，最大值达到2.0以上，具有显著的高程放大效应；不同强度地震动激励下，滑坡坡脚A2处PGA放大系数最小且均小于1，坡脚附近对输入地震动具有一定的抑制作用；滑坡对坡面竖直向加速度具有明显的放大效应，沿高程向上，坡面竖直向PGA放大系数呈非线性增大，在靠近滑坡顶部位置达到最大值，同样呈现出高程放大效应；坡面竖直向加速度同水平向加速度一样，受坡脚的抑制作用，且在坡顶附近受坡面和滑面反射、折射的叠加效应的影响，竖直向PGA放大系数增至最大，均可达1.4以上；坡面处的地震动特征可概括为：坡脚抑制，坡顶放大，中间过渡。无论坡面水平向还是竖直向加速度放大系数都呈现出显著的趋表放大效应。

b. 不同强度的地震波作用下滑坡坡体内水平向 PGA 放大系数沿高程变化的分布规律总体表现为沿高程增加先增大后减小；坡体内部的不同部位放大效应明显不同，近坡脚 1/3 高程范围的水平向 PGA（A8 和 A9）放大系数大于 1，呈现放大效应，坡肩 1/3 高程范围的水平向 PGA 放大系数（除 0.1g 外）均小于 1.2，这可能由于坡面、滑面的反射致使坡面能量集中引起的；同时滑体底部的放大系数大于滑体侧边的放大系数，这有可能是临空面效应造成的；坡体内各测点与坡面各测点的水平向 PGA 放大系数沿高程变化的规律不同；坡体靠近滑面处的部位地震动特征可概括为：底部略放大，中部放大最大，顶部基本不放大。

c. 不同强度的地震动作用下基岩不同部位加速度时程曲线形状类似；基岩处水平向加速度呈现随高程增加而增大的现象，即基岩具有高程放大效应，但相对于坡面土体的增大现象则显著减弱，同时与地震动输入相比，总体上均有缩小现象，这是由于基岩的刚度远大于滑体的，在地震动作用下处于弹性范围内所致的。④滑坡坡面水平向与竖直向、坡体内部和基岩的水平向 PGA 放大系数随地震波幅值的增大呈现出不同的变化规律；同时地震波类型对坡面水平向、坡面竖直向及坡体水平向的加速度响应影响大小不同。⑤坡面竖直向加速度和水平向加速度的峰值比值 λ 结果表明，清溪波作用时 λ 平均值最大，其次为 Taft 波作用时，而 El Centro 波作用时最小；清溪波、El Centro 波以及 Taft 波作用下，坡面竖直向峰值加速度平均达到水平向峰值加速度的 69.17%。

③结合离心振动台模型试验，分析了抗滑桩加固堆积型滑坡地震响应特征，得到了以下主要结论。

a. 滑坡对坡面水平向和竖直向加速度都具有明显的浅表放大效应，均在靠近坡顶位置达到最大值，均呈现出明显的高程效应；采用抗滑桩加固的滑坡可以在一定程度上减小坡面的加速度放大效应；超出抗滑桩桩顶高程时，由坡面向坡内，滑坡土体加速度峰值由大到小变化；在清溪波作用下，桩后第一排与第二排各测点的水平向 PGA 放大系数的数值基本均最大，其次为 El Centro 波，Taft 波作用时最小；在不同的类型的地震波作用下，抗滑桩加固堆积型滑坡的桩后各测点不同位置处的加速度响应存在明显的差异。

b. 抗滑桩对附近土体具有一定的加固和阻滞作用，使得靠近基岩处测试点的桩后动土压力最小；不同幅值的地震波激励下，桩后动土压力沿高程分布呈现“两头小、中间大”的变化规律；桩后动土压力随着地震动强度的增大而增大；不同类型的地震波激励时桩后动土压力大小完全不同，桩后动土压力在清溪波激励时其值最大，其次为 El Centro 波激励时，而 Taft 波激励时最小。

c. 静力和动力荷载作用下的桩后土压力分布规律是不相同的；静力荷载作用下桩后土压力最大点为靠近桩身中部的 T2 测试点处，而动力荷载作用下最大点位于桩身中下部的 T3 测试点处；动力荷载引起的动土压力比静力荷载作用下的静土压力要小，清溪波 0.5g 的 QX-5 工况引起的动土压力只有离心加速度为 50g 时桩后静土压力的 61.1%。

d. 同一峰值加速度地震波激励下，靠近抗滑桩顶部与坡面交接附近测试点的桩身动弯矩最小；不同峰值加速度地震波激励下，桩身动弯矩沿高程分布均呈现非线性"凸"形分布规律，自桩顶向桩底，先不断增大并至基岩附近处达到最大，之后则减小；桩身各测点的动弯矩均随着地震动强度的增大而增大，但增加的幅度不相同；同一类型地震波激励时，桩身动弯矩随着输入地震动强度的增大而增大；不同类型的地震波激励时桩身动弯矩大小完全不同，桩身动弯矩在清溪波激励时其值最大，其次为 El Centro 波激励，而 Taft 波激励下桩身动弯矩最小。

e. 静力和动力荷载作用下的桩身弯矩分布规律是不相同的；静力荷载作用下桩后土压力最大点为基岩处之上的 Y4 测试点处，而动力荷载作用下最大点位于基岩处之下的 Y5 测试点处；动力荷载引起的动弯矩比静力荷载作用下的静弯矩要大得多，清溪波 0.5g 的 QX-5 工况引起的动弯矩是离心加速度 50g 时桩身静弯矩的 5.41 倍。

f. 桩间距以及滑体含水率的不同，对地震波作用下抗滑桩加固堆积型滑坡的加速度响应、桩后动土压力响应以及桩身动弯矩响应等特征影响较大。

④在离心振动台模型试验基础上，进行了地震作用下抗滑桩加固堆积型滑坡地震响应的数值分析，同时采用灰色关联分析方法对抗滑桩桩身最大动弯矩影响因素进行了探讨，主要结论如下。

a. 利用有限元软件成功完成了黏弹性人工边界的施加，建立了三维典型算例的计算模型，对比分析了垂直入射条件下监测点的位移峰值的数值解和理论解析解之间的误差，结果表明黏弹性边界施加的有效性以及稳定性。

b. 结合室内土工试验确定了有限元计算模型的参数，基于离心振动台模型试验的相似关系建立了原型的三维有限元计算模型，从加速度放大效应、加速度时程曲线、桩后动土压力以及桩身动弯矩沿高程分布规律等方面将数值模拟结果与试验结果进行了对比分析。总体来说，有限元计算模拟结果与离心振动台试验结果比较吻合，其变化趋势大致相同，验证了有限元模型的合理性以及离心机振动台试验结果的可靠性。

c. 随着桩间距、嵌固深度的增大，抗滑桩承受的动弯矩均随之增大，抗滑桩悬臂段的动弯矩随着嵌固深度的增加而发生较小变化，而嵌固段桩身动弯矩随着嵌固深度的增加而增大；抗滑桩的桩长以及桩截面长度（桩截面宽度）一定时，抗滑桩的动弯矩随着桩截面宽度（桩截面长度）增大呈逐渐增大的趋势变化；桩弹性模量对抗滑桩承受的动弯矩具有一定的影响，随着桩弹性模量增大，抗滑桩的动弯矩也将增大，然而其增大幅度十分有限。

d. 经灰色关联分析可知，地震波的幅值与桩身最大动弯矩关系最为密切，其次为地震波类型，而桩截面宽度、弹性模量、截面长度、嵌固深度以及桩间距这 5 种因素与桩身最大动弯矩的关联程度相差不大，其关联度数值均在 0.557 ~ 0.574 之间。建议地震作用下该堆积型滑坡中抗滑桩抗震设计应以地震波幅值和地震波类型为主，抗滑桩设计参数为辅。

⑤结合极限平衡理论，进行了堆积型滑坡动力稳定性方面的研究，同时建立了灰色支持向量机的边坡位移预测模型，最后在堆积型滑坡地震响应的离心振动台模型试验以及正交

设计法的基础上，对影响堆积型滑坡地震响应的因素进行了敏感性分析，主要结论如下。

a. 分析导出了考虑诸如水力条件、坡顶超载、坡顶竖向张拉裂缝、张拉裂缝处水位高度、水平地震荷载和竖向地震荷载等因素的堆积型滑坡动力稳定性安全系数的通用表达式，可为堆积型滑坡及其抗震加固提供一定的参考价值。

b. 影响堆积型滑坡动力稳定性安全系数的因素众多，其中，水平地震荷载对边坡动力稳定性安全系数的影响最为显著，其次是坡顶裂缝处水位高度和坡顶竖向张裂缝的影响，而竖向地震荷载对边坡动力稳定性安全系数的影响最小。

c. 建立了灰色支持向量机的边坡位移预测模型，将其预测结果与灰色预测模型以及单一支持向量机模型的预测结果进行了对比，结果表明灰色支持向量机边坡位移预测模型的预测精度最高。

d. 利用正交设计方法分析了堆积型滑坡地震响应的影响因素，结果表明，堆积型滑坡地震响应的影响因素大小顺序为加载波型影响最大，其次是边坡高程、激励振幅，影响最小的是坡体位置因素。分析结果与离心机振动台模型试验结果基本吻合，如堆积型滑坡地震响应具有坡面浅表放大效应、高程放大效应等特点，为相关堆积型滑坡的地震响应分析提供一定的借鉴和参考。

7.2 创新

本书的创新性研究成果如下：

①详细从试验模型、传感器布置、传感器标定、试验模型制备过程及注意事项、地震动输入等方面完成了堆积型滑坡地震响应以及抗滑桩加固堆积型滑坡地震响应的离心振动台模型试验方案设计。

②利用离心振动台模型试验，较为全面、系统地研究了具有折线形基岩面以及坡脚附近存在反倾段的堆积型滑坡地震动力响应特征与规律，分析了地震波幅值、地震波类型对堆积型滑坡地震响应的影响。坡面水平向加速度响应与坡内水平向加速度响应规律不同，坡面处的地震动特征可概括为：坡脚抑制，坡顶放大，中间过渡；坡体靠近基岩面部位地震动特征可概括为：底部略放大，中部放大最大，顶部基本不放大；滑坡坡面及坡顶附近的土体对输入地震波具有反射作用，坡面竖直向峰值加速度平均达到水平向峰值加速度的69.17%。

③利用离心振动台模型试验，对比分析了静动力条件下堆积型滑坡中抗滑桩的受力性能。桩间距较大时，静力和动力荷载作用下的桩后土压力沿高程的分布规律不同，桩后静土压力和动土压力的最大值不在同一位置，桩后动土压力的最大位置相对靠近基岩面；桩身静弯矩与桩身动弯矩的最大值不在同一位置，同时地震作用下产生的动弯矩相对静弯矩要大得多。

④利用离心振动台模型试验，分析了地震作用下抗滑桩加固堆积型滑坡的地震响应特

性。不同峰值加速度地震波激励下,桩后动土压力以及桩身动弯矩沿高程分布分别呈现"两头小、中间大"的变化规律以及非线性"凸"形分布规律;不同类型的地震波激励时桩后动土压力大小以及桩身动弯矩均不相同,它们均在清溪波激励时其值最大,其次为 El Centro 波激励时,而 Taft 波激励时最小。

⑤分析导出了考虑诸如水力条件、坡顶超载、坡顶竖向张拉裂缝、张拉裂缝处水位高度、水平地震荷载和竖向地震荷载等因素的堆积型滑坡动力稳定性安全系数的通用表达式;建立了堆积型滑坡地震响应的影响因素敏感性分析模型,研究结果与离心振动台模型试验结果基本吻合。

7.3 展望

地震作用下堆积型滑坡以及抗滑桩加固堆积型滑坡的地震响应特征与规律方面研究极其复杂。本书主要以离心振动台模型试验为主,以数值模拟以及理论分析为辅,对堆积型滑坡及抗滑桩加固的地震响应方面做了初步性的探讨,但限于作者能力和时间的限制,还存在许多不足之处,有待于日后工程中进一步完善,具体包括:

①完善离心振动台模型试验条件。采用柔性剪切模型箱,减少模型边界效应;采用高精度的数据采集系统及试验监测系统;目前大多数离心机振动台只能单向施振,后续可采用双向施振的振动台;抗滑桩采用与实际工程中相同的材料进行模型试验,以研究地震作用下钢筋混凝土开裂等性能。

②深入研究影响堆积型滑坡及抗滑桩加固堆积型滑坡地震响应规律的因素和作用机理。本书的研究结果大多数只是揭示地震响应的规律性方面的现象,对于其内在的机理,还有待于今后结合多组离心振动台模型试验以及从地震波传播理论上进行相应的解释。

③改善和提高现有数值计算软件的计算精度与运行速度,节约数值计算成本和时间。

附　图

输入峰值加速度为 $0.4g$ 时清溪波 QX-4 的工况下各测点处加速度时程曲线（工况二：桩间距与桩径比值 $S/B=6.67$，$w=18\%$）见附图 1 ~ 附图 18。

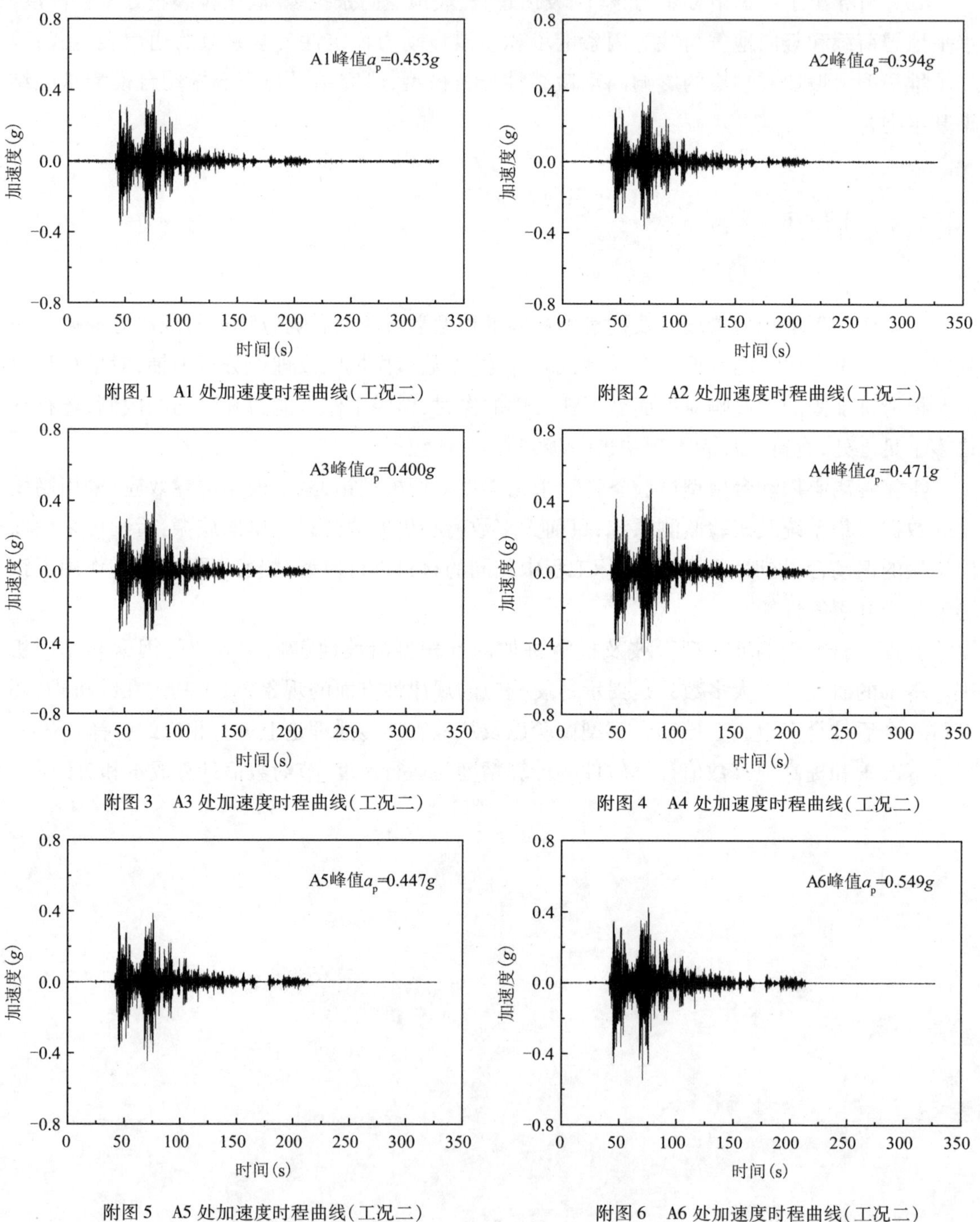

附图 1　A1 处加速度时程曲线（工况二）

附图 2　A2 处加速度时程曲线（工况二）

附图 3　A3 处加速度时程曲线（工况二）

附图 4　A4 处加速度时程曲线（工况二）

附图 5　A5 处加速度时程曲线（工况二）

附图 6　A6 处加速度时程曲线（工况二）

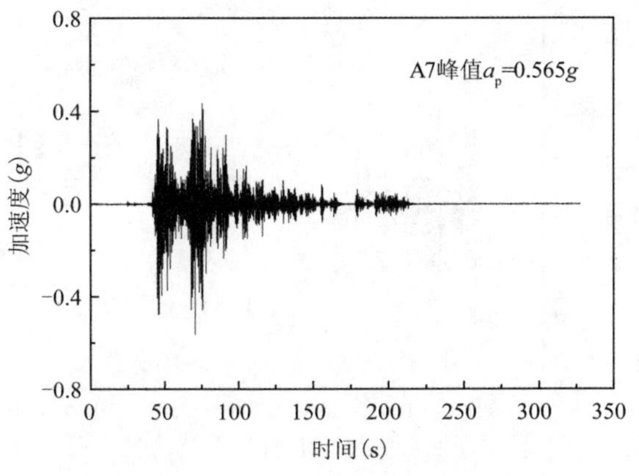

附图 7　A7 处加速度时程曲线(工况二)

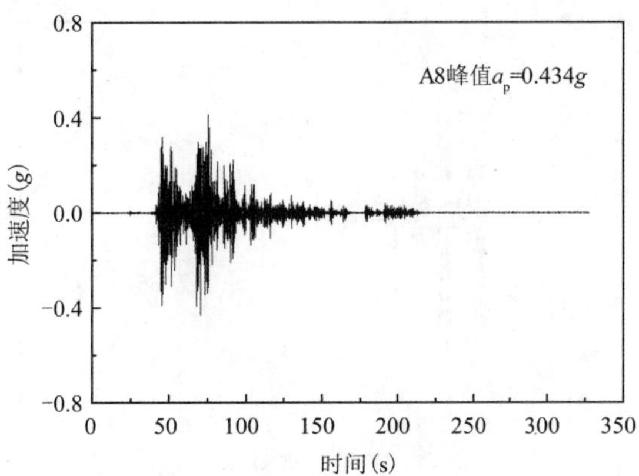

附图 8　A8 处加速度时程曲线(工况二)

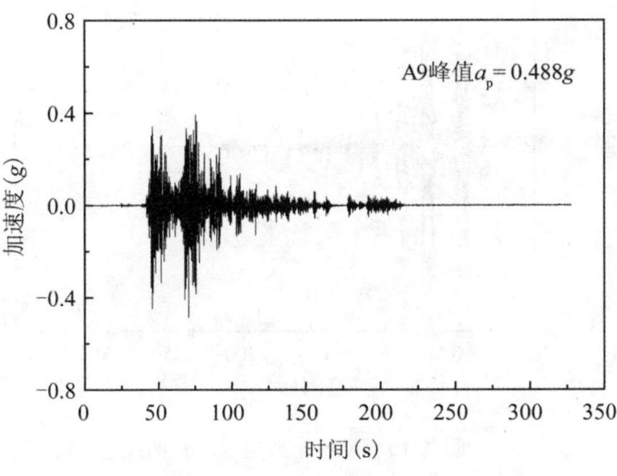

附图 9　A9 处加速度时程曲线(工况二)

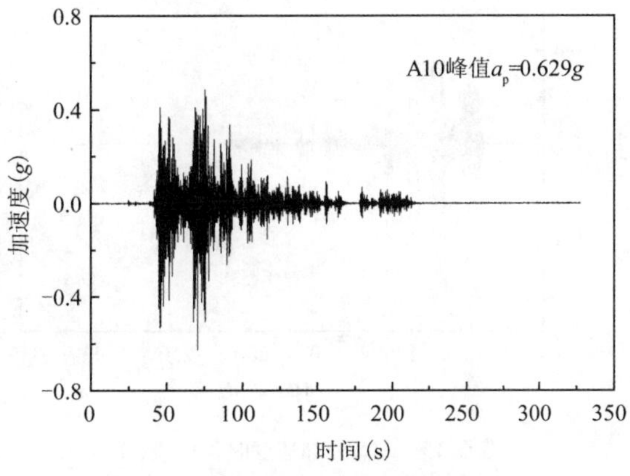

附图 10　A10 处加速度时程曲线(工况二)

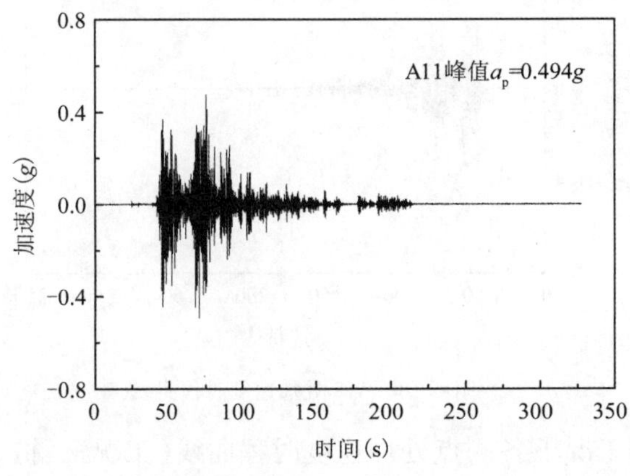

附图 11　A11 处加速度时程曲线(工况二)

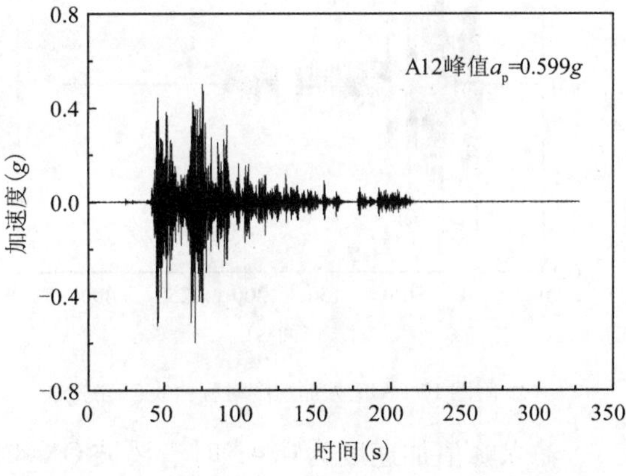

附图 12　A12 处加速度时程曲线(工况二)

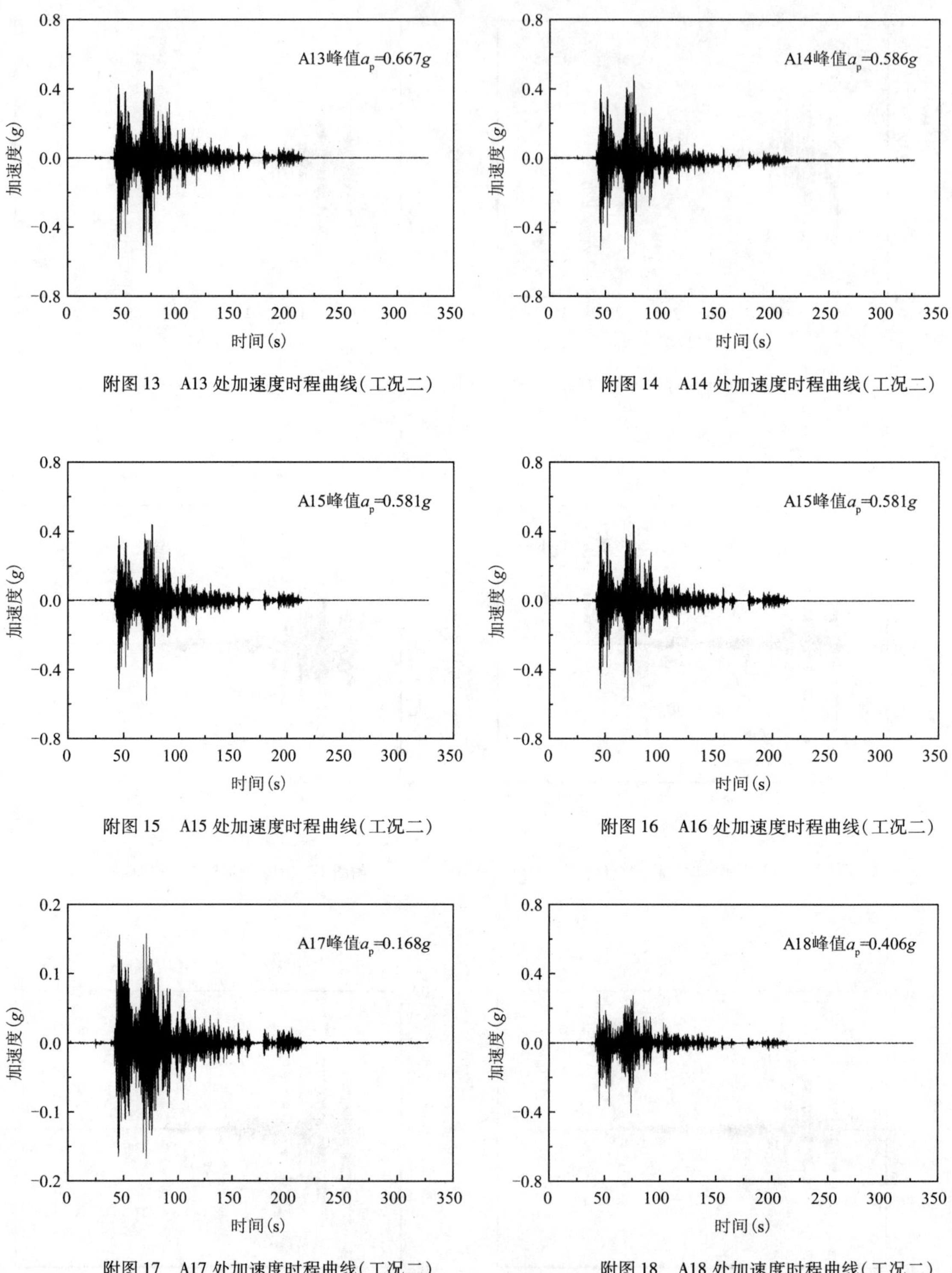

附图 13　A13 处加速度时程曲线(工况二)

附图 14　A14 处加速度时程曲线(工况二)

附图 15　A15 处加速度时程曲线(工况二)

附图 16　A16 处加速度时程曲线(工况二)

附图 17　A17 处加速度时程曲线(工况二)

附图 18　A18 处加速度时程曲线(工况二)

输入峰值加速度为0.4g 时清溪波 QX-4 的工况下各测点处加速度时程曲线(工况三:桩间距与桩径比值 $S/B=3.33$,$w=18\%$)见附图 19 ~ 附图 36。

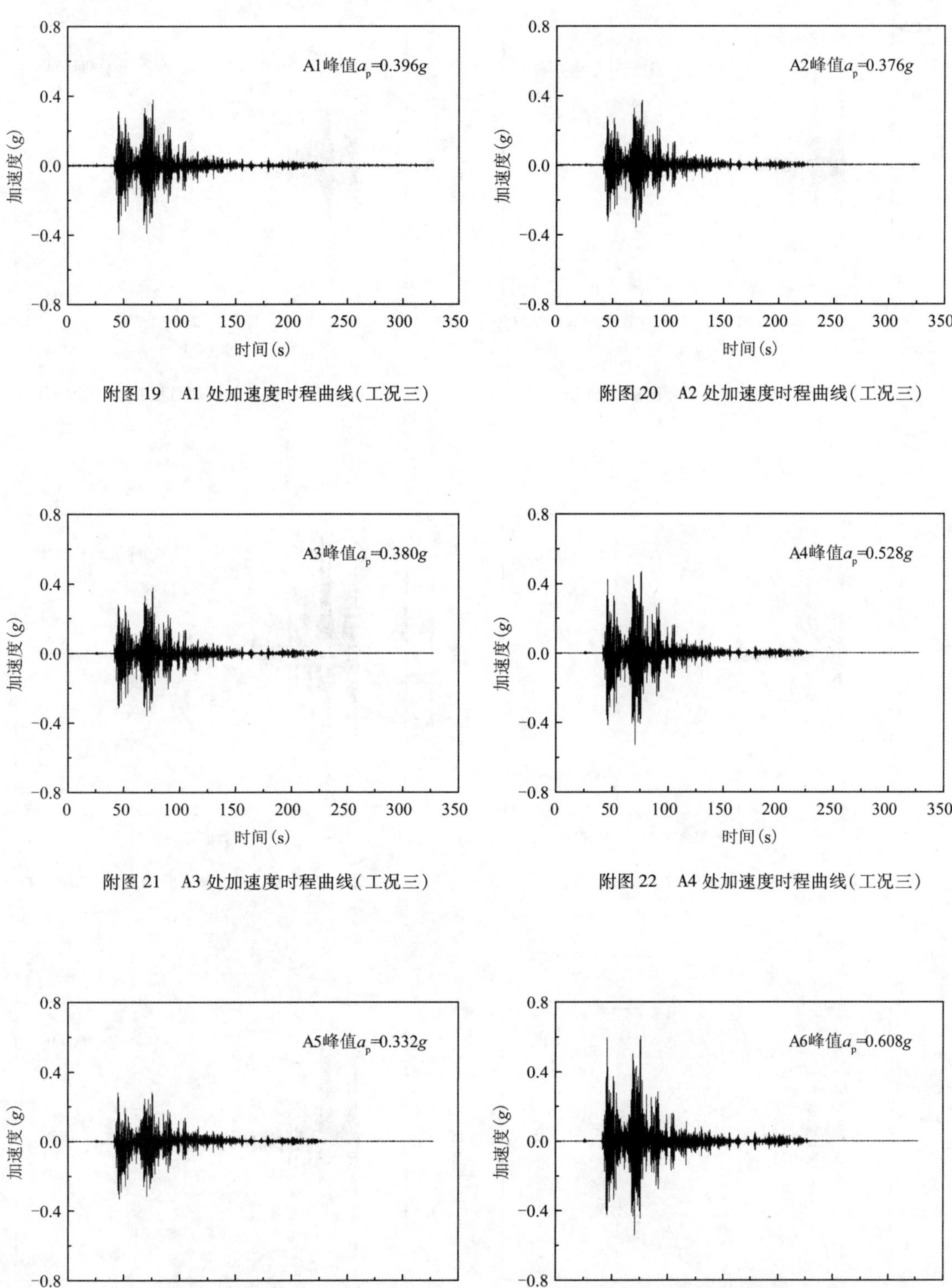

附图 19　A1 处加速度时程曲线(工况三)

附图 20　A2 处加速度时程曲线(工况三)

附图 21　A3 处加速度时程曲线(工况三)

附图 22　A4 处加速度时程曲线(工况三)

附图 23　A5 处加速度时程曲线(工况三)

附图 24　A6 处加速度时程曲线(工况三)

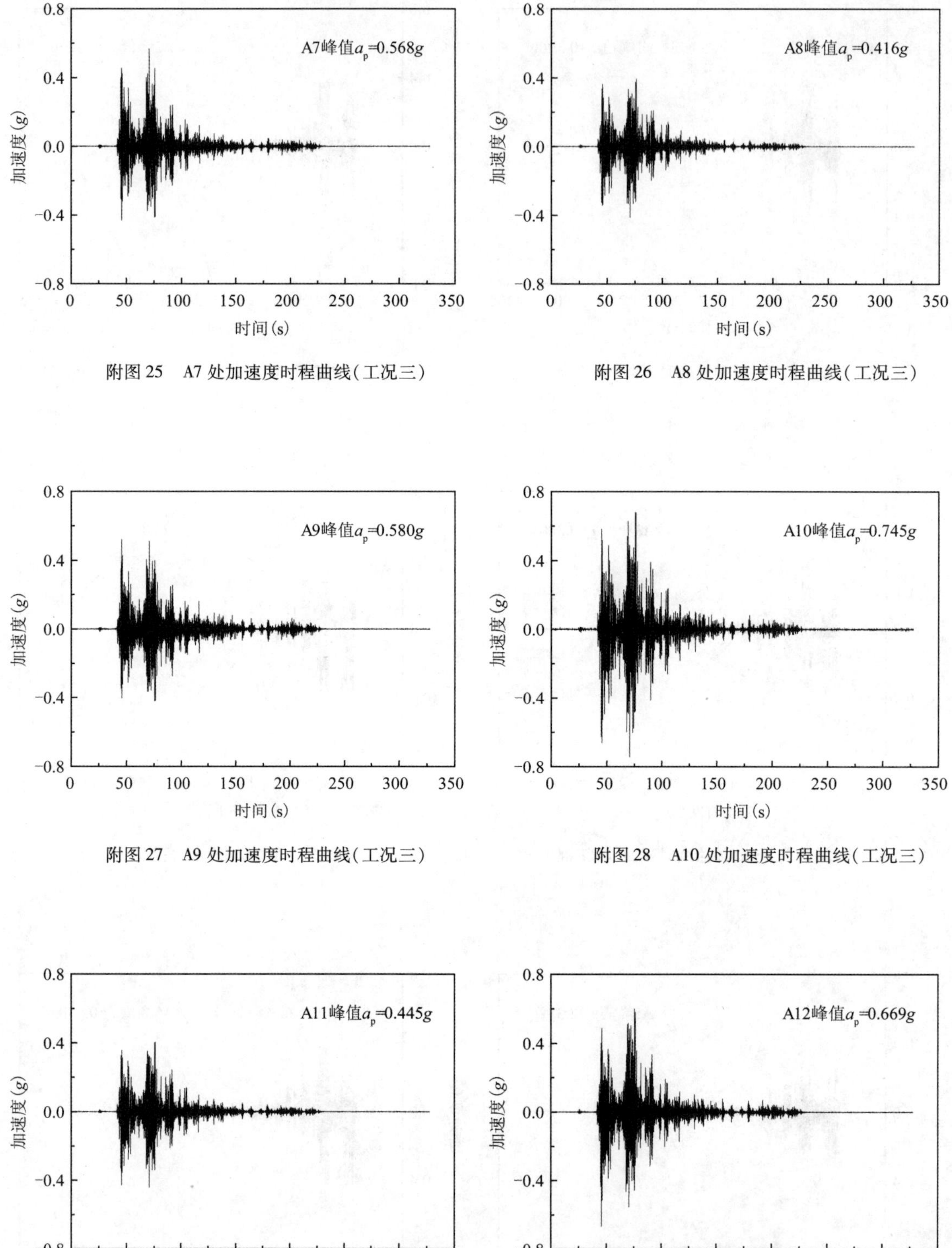

附图 25　A7 处加速度时程曲线(工况三)

附图 26　A8 处加速度时程曲线(工况三)

附图 27　A9 处加速度时程曲线(工况三)

附图 28　A10 处加速度时程曲线(工况三)

附图 29　A11 处加速度时程曲线(工况三)

附图 30　A12 处加速度时程曲线(工况三)

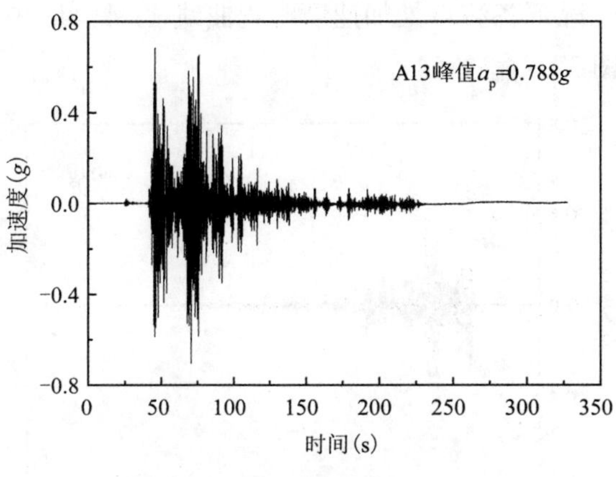

附图31　A13处加速度时程曲线(工况三)

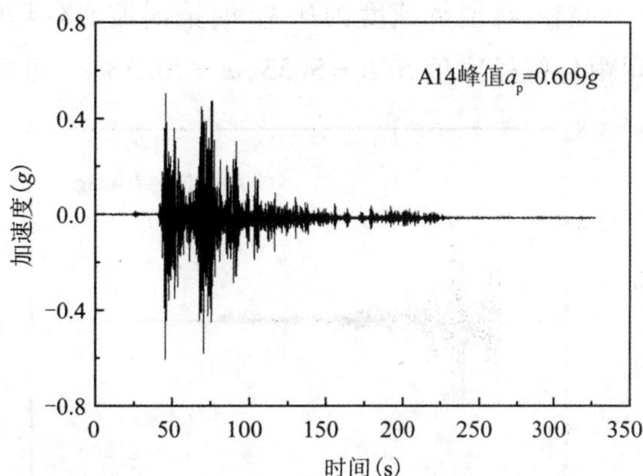

附图32　A14处加速度时程曲线(工况三)

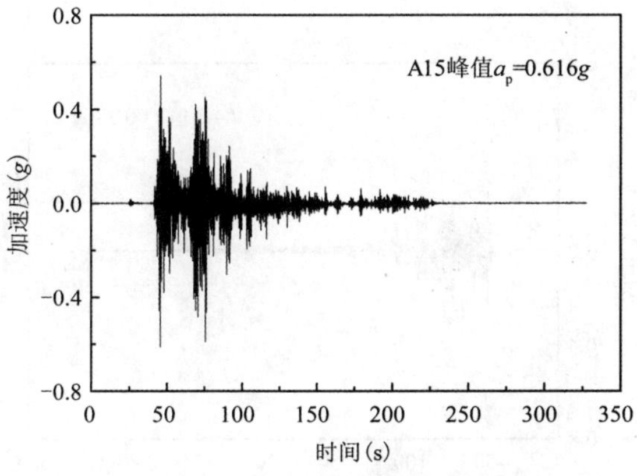

附图33　A15处加速度时程曲线(工况三)

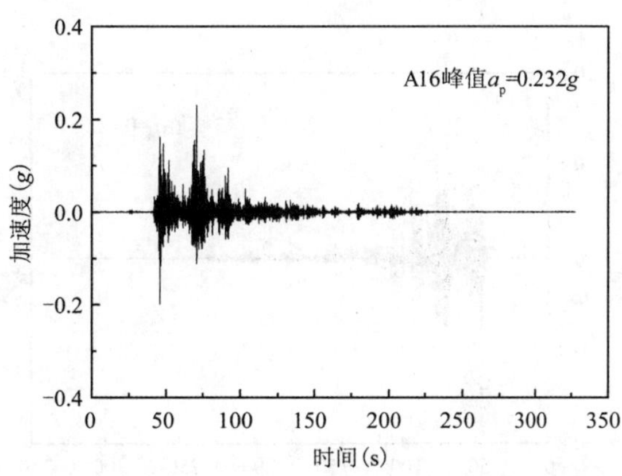

附图34　A16处加速度时程曲线(工况三)

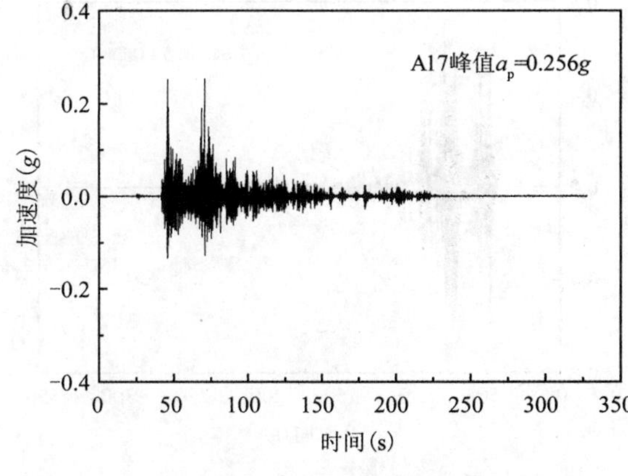

附图35　A17处加速度时程曲线(工况三)

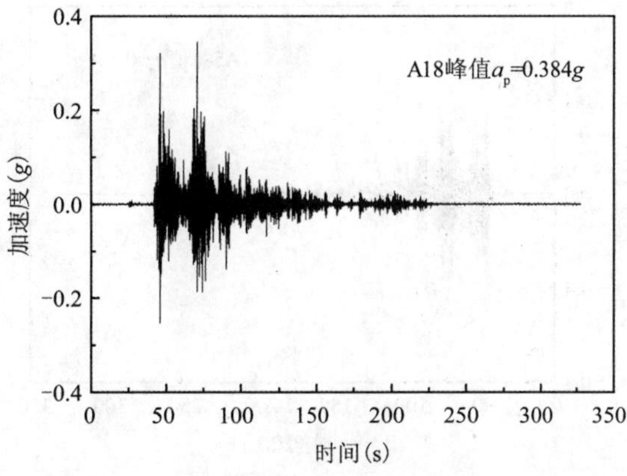

附图36　A18处加速度时程曲线(工况三)

输入峰值加速度为0.4g时清溪波QX-4的工况下各测点处加速度时程曲线(工况四:桩间距与桩径比值$S/B=3.33$,$w=20.33\%$)见附图37~附图54。

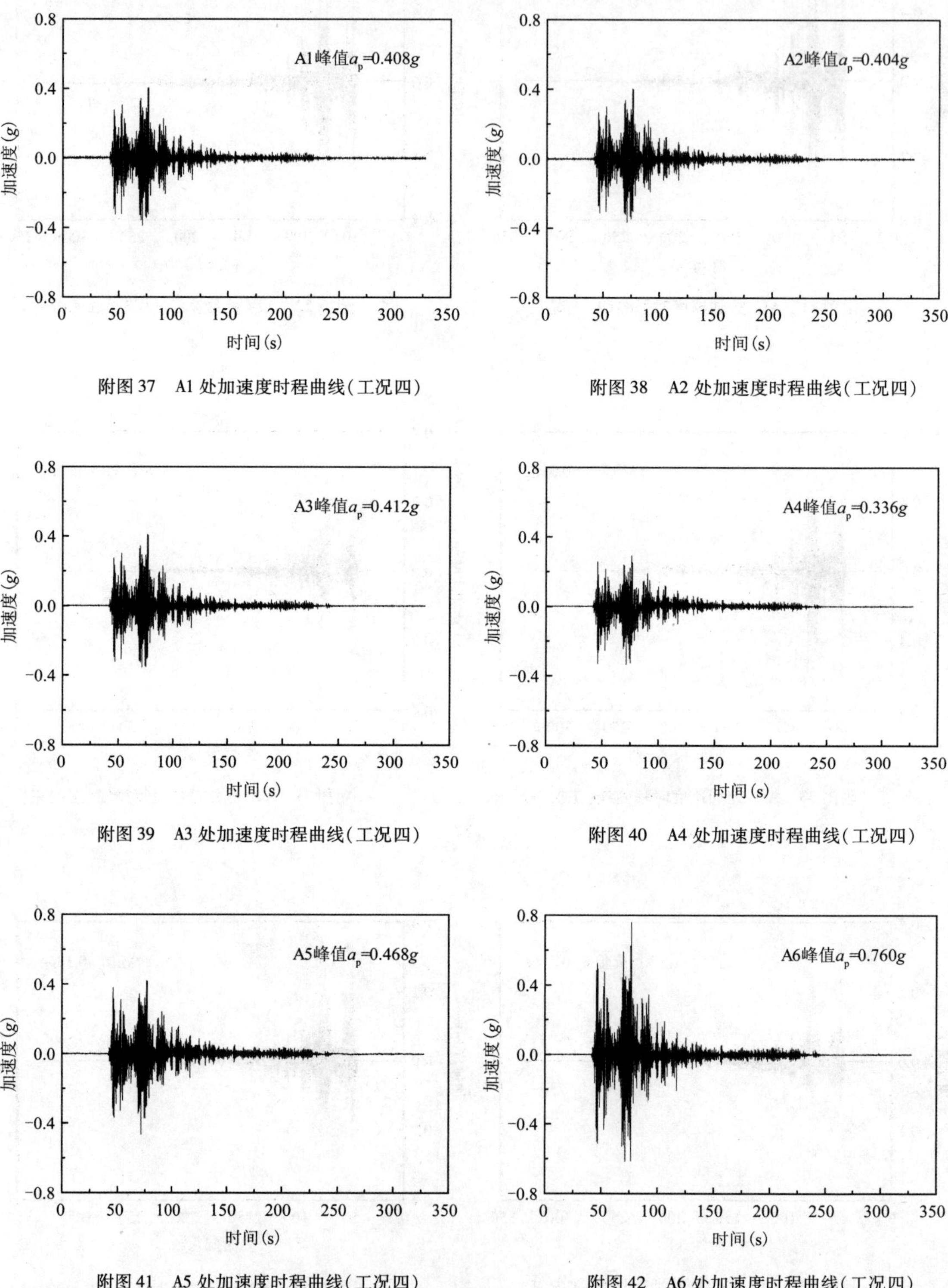

附图37　A1处加速度时程曲线(工况四)

附图38　A2处加速度时程曲线(工况四)

附图39　A3处加速度时程曲线(工况四)

附图40　A4处加速度时程曲线(工况四)

附图41　A5处加速度时程曲线(工况四)

附图42　A6处加速度时程曲线(工况四)

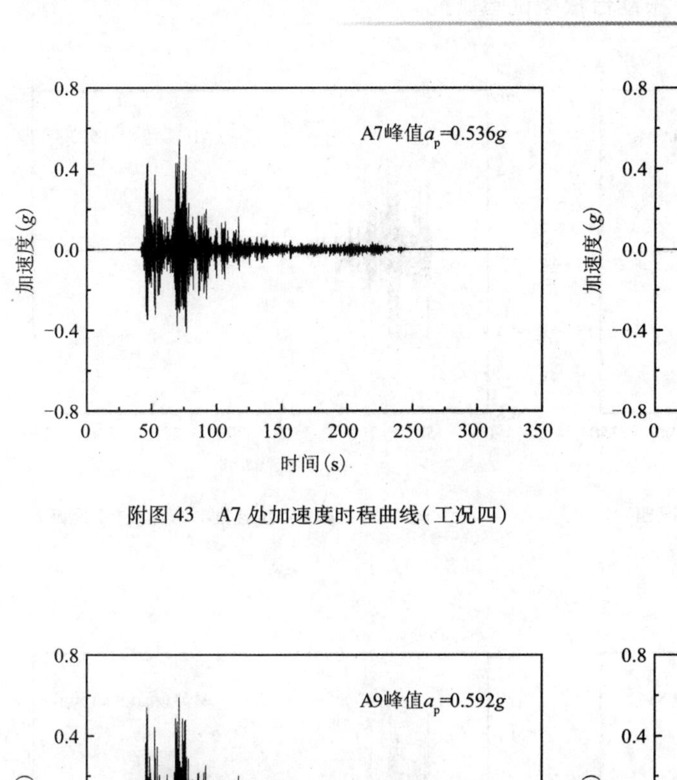

附图 43　A7 处加速度时程曲线(工况四)

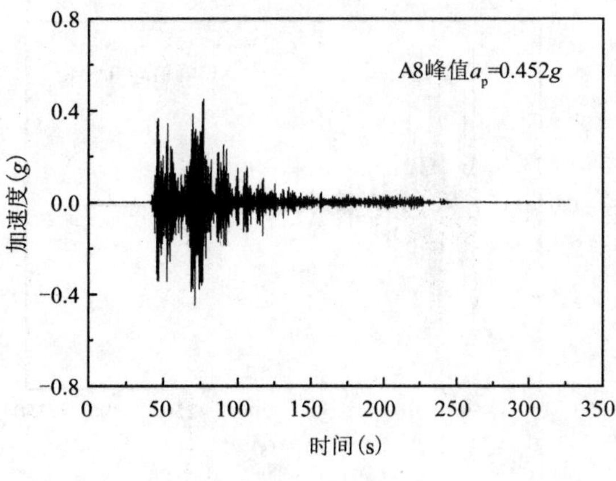

附图 44　A8 处加速度时程曲线(工况四)

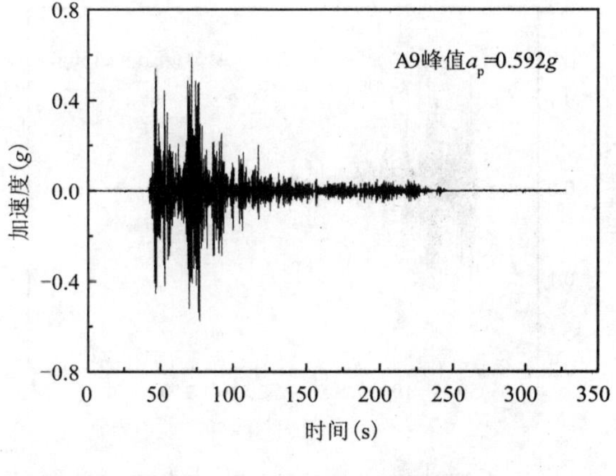

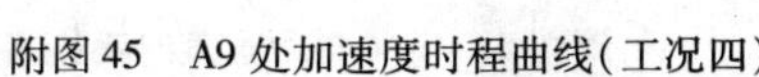

附图 45　A9 处加速度时程曲线(工况四)

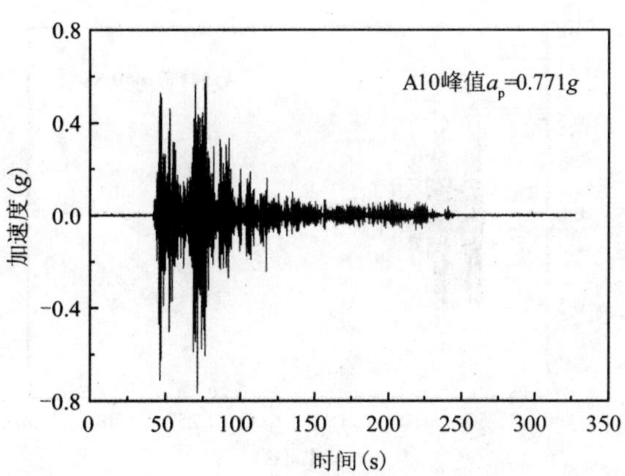

附图 46　A10 处加速度时程曲线(工况四)

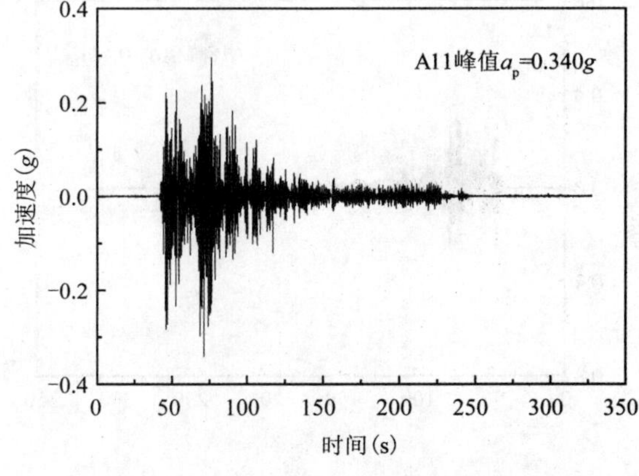

附图 47　A11 处加速度时程曲线(工况四)

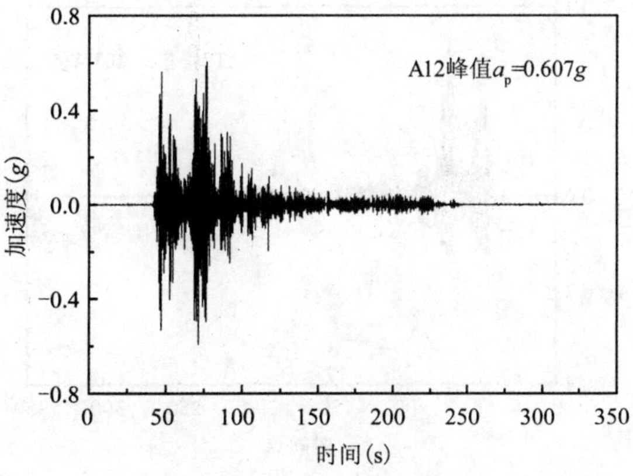

附图 48　A12 处加速度时程曲线(工况四)

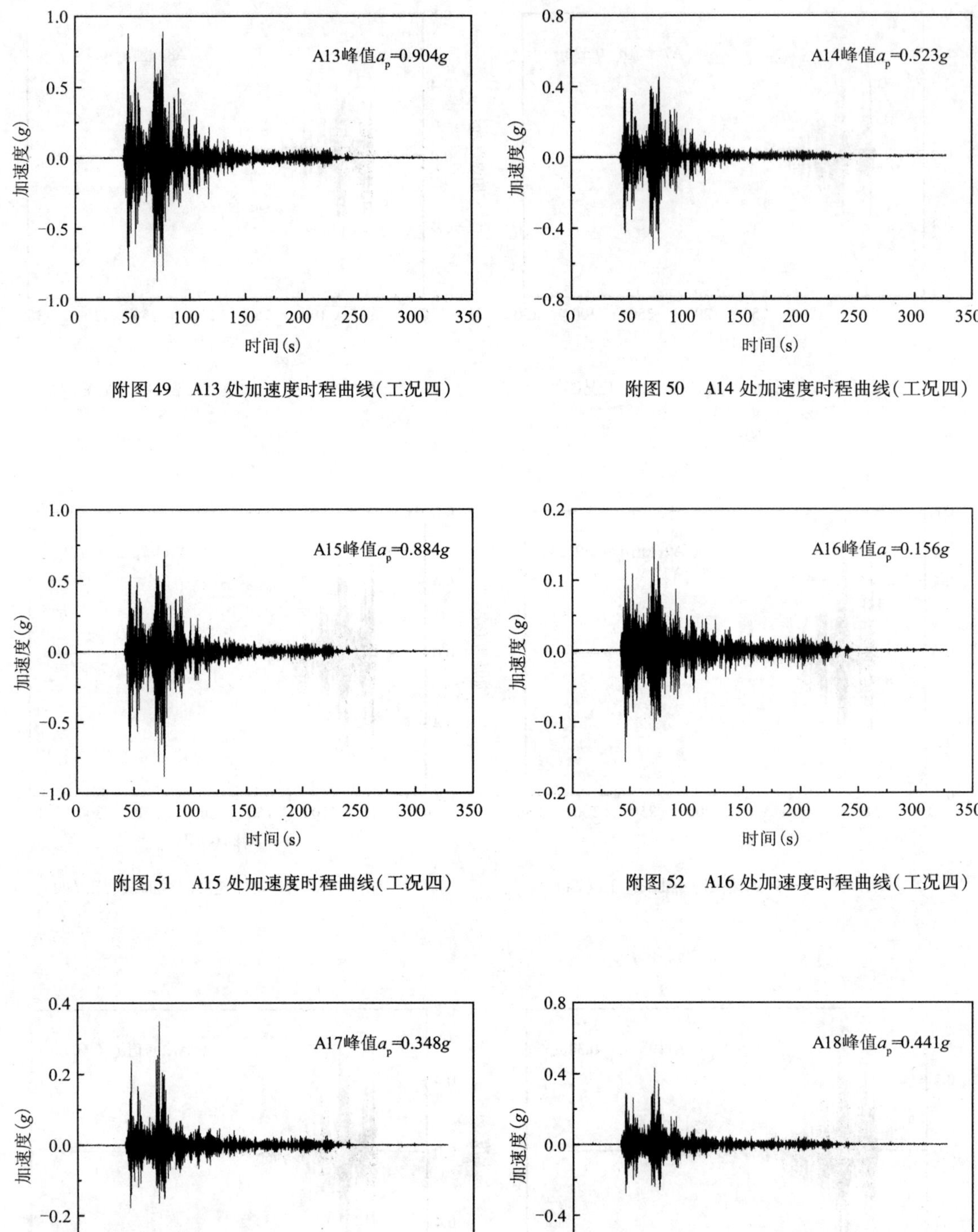

附图 49　A13 处加速度时程曲线(工况四)

附图 50　A14 处加速度时程曲线(工况四)

附图 51　A15 处加速度时程曲线(工况四)

附图 52　A16 处加速度时程曲线(工况四)

附图 53　A17 处加速度时程曲线(工况四)

附图 54　A18 处加速度时程曲线(工况四)

参 考 文 献

[1] 曲宏略. 桩板式抗滑挡土墙的振动台试验和抗震机理研究[D]. 成都:西南交通大学学位论文,2013.

[2] 孔纪名,阿发友,邓宏艳,等. 基于滑坡成因的汶川地震堰塞湖分类及典型实例分析[J]. 四川大学学报(工程科学版),2010(5):44-51.

[3] 崔鹏,陈晓清,张建强,等."4·20"芦山 7.0 级地震次生山地灾害活动特征与趋势[J]. 山地学报,2013(3):257-265.

[4] 李荣建. 土坡中抗滑桩抗震加固机理研究[D]. 北京:清华大学学位论文,2008.

[5] 李忠生. 地震危险区—黄土滑坡稳定性研究[M]. 北京:科学出版社,2004.

[6] 胡卸文,黄润秋,施裕兵,等. 唐家山滑坡堵江机制及堰塞坝溃坝模式分析[J]. 岩石力学与工程学报,2009,28(1):181-189.

[7] 周德培,张建经,汤涌. 汶川地震中道路边坡工程震害分析[J]. 岩石力学与工程学报,2010,29(3):565-576.

[8] 吴永,何思明,李新坡. 地震波作用下抗滑桩的失效机理[J]. 四川大学学报(工程科学版),2009,41(3):284-288.

[9] 文畅平. 多级支挡结构与边坡系统地震动力特性及抗震研究[D]. 长沙:中南大学学位论文,2013.

[10] 姚令侃,陈强."5·12"汶川地震对线路工程抗震技术提出的新课题[J]. 四川大学学报(工程科学版),2009,41(3):43-50.

[11] 刘红帅,王根龙,薄景山. 汶川 8.0 级特大地震汉源背后山滑坡科考报告[R]. 中国地震局工程力学研究所,防灾科技学院,2008.

[12] 李长东. 抗滑桩与滑坡体相互作用机理及其优化设计研究[D]. 武汉:中国地质大学学位论文,2009.

[13] 刘红帅. 岩质边坡地震稳定性分析方法研究[D]. 哈尔滨:中国地震局工程力学研究所学位论文,2006.

[14] Anooshehpoor A, Brune J N. Foam rubber modeling of topographic and dam interaction effects at Pacoima Dam[J]. Bulletin of the Seismological Society of America,1989,79(5):1347-1360.

[15] 罗永红,王运生. 汶川地震诱发山地斜坡震动的地形放大效应[J]. 山地学报,2013,31(2):200-210.

[16] Celebi M. Topographical and geological amplifications determined from strong-motion and aftershock records of the 3 March 1985 Chile earthquake[J]. Bulletin of the Seismological Society of America,1987,77(4):1147-1167.

[17] Keefer D K. Landslides caused by earthquakes[J]. Geological Society of America Bulletin, 1984,95(4):406-421.

[18] Keefer D K. Statistical analysis of an earthquake-induced landslide distribution-the 1989 Loma Prieta, California event[J]. Engineering Geology, 2000, 58(3):231-249.

[19] Ingles J, Darrozes J, Soula J C. Effects of the vertical component of ground shaking on earthquake-induced landslide displacements using generalized Newmark analysis[J]. Engineering Geology, 2006, 86(2):134-147.

[20] Hartzell S H, Carver D L, King K W. Initial investigation of site and topographic effects at Robinwood Ridge, California[J]. Bulletin of the Seismological Society of America, 1994, 84(5):1336-1349.

[21] Sepúlveda S A, Murphy W, Jibson R W, et al. Seismically induced rock slope failures resulting from topographic amplification of strong ground motions: The case of Pacoima Canyon, California[J]. Engineering Geology, 2005, 80(3):336-348.

[22] Bommer J J, Rodríguez C E. Earthquake-induced landslides in Central America[J]. Engineering Geology, 2002, 63(3):189-220.

[23] 辛鸿博,王余庆. 岩土边坡地震崩滑及其初判准则[J]. 岩土工程学报,1999,21(5):591-594.

[24] 丁彦慧,王余庆. 地震崩滑预测方法及其工程应用研究[J]. 工程地质学报,2000,8(4):475-480.

[25] Wang G, Huang R, Lourenço S D N, et al. A large landslide triggered by the 2008 Wenchuan (M8.0) earthquake in Donghekou area: Phenomena and mechanisms[J]. Engineering Geology, 2014, 182:148-157.

[26] 许强,李为乐. 汶川地震诱发大型滑坡分布规律研究[J]. 工程地质学报,2010,18(6):818-826.

[27] 黄润秋. 汶川地震地质灾害研究[M]. 北京:科学出版社,2009.

[28] 许强,裴向军,黄润秋,等. 汶川地震大型滑坡研究[M]. 北京:科学出版社,2009.

[29] 罗永红,王运生,王福海,等. 青川县桅杆梁斜坡地震动响应监测研究[J]. 工程地质学报,2010,18(1):27-34.

[30] 苗君,何蕴龙,曹学兴,等. 芦山地震冶勒大坝强震监测资料分析[J]. 岩土力学,2015,36(1):225-232.

[31] Xu C, Xu X, Shyu J B H. Database and spatial distribution of landslides triggered by the Lushan, China Mw 6.6 earthquake of 20 April 2013[J]. Geomorphology, 2015, 248:77-92.

[32] 祁生文,伍法权,严福章,等. 岩质边坡动力反应分析[M]. 北京:科学出版社,2007.

[33] 刘红帅,薄景山,刘德东. 岩土边坡地震稳定性评价方法研究进展[J]. 防灾科技学院学报,2007,9(3):20-27.

[34] Biondi G,Cascone E,Maugeri M. Flow and deformation failure of sandy slopes[J]. Soil Dynamics and Earthquake Engineering,2002,22(9):1103-1114.

[35] Siad L. Seismic stability analysis of fractured rock slopes by yield design theory[J]. Soil Dynamics and Earthquake Engineering,2003,23(3):21-30.

[36] Ling H I,Cheng A H D. Rock sliding induced by seismic force[J]. International Journal of Rock Mechanics and Mining Sciences,1997,34(6):1021-1029.

[37] Ling H I,Leshchinsky D,Mohri Y. Soil slopes under combined horizontal and vertical seismic accelerations[J]. Earthquake Engineering and Structural Dynamics,1997,26(12):1231-1241.

[38] 刘杰,李建林,张玉灯,等.基于拟静力法的大岗山坝肩边坡地震工况稳定性分析[J].岩石力学与工程学报,2009,28(8):1562-1570.

[39] 罗强,赵炼恒,李亮,等.地震效应和坡顶超载对均质土坡稳定性影响的拟静力分析[J].岩土力学,2010,31(12):3835-3841.

[40] Zhao L H,Li L,Lin Y L,et al. Seismic stability quasi-static analysis of homogeneous rock slopes with Hoek-Brown failure criterion[J]. China Civil Engineering Journal,2010,43(S1):541-547.

[41] Newmark N M. Effects of earthquakes on dams and embankments[J]. Geotechnique,1965,15(2):139-160.

[42] 张江伟,李小军.地震作用下边坡稳定性分析方法[J].地震学报,2015,37(1):180-191.

[43] Franklin A G,Chang F K. Earthquake resistance of earth and rock-fill dams[M]. Soils and Pavements Laboratory,US Army Engineer Waterways Experiment Station,1977.

[44] Crespellani T,Facciorusso J,Madiai C,et al. Influence of uncorrected accelerogram processing techniques on Newmark's rigid block displacement evaluation[J]. Soil Dynamics and Earthquake Engineering,2003,23(6):415-424.

[45] Chousianitis K,Del Gaudio V,Kalogeras I,et al. Predictive model of Arias intensity and Newmark displacement for regional scale evaluation of earthquake-induced landslide hazard in Greece[J]. Soil Dynamics and Earthquake Engineering,2014,65:11-29.

[46] 王思敬,薛守义.岩体边坡楔形体动力学分析[J].地质科学,1992,2:177-182.

[47] 李忠生.黄土斜坡地震动时程分析[J].西北地震学报,2004,26(2):126-130.

[48] 李忠生.地震动作用下滑坡稳定性分析[J].水文地质工程地质,2004,31(2):4-8.

[49] 徐光兴.地震作用下边坡工程动力响应与永久位移分析[D].成都:西南交通大学学位论文,2010.

[50] 刘红帅,薄景山,刘德东.岩土边坡地震稳定性分析研究评述[J].地震工程与工程振动,2005,25(1):164-171.

[51] Gischig V S, Eberhardt E, Moore J R, et al. On the seismic response of deep-seated rock slope instabilities-Insights from numerical modeling[J]. Engineering Geology, 2015, 193: 1-18.

[52] Zugic Z, Sesov V, Garevski M, et al. Simplified method for generating slope seismic deformation hazard curve[J]. Soil Dynamics and Earthquake Engineering, 2015, 69: 138-147.

[53] Liu Y, Li H, Xiao K, et al. Seismic stability analysis of a layered rock slope[J]. Computers and Geotechnics, 2014, 55: 474-481.

[54] Tang H M, Liu X, Hu X L, et al. Evaluation of landslide mechanisms characterized by high-speed mass ejection and long-run-out based on events following the Wenchuan earthquake [J]. Engineering Geology, 2015, 194: 12-24.

[55] 宋波，黄帅，蔡德钩，等. 地下水位变化对砂土边坡地震动力响应的影响研究[J]. 岩石力学与工程学报，2014，33(增1)：2698-2706.

[56] 宋波，黄帅，林懿，等. 强震作用下地下水对砂质边坡的动力响应和破坏模式的影响分析[J]. 土木工程学报，2014，47(增1)：240-245.

[57] 陈晓利，李杨，洪启宇，等. 地震作用下边坡动力响应的数值模拟研究[J]. 岩石学报，2011，27(6)：1899-1908.

[58] 崔芳鹏，许强，谭儒蛟，等. 地震动力作用触发的斜坡崩滑效应模拟[J]. 同济大学学报(自然科学版)，2011，39(3)：445-450.

[59] 柴红保，曹平，林杭. 竖直向上传播剪切波作用下边坡动力响应规律[J]. 中南大学学报(自然科学版)，2011，42(4)：1079-1084.

[60] 冯志仁，刘红帅，于龙. 地震作用下含软弱夹层顺层岩质边坡表面放大效应研究[J]. 防灾减灾工程学报，2014，34(1)：96-100.

[61] Lin M L, Wang K L. Seismic slope behavior in a large-scale shaking table model test[J]. Engineering Geology, 2006, 86(2): 118-133.

[62] Wang K L, Lin M L. Initiation and displacement of landslide induced by earthquake study of shaking table model slope test[J]. Engineering Geology, 2011, 122(1): 106-114.

[63] 徐光兴，姚令侃，高召宁，等. 边坡动力特性与动力响应的大型振动台模型试验研究[J]. 岩石力学与工程学报，2008，27(3)：624-632.

[64] 徐光兴，姚令侃，李朝红，等. 边坡地震动力响应规律及地震动参数影响研究[J]. 岩土工程学报，2008，30(6)：918-923.

[65] 林宇亮，杨果林，钟正. 不同压实度铁路路堤边坡地震响应振动台试验研究[J]. 岩土力学，2012，33(11)：3285-3291.

[66] 董金玉，杨国香，伍法权，等. 地震作用下顺层岩质边坡动力响应和破坏模式大型振动台试验研究[J]. 岩土力学，2011，32(10)：2977-2982.

[67] 杨国香，伍法权，董金玉，等. 地震作用下岩质边坡动力响应特性及变形破坏机制研究

[J]. 岩石力学与工程学报,2012,31(4):696-702.

[68] 董金玉,杨继红,伍法权,等. 顺层岩质边坡加速度响应规律和滑动堵江机制大型振动台试验研究[J]. 岩石力学与工程学报,2013,32(增刊2):3861-3867.

[69] 黄润秋,李果,巨能攀. 层状岩体斜坡强震动力响应的振动台试验[J]. 岩石力学与工程学报,2013,32(5):865-875.

[70] 许强,刘汉香,邹威,等. 斜坡加速度动力响应特性的大型振动台试验研究[J]. 岩石力学与工程学报,2010,29(12):2420-2428.

[71] Liu H,Xu Q,Li Y,et al. Response of High-Strength Rock Slope to Seismic Waves in a Shaking Table Test[J]. Bulletin of the Seismological Society of America,2013,103(6):3012-3025.

[72] Liu H,Xu Q,Li Y. Effect of lithology and structure on seismic response of steep slope in a shaking table test[J]. Journal of Mountain Science,2014,11(2):371-383.

[73] 刘汉香,许强,王龙,等. 地震波频率对岩质斜坡加速度动力响应规律的影响[J]. 岩石力学与工程学报,2014,33(1):125-133.

[74] 刘汉香,许强,周飞,等. 含软弱夹层斜坡地震动力响应特性的振动台试验研究[J]. 岩石力学与工程学报,2015,34(5):994-1005.

[75] 何刘,吴光,赵志明. 坡面形态对边坡动力变形破坏影响的模型试验研究[J]. 岩土力学,2014,35(1):111-117.

[76] Lee F H,Schofield A N. Centrifuge modelling of sand embankments and islands in earthquakes[J]. Geotechnique,1988,38(1):45-58.

[77] Taboada-Urtuzuastegui V M,Martinez-Ramirez G,Abdoun T. Centrifuge modeling of seismic behavior of a slope in liquefiable soil[J]. Soil Dynamics and Earthquake Engineering,2002,22(9):1043-1049.

[78] Al-Defae A H,Caucis K,Knappett J A. Aftershocks and the whole-life seismic performance of granular slopes[J]. Geotechnique,2013,63(14):1230-1244.

[79] Yu Y,Deng L,Sun X,et al. Centrifuge modeling of a dry sandy slope response to earthquake loading[J]. Bulletin of Earthquake Engineering,2008,6(3):447-461.

[80] 于玉贞,邓丽军,李荣建. 砂土边坡地震动力响应离心模型试验[J]. 清华大学学报(自然科学版),2007,47(6):789-792.

[81] 于玉贞,李荣建,李广信,等. 饱和砂土地基上边坡地震动力离心模型试验研究[J]. 清华大学学报(自然科学版),2008,48(9):1422-1425.

[82] 王丽萍,张嘎,张建民,等. 土钉加固黏性土坡动力离心模型试验研究[J]. 岩石力学与工程学报,2009,28(6):1226-1230.

[83] Zhang G,Qian J,Zhang J M. Centrifuge modeling of earthquake-lnduced failure process of soil slopes[C]//Geotechnical Earthquake Engineering and Soil Dynamics IV. ASCE,2008:

1-10.
[84] Wang L, Zhang G, Zhang J M. Nail reinforcement mechanism of cohesive soil slopes under earthquake conditions[J]. Soils and Foundations, 2010, 50(4): 459-469.
[85] Koseki J, Tateyama M, Tatsuoka F, et al. Back analyses of soil retaining walls for railway embankments damaged by the 1995 Hyogoken-nanbu earthquake[J]. The 1995 Hyogoken-nanbu Earthquake-Investigation into Damage to Civil Engineering Structures-Committee of Earthquake Engineering, Japan Society of Civil Engineers, 1996: 101-104.
[86] Gazetas G, Psarropoulos P N, Anastasopoulos I, et al. Seismic behaviour of flexible retaining systems subjected to short-duration moderately strong excitation[J]. Soil Dynamics and Earthquake Engineering, 2004, 24(7): 537-550.
[87] Huang C C. Investigations of soil retaining structures damaged during the chi-chi (Taiwan) earthquake[J]. Journal of the Chinese Institute of Engineers, 2000, 23(4): 417-428.
[88] Zhang J, Qu H, Liao Y, et al. Seismic damage of earth structures of road engineering in the 2008 Wenchuan earthquake[J]. Environmental Earth Sciences, 2012, 65(4): 987-993.
[89] 吉随旺,唐永建,胡德贵,等. 四川省汶川地震灾区干线公路典型震害特征分析[J]. 岩石力学与工程学报,2009,28(6):1250-1260.
[90] 马洪生,陈强,廖燚,等. 汶川地震公路支挡结构震害机理分析[J]. 西南公路,2013(2):110-114.
[91] Wolf J P. Dynamic soil-structure interaction[M]. Prentice Hall int., 1985.
[92] Zhang C H, Wolf J P. Dynamic soil-structure interaction: current research in China and Switzerland[M]. New York: Elsevier, 1998.
[93] 张建民,张嘎. 土体与结构物动力相互作用研究进展[J]. 岩石力学与工程学报,2001,20(增刊1):854-865.
[94] Finn W D L, Fujita N. Piles in liquefiable soils: seismic analysis and design issues[J]. Soil Dynamics and Earthquake Engineering, 2002, 22(9): 731-742.
[95] Li X P, He S M, Wu Y. Seismic displacement of slopes reinforced with piles[J]. Journal of Geotechnical and Geoenvironmental Engineering, 2009, 136(6): 880-884.
[96] 何思明,张晓曦,欧阳朝军. 超前支护桩加固高切坡的静动力响应与永久位移预测研究[J]. 四川大学学报(工程科学版),2010,42(5):127-133.
[97] 年廷凯,栾茂田,杨庆. 考虑地震效应的阻滑桩加固土坡简化分析方法[J]. 大连理工大学学报,2007,47(5):718-722.
[98] 年廷凯,栾茂田,郑德凤,等. 抗滑桩锚固深度的极限分析下限方法[J]. 水利学报,2007,38(6):743-748.
[99] 肖世国,祝光岑. 悬臂式抗滑桩加固黏土边坡地震永久位移算法[J]. 岩土力学,2013,34(5):1345-1351.

[100] Ito T, Matsui T. Methods to estimate lateral force acting on stabilizing piles[J]. Soils and Foundations, 1975, 15(4): 43-59.

[101] Ito T, Matsui T, Hong W P. Extended design method for multi-row stabilizing piles against landslide[J]. Soils and Foundations, 1982, 22(1): 1-13.

[102] Wang W L, Yen B C. Soil Arching in Slopes[J]. Journal of the Geotechnical Engineering Division, 1974, 100(1): 61-78.

[103] Bransby M F, Springman S. Selection of load-transfer functions for passive lateral loading of pile groups[J]. Computers and Geotechnics, 1999, 24(3): 155-184.

[104] Carder D R. Improving the stability of slopes using a spaced piling technique[J]. TRL Report, Transportation Research Laboratories, Berkshire, U. K, 2009.

[105] Kahyaoglu M R, Imancli G, Ozturk A U, et al. Computational 3D finite element analyses of model passive piles[J]. Computational Materials Science, 2009, 46(1): 193-202.

[106] Ellis E A, Durrani I K, Reddish D J. Numerical modelling of discrete pile rows for slope stability and generic guidance for design[J]. Geotechnique, 2010, 60(3): 185-195.

[107] Kourkoulis R, Gelagoti F, Anastasopoulos I, et al. Slope stabilizing piles and pilegroups: parametric study and design insights[J]. Journal of Geotechnical and Geoenvironmental Engineering, 2011, 137(7): 663-677.

[108] Bhowmik D, Baidya D K, Dasgupta S P. A numerical and experimental study of hollow steel pile in layered soil subjected to lateral dynamic loading[J]. Soil Dynamics and Earthquake Engineering, 2013, 53: 119-129.

[109] He Y, Hazarika H, Yasufuku N, et al. Evaluating the effect of slope angle on the distribution of the soil-pile pressure acting on stabilizing piles in sandy slopes[J]. Computers and Geotechnics, 2015, 69: 153-165.

[110] He Y, Hazarika H, Yasufuku N, et al. Three-dimensional limit analysis of seismic displacement of slope reinforced with piles[J]. Soil Dynamics and Earthquake Engineering, 2015, 77: 446-452.

[111] Maheshwari B K, Truman K Z, El Naggar M H, et al. Three-dimensional nonlinear analysis for seismic soil-pile-structure interaction[J]. Soil Dynamics and Earthquake Engineering, 2004, 24(4): 343-356.

[112] Takewaki I, Kishida A. Efficient analysis of pile-group effect on seismic stiffness and strength design of buildings[J]. Soil Dynamics and Earthquake Engineering, 2005, 25(5): 355-367.

[113] Dong T, Zheng Y. Limit analysis of vertical anti-pulling screw pile group under inclined loading on 3D elastic-plastic finite element strength reduction method[J]. Journal of Central South University, 2014, 21: 1165-1175.

[114] 叶海林,郑颖人,黄润秋,等. 强度折减动力分析法在滑坡抗滑桩抗震设计中的应用研究[J]. 岩土力学,2010,31(增刊1):317-323.

[115] 许江波,郑颖人,赵尚毅,等. 有限元与极限分析法计算桩后推力的分析与比较[J]. 岩土工程学报,2010,32(9):1380-1385.

[116] 许江波,郑颖人,叶海林,等. 埋入式抗滑桩支护地震边坡研究[J]. 地下空间与工程学报,2011,7(4):781-788.

[117] 郑颖人. 岩土数值极限分析方法的发展与应用[J]. 岩石力学与工程学报,2012,31(7):1297-1316.

[118] 赖杰,李安红,郑颖人,等. 锚杆抗滑桩加固边坡工程动力稳定性分析[J]. 地震工程学报,2014,36(4):924-930.

[119] 汪鹏程,朱大勇,许强. 强震作用下加固边坡的动力响应及不同加固方式的比较研究[J]. 合肥工业大学学报(自然科学版),2009,32(10):1501-1504.

[120] 雷庆兰,龚照森. 强震下抗滑桩加固边坡土体的稳定机制及动力响应探讨[J]. 西华大学学报(自然科学版),2013,32(6):104-108.

[121] 於文欢,姚天宝,任建民. 基于 Ansys 的滑坡抗滑桩动力特性的有限元分析[J]. 南水北调与水利科技,2014,12(5):54-57.

[122] Dungca J R,Kuwano J,Takahashi A,et al. Shaking table tests on the lateral response of a pile buried in liquefied sand[J]. Soil Dynamics and Earthquake Engineering,2006,26(2):287-295.

[123] Huang C C,Horng J C,Chang W J,et al. Dynamic behavior of reinforced walls-Horizontal displacement response[J]. Geotextiles and Geomembranes,2011,29(3):257-267.

[124] Huang C C,Luo W M. Behavior of soil retaining walls on deformable foundations[J]. Engineering Geology,2009,105(1):1-10.

[125] Srilatha N,Latha G M,Puttappa C G. Effect of frequency on seismic response of reinforced soil slopes in shaking table tests[J]. Geotextiles and Geomembranes,2013,36:27-32.

[126] Panah A K,Yazdi M,Ghalandarzadeh A. Shaking table tests on soil retaining walls reinforced by polymeric strips[J]. Geotextiles and Geomembranes,2015,43(2):148-161.

[127] 叶海林,郑颖人,陆新,等. 边坡锚杆地震动特性的振动台试验研究[J]. 土木工程学报,2011,44(增刊1):152-157.

[128] 叶海林,郑颖人,李安洪,等. 地震作用下边坡抗滑桩振动台试验研究[J]. 岩土工程学报,2012,34(2):251-257.

[129] 叶海林,郑颖人,李安洪,等. 地震作用下边坡预应力锚索振动台试验研究[J]. 岩石力学与工程学报,2012,31(增刊1):2847-2854.

[130] 许江波,郑颖人. 埋入式抗滑桩振动台模型试验分析[J]. 岩土工程学报,2012,34(10):1896-1902.

[131] 文畅平,杨果林. 格构式框架护坡地震动位移模式的振动台试验研究[J]. 岩石力学与工程学报,2011,30(10):2076-2083.

[132] 杨果林,文畅平. 格构锚固边坡地震响应的振动台试验研究[J]. 中南大学学报(自然科学版),2012,43(4):1482-1493.

[133] 曲宏略,张建经. 桩板式抗滑挡墙地震响应的振动台试验研究[J]. 岩土力学,2013,34(3):743-750.

[134] Qu H,Zhang J,Zhao J X. Strength reduction factors for seismic analyses of buildings exposed to near-fault ground motions[J]. Earthquake Engineering and Engineering Vibration,2011,10(2):195-209.

[135] 沈建,陈新民,魏平,等. 土质边坡地震稳定性动力模型试验研究综述[J]. 工业建筑,2010,40(增刊1):625-628.

[136] Boulanger R W,Curras C J,Kutter B L,et al. Seismic soil-pile-structure interaction experiments and analyses[J]. Journal of Geotechnical and Geoenvironmental Engineering,1999,125(9):750-759.

[137] Abdoun T,Dobry R,O'Rourke T D,et al. Pile response to lateral spreads:centrifuge modeling[J]. Journal of Geotechnical and Geoenvironmental Engineering,2003,129(10):869-878.

[138] Brandenberg S J,Boulanger R W,Kutter B L,et al. Behavior of pile foundations in laterally spreading ground during centrifuge tests[J]. Journal of Geotechnical and Geoenvironmental Engineering,2005,131(11):1378-1391.

[139] 于玉贞,邓丽军. 抗滑桩加固边坡地震响应离心模型试验[J]. 岩土工程学报,2007,29(9):1320-1323.

[140] Takemura J,Izawa J. Horizontal-vertical two dimensional shaker in a centrifuge[C]//Seismic Performance and Simulation of Pile Foundations in Liquefied and Laterally Spreading Ground. ASCE,2014:268-281.

[141] Gonzalez L. Centrifuge modeling of permeability and pinning reinforcement effects on pile response to lateral spreading[D]. Ph. D. dissertation. Rensselaer Polytechnic Institute, Troy,NY,2005.

[142] González M,Ubilla J,Abdoun T,et al. The role of soil compressibility in centrifuge model tests of piles foundation undergoing lateral spreading of liquefied soil[C]//Geotechnical Earthquake Engineering and Soil Dynamics IV. ASCE,2008:1-9.

[143] Banerjee S,Paul D K,Lee F H. Dynamic response of bridge piles on soft ground using NUS geotechnical centrifuge[C]//Soil and Rock Behavior and Modeling. ASCE,2006:375-382.

[144] Yoo M T,Han J T,Choi J I,et al. Comparison of lateral pile behavior under static and dy-

namic loading by centrifuge tests[J]. The Proceeding of Geocongress 2012,2012:25-29.

[145] Gillis K M,Dashti S,Hashash Y,et al. Dynamic centrifuge testing of a temporary braced excavation in dry sand[C]//Geo-Congress 2014 Technical Papers@ Geo-characterization and Modeling for Sustainability. ASCE,2014:475-484.

[146] Nova-Roessig L,Sitar N. Centrifuge model studies of the seismic response of reinforced soil slopes[J]. Journal of Geotechnical and Geoenvironmental Engineering,2006,132(3):388-400.

[147] Al-Defae A H. Improving the seismic performance of slopes usingdiscrete piling[D]. Ph. D. thesis,Univisity of Dundee,Dundee,UK,2013.

[148] Al-Defae A H,Knappett J A. Centrifuge modeling of the seismic performance of pile-reinforced slopes[J]. Journal of Geotechnical and Geoenvironmental Engineering,2014,140(6):04014014-1-04014014-13.

[149] Al-Defae A H,Knappett J A. Newmark sliding block model for pile-reinforced slopes under earthquake loading[J]. Soil Dynamics and Earthquake Engineering,2015,75:265-278.

[150] Bertalot D. Behaviour of shallow foundations on layered soil deposits containing loose saturated sands during earthquakes[D]. Ph. D. thesis,Univisity of Dundee,Dundee,UK,2012.

[151] 于玉贞,李荣建,李广信,等. 抗滑桩静力与动力破坏离心模型试验对比分析[J]. 岩土工程学报,2008,30(7):1090-1093.

[152] 于玉贞,李荣建,柴霖,等. 铜质模型桩加固边坡的动力离心模型试验研究[J]. 水文地质工程地质,2008,35(5):41-44.

[153] 李荣建,于玉贞,柴霖,等. 微混凝土抗滑模型桩的地震动力弹性反应试验研究[J]. 水利水电技术,2008,39(5):47-50.

[154] 李荣建,于玉贞,吕禾,等. 动力离心模型试验中微混凝土抗滑模型桩的设计[J]. 清华大学学报(自然科学版),2009,5(9):1498-1502.

[155] 李荣建,于玉贞,李广信. 土质边坡中部与顶部抗滑桩动力响应和边坡变形比较[J]. 山地学报,2010,28(2):135-140.

[156] 李荣建,于玉贞,吕禾,等. 可液化地基上边坡加固桩地震动力破坏特点研究[J]. 水利学报,2010,41(4):446-451.

[157] Yu Y,Deng L,Sun X,et al. Centrifuge modeling of dynamic behavior of pile-reinforced slopes during earthquakes[J]. Journal of Central South University of Technology,2010,17:1070-1078.

[158] 李荣建,刘军定,李海涛,等. 土工离心模型试验中动力破坏模拟能力分析[J]. 科技导报,2013,31(27):43-48.

[159] 王丽萍,张嘎,张建民,等. 抗滑桩加固黏性土坡变形规律的离心模型试验研究[J]. 岩土工程学报,2009,31(7):1075-1081.

[160] Zhang G, Wang L. Stability analysis of strain-softening slope reinforced with stabilizing piles [J]. Journal of geotechnical and geoenvironmental engineering, 2010, 136 (11): 1578-1582.

[161] Wang L, Zhang G, Zhang J M. Centrifuge model tests of geotextile-reinforced soil embankments during an earthquake[J]. Geotextiles and Geomembranes, 2011, 29(3): 222-232.

[162] Wang L P, Zhang G. Centrifuge model test study on pile reinforcement behavior of cohesive soil slopes under earthquake conditions[J]. Landslides, 2014, 11(2): 213-223.

[163] 韩超. 强震作用下圆形隧道响应及设计方法研究[D]. 杭州:浙江大学学位论文,2011.

[164] Taylor R N. Geotechnical centrifuge technology [M]. Blackie Academic and Professional, 2003.

[165] 南京水利科学研究院土工研究所. 土工试验技术手册[M]. 北京:人民交通出版社,2003.

[166] 杜延龄,韩连兵. 土工离心模型试验技术[M]. 北京:中国水利水电出版社,2010.

[167] 汤旅军. 干砂和饱和砂性土中盾构开挖面稳定数值和离心试验研究[D]. 杭州:浙江大学学位论文,2014.

[168] Chen Y M, Kong L G, Zhou Y G, et al. Development of a large geotechnical centrifuge at Zhejiang University[C]//Physical Modelling in Geotechnics, Two Volume Set: Proceedings of the 7th International Conference on Physical Modelling in Geotechnics(ICPMG 2010), 28th June-1st July, Zurich, Switzerland. CRC Press, 2010, 1: 223-228.

[169] 周燕国,梁甜,李永刚,等. 含黏粒砂土场地液化离心机振动台试验研究[J]. 岩土工程学报,2013,35(9):1650-1658.

[170] Wood D M. Geotechnical modeling [M]. London: Taylor and Francis, 2004.

[171] 刘红帅,杨俊波,薄景山,等. 汶川地震汉源县城高烈度异常区基岩地震动输入[J]. 地震工程与工程振动,2013,33(2):27-36.

[172] Del Gaudio V, Muscillo S, Wasowski J. What we can learn about slope response to earthquakes from ambient noise analysis: An overview [J]. Engineering Geology, 2014, 182: 182-200.

[173] Wang G, Huang R, Lourenço S D N, et al. A large landslide triggered by the 2008 Wenchuan(M8.0) earthquake in Donghekou area: Phenomena and mechanisms[J]. Engineering Geology, 2014, 182: 148-157.

[174] Zhang S, Zhang L M, Glade T. Characteristics of earthquake-and rain-induced landslides near the epicenter of Wenchuan Earthquake[J]. Engineering Geology, 2014, 175: 58-73.

[175] Guo D, He C, Xu C, et al. Analysis of the relations between slope failure distribution and seismic ground motion during the 2008 Wenchuan earthquake [J]. Soil Dynamics and

Earthquake Engineering,2015,72:99-107.

[176] Yoon B S. Centrifuge modelling of discrete pile rows to stabilise slopes[D]. Nottingham:University of Nottingham,2008.

[177] Lirer S. Landslide stabilizing piles:Experimental evidences and numerical interpretation [J]. Engineering Geology,2012,149:70-77.

[178] 张永兴,王明珉,刘杰,等. 无挡板悬臂式抗滑桩桩间土体稳定性上限分析[J]. 岩土工程学报,2014,36(1):118-125.

[179] 李邵军,KNAPPETT J A,冯夏庭,陈静. 模拟库水位变化的抗滑桩加固边坡离心模型试验研究[J]. 岩石力学与工程学报,2009,28(5):939-946.

[180] Novak M,Nogami T. Soil-pile interaction in horizontal vibration[J]. Earthquake Engineering and Structural Dynamics,1977,5(3):263-281.

[181] Lysmer J,Kuhlemeyer R L. Finite dynamic model for infinite media[J]. Journal of the Engineering Mechanics Division,1969,95(4):859-878.

[182] 廖振鹏. 工程波动理论导论[M]. 北京:科学出版社,2002.

[183] Deeks A J,Randolph M F. Axisymmetric time-domain transmitting boundaries[J]. Journal of Engineering Mechanics,1994,120(1):25-42.

[184] 陈灯红,杜成斌,苑举卫. 基于 ABAQUS 的黏弹性边界单元及在重力坝抗震分析中的应用[J]. 世界地震工程,2010,26(3):127-132.

[185] 孙卫涛. 弹性波动方程的有限差分数值方法[M]. 北京:清华大学出版社,2009.

[186] 赵密. 黏弹性人工边界及其与透射人工边界的比较研究[D]. 北京:北京工业大学学位论文,2004.

[187] 刘晶波,杜义欣,闫秋实. 黏弹性人工边界及地震动输入在通用有限元软件中的实现[J]. 防灾减灾工程学报,2007,27(增刊):27-32.

[188] 李继业,翟爱良,刘福成. 水库坝体滑坡与防治措施[M]. 北京:化学工业出版社,2013.

[189] 刘思峰,党耀国,方志耕,等. 灰色系统理论及其应用[M]. 北京:科学出版社,2010.

[190] 罗强,李亮,赵炼恒. 水力和超载条件下锚固岩石边坡动态稳定性拟静力分析[J]. 岩土力学,2010,31(11):3585-3593.

[191] Hoek E,Bray J. Rock slope engineering[M]. London:Taylor and Francis,1981.

[192] 刘才华. 岩质顺层边坡水力特性及双场耦合研究[D]. 武汉:中国科学院武汉力学研究所学位论文,2006.

[193] 李邵军,KNAPPETT J A,冯夏庭. 库水位升降条件下边坡失稳离心模型试验研究[J]. 岩石力学与工程学报,2008,27(8):1586-1593.

[194] Kavazanjian E. Hanshin earthquake-reply[R]. Geotech Bulletin Board,NSF Earthquake Hazard Mitigation Programme,Helsinki,1995.

[195] Stewart J P, Ashford S A. Preliminary report on the principal geotechnical aspects of the January 17,1994 Northridge earthquake[M]. Earthquake Engineering Research Center, University of California,1994.

[196] Leshchinsky D, Ling H I, Wang J P, et al. Equivalent seismic coefficient in geocell retention systems[J]. Geotextiles and Geomembranes,2009,27(1):9-18.

[197] Tu J W, Tang A P, Liu Y J, et al. Effect of surcharge on the stability of rock slope under complex conditions[J]. Journal of Engineering Science and Technology Review,2013,6(2):173-178.

[198] Xu C, Dai F C, Xu X W. Wenchuan earthquake induced landslides: an overview[J]. Geological Review,2010,56(6):860-874.

[199] Huang R, Li W. Post-earthquake landsliding and long-term impacts in the Wenchuan earthquake area, China[J]. Engineering Geology,2014,182:111-120.

[200] Yang C W, Liu X M, Zhang J J, et al. Analysis on mechanism of landslides under ground shaking: a typical landslide in the Wenchuan earthquake[J]. Environmental Earth Sciences,2014,72(9):3457-3466.

[201] Zhang S, Zhang L M, Glade T. Characteristics of earthquake-and rain-induced landslides near the epicenter of Wenchuan earthquake[J]. Engineering Geology,2014,175:58-73.

[202] Konkol J. Selected aspects of the stability assessment of slopes with the assumption of cylindrical slip surfaces[J]. Computers and Geotechnics,2010,37(6):796-801.

[203] Shukla S K, Hossain M M. Stability analysis of multi-directional anchored rock slope subjected to surcharge and seismic loads[J]. Soil Dynamics and Earthquake Engineering,2011,31(5):841-844.

[204] Ling H I, Cheng A H D. Rock sliding induced by seismic force[J]. International Journal of Rock Mechanics and Mining Sciences,1997,34(6):1021-1029.

[205] 马文涛. 基于灰色最小二乘支持向量机的边坡位移预测[J]. 岩土力学,2010,31(5):1670-1674.

[206] 谈小龙. 基于边坡位移监测数据的进化支持向量机预测模型研究[J]. 岩土工程学报,2009,31(5):750-755.

[207] 沈强,陈从新,汪稔. 边坡位移预测的 RBF 神经网络方法[J]. 岩石力学与工程学报,2006,25(增刊1):2282-2287.

[208] 黄海峰,宋琨,易庆林,等. 滑坡位移预测的支持向量机模型参数选择研究[J]. 地下空间与工程学报,2015,11(4):1053-1059.

[209] 戈海玉,涂劲松. 边坡位移预测的非线性组合模型及应用[J]. 岩土力学,2011,32(6):1802-1812.

[210] Barletta M, Gisario A, Palagi L, et al. Modelling the Electrostatic Fluidised Bed(EFB) coat-

ing process using Support Vector Machines (SVMs) [J]. Powder Technology, 2014, 258: 85-93.

[211] Cortes C, Vapnik V. Support-vector networks [J]. Machine Learning, 1995, 20 (3): 273-297.

[212] Burges C J C. A tutorial on support vector machines for pattern recognition[J]. Data Mining and Knowledge Discovery, 1998, 2(2): 121-167.

[213] 唐万梅. 基于灰色支持向量机的新型预测模型[J]. 系统工程学报, 2006, 21(4): 410-413.

[214] 倪恒, 刘佑荣. 正交设计在滑坡敏感性分析中的应用[J]. 岩石力学与工程学报, 2002, 21(7): 989-992.

[215] 王帆, 焦振华. 正交设计法在滑坡稳定性影响因素敏感性分析中的应用[J]. 资源环境与工程, 2014, 28(4): 394-397.